中国CHN

特色空间

SPATIAL PLANNING

WITH

CHINESE

CHARACTERISTICS

规划的

基础分析与

BASIC ANALYSIS AND

TRANSFORMATION LOGIC

转型逻辑

张国彪　著

U0230788

中国建筑工业出版社

序

空间规划是协调人与空间的关系、优化资源配置的一项公共政策，是把系统、复杂、多维的技术理论和规划方法应用于政策科学的过程。一段时间以来，我国空间规划并不合理，直接导致各类空间的保护不力、利用不良、供给不足，有可能引发安全不稳、发展不均、质量不高等更深层次的问题。目前，我国空间规划将面临三大转型：从政府主导的公共政策到生态文明制度本身；从面向物质空间的工程技术到现代化治理体系的组成部分；从经济发展的重要供给环节到完善中国特色社会主义制度的重要抓手。

空间为什么会发生转型？转型的基础是什么？转型的动力来自哪里？转型的方向在哪里？转型的目标是什么？转型的路径如何构建？基于这样的困惑和思考，笔者开始尝试写作本书。

全书上篇梳理了空间规划的思想、学科、制度、价值四个基础。从规划思想的缘起讨论到规划的知识体系，分析了中国特色的制度构架，并提出了新时期空间规划应该具有的价值取向，希望能为读者提供一套理解中国特色空间规划的基础性框架。全书下篇则以我国空间规划体系演变为主线，分析当下空间类规划的各方面问题，探讨了思想、学科、制度、价值四个基础正在发生变化背景下空间规划转型的逻辑，最后试图建立新时期中国特色空间规划体系的基本框架。

本书有几个比较明显的特点。

第一，不但书名起得很大、全书框架拉得特别大，前面两个基础分析的章节把诸多"旧"知识都写进去了，感觉有点"补课"的味道，但老老实实地读了一些书和论文后，觉得没有这些"旧"知识，撑不起这本"新"书。

第二，尝试全面地分析中国特色社会主义制度，并且在空间规划的视角下看各类制度基础。中国特色的空间规划必然根植于各项制度当中，并在中国特色的制度框架内建构自身逻辑。研究空间规划的制度基础，意义在于跳出规划看规划，思考以制度变革破解规划瓶颈、以制度创新推动规划进步。

第三，特别突出价值观的基础性作用，行文用词"六个坚持"也较为强硬，与大多数讨论"规划价值观"文献的风格迥然不同。这是在思考了价值观语境、价值观路径和价值观目标以后选择的一种文风，以体现价值观与空间规划制度和实践之间的强作用关系。

第四，谈中国规划的发展演变，总是先讲国际、国内形势，有拼凑之嫌。其实不然。空间规划是国家治理行为，是对治理范围、治理内容的确定，这必然离不开一定的历史范畴。从二战后的解决温饱问题，美苏冷战期间的保证国土安全问题，到改革开放后的促进经济发展问题，再到当下中美经济摩擦下的追求高质量发展问题，任何空间规划的大方向都离不开国际、国内形势。大势决定了空间规划的主线——这也是本人想表达的一个观点。

第五，全书最后两章是对上篇的反馈，一章谈转型逻辑、一章谈体系构建，均是基于对空间规划四个基础已经发生变化的认识上，写成的文字。这两章所涵盖的内容非常丰富，着墨之处总感觉论述不全，因此也萌生了撰写系列作品的念头。能否成稿，有待时日。

本书是笔者一次大胆的尝试，自然少不了错误和纰漏，还望各位读者多多包涵。所幸有大量前人的总结和研究作为基础，书中的很多观点得益于这些前辈，少走了不少弯路。新书付梓肯定不会是停下来的地方，而是一个新的开始。

张国彪

2018 年冬于中国北京

目 录

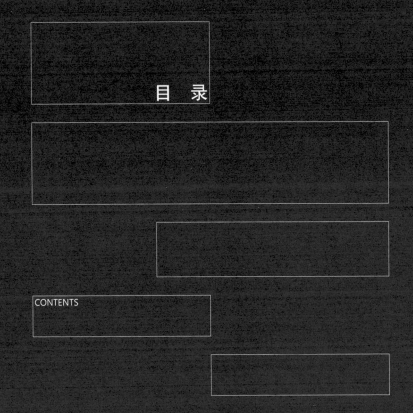

CONTENTS

上 篇

中国特色空间规划的基础分析

第一章 中国特色空间规划的思想基础

I

一、现代化规划思想的理论渊源

哲学是思想的学问，是人类认识世界普遍性问题和意义的学问。近代规划思想产生于西方，是基于西方历史上多种哲学思想不断交锋、相互补充发展而来。在西方规划思想演变和发展史上，哲学思想的发展和哲学思辨，成为推进和深化规划思想发展的重要背景和条件。

（一）理想主义

理想主义又被称为"乌托邦主义"。乌托邦（Utopia）本意是"没有的地方"或者"好地方"，延伸为存在于理想中、不可能完成的好事情。最早提出者是古希腊哲学家柏拉图。空想社会主义的创始人托马斯·莫尔在他的名著《乌托邦》（全名是《关于最完全的国家制度和乌托邦新岛的既有益又有趣的全书》）中虚构了一个航海家——拉斐尔·希斯拉德航行到一个奇乡异国"乌托邦"的旅行见闻：在那里，财产是公有的，人民是平等的，实行着按需分配的原则，大家穿统一的工作服，在公共餐厅就餐，官吏是公共选举产生。之后，人们就用"乌托邦"指代想象的、理想的社会，这种理想往往是难以在现实中达成的，这也是理想主义区别于理性主义的主要特点。自古至今，理想主义的思想，寄托了学者们对真理的追求，对美好社会的向往，与其将理想主义称为一种哲学流派，不如将其看作是一种精神和信念。

1. 古希腊理想城市起源

作为整个西方思想的源头，古希腊思想从一

种唯物主义的自然哲学探索开始，讲求思辨精神，崇尚理性，擅长运用逻辑演绎来解释和掌控周围的世界。古希腊的思想家们，一直在思考人的本性和社会的本质，试图构建一种符合自然规律、公正平等的社会秩序。这种思想也反映在规划领域，古希腊人将城市定义为一个为着自身美好生活而保持很小规模的社区，社区的规模和范围应当使其中的居民既有节制而又能自由自在地享受轻松的生活[1]。为了实现这个目标，古希腊的许多思想家们开始探求他们心目中的理想城市形态，苏格拉底、柏拉图、亚里士多德均是其中杰出的代表。

苏格拉底认为，就人生幸福而言，没有什么能比城邦和城市生活自然发展更好的了。他提倡人性的自由发展和城市的自然演进。苏格拉底的学生柏拉图在其著作《理想国》中描绘了一个理想城市的形态，这个城市是用绝对的理性和强制的秩序建立起来的：首先，应该通过劳动分工和社会角色的分类来重整社会秩序；其次，城市居民应分为哲学家、武士、工匠、农民和奴隶各个阶层，哲学是最高的知识，哲学家作为国王来治理国家。《理想国》中所设计的城市是按照"社会几何学家"圆形加放射状的理想模型设计出来的。柏拉图认为，完整性和均衡性只存在整体之中，为了城邦应不惜牺牲市民的生活，甚至也可以牺牲人类与生俱来的天性。亚里士多德提出，"人们为了生活聚集到城市，为了更好的生活而留在城市。"他提倡建立中产阶级统治的国家，并实行几条原则：第一，财产应私有公用，这样可以防止贫富两极分化；第二，公民（这里主要指中产阶级）应轮流执政，拒绝终身制；第三，必须实行法制，在法律面前人人平等；第四，城邦不能太大，也不能太小[2]。这些思想，对后来西方国家的规划产生了深远影响。

2. 文艺复兴时期对"理想城市"的追求

欧洲发展到中世纪晚期，生产力进一步发展，城市中产生出来的市民阶级和资产阶级成为新时代的代表，他们为了动摇封建统治和确立自己的社会地位，在上层建筑领域掀起了一场思想解放运动，因其借用了"复兴古典主义——古希腊、古罗马"的外衣，被称为"文艺复兴"。

文艺复兴时期的艺术家们受到毕达哥拉斯、柏拉图、亚里士多德等

---

1. 洪亮平. 城市设计历程 [M]. 北京：中国建筑工业出版社，2002。
2. 章士嵘. 西方思想史 [M]. 上海：东方出版中心，2002。

人的影响，追求柏拉图式的理想美，崇尚抽象的唯理主义美学，强调把美的客观性用几何和数的比例关系固定下来。在规划设计中，建筑师们认为数与宇宙关于美的规律决定了城市必然存在"理想的形态"，这种理想形态是可以用人的思想意图加以控制的，所以十分重视城市规划设计的科学性、规范化，正方形、圆形、八边形、同心圆等理想城市布局形态相继出现。建筑师阿尔伯蒂在《论建筑》一书中，从城镇环境、地形面貌、水源、气候和土壤等方面着手，对合理选择城址和城市，以及街道在军事上的最佳形式都进行了探讨，提出了有利于防御的多边星形平面。阿尔伯蒂将自己的城市规划思想归纳为两条：一是便利，二是美观。在这一思想影响下，西欧出现了一大批"理想城市"的规划设计者并提出了各自的模式，例如斐拉雷特的八角形理想城市、棱堡状城市（图1-1、图1-2）和斯卡莫奇的理想城市等[1]。但由于当时已经存在的封建城堡大多经历了数个世纪的历史，新兴的资产阶级也还没有全面掌握城市政权，理想城市的方案实行起来是很困难的。

事实上，文艺复兴时期的大规模城市改建工作除罗马、米兰等个别案例外，一般没有普遍得以施行。这也是我们把"理想城市"作为理想主义思想渊源之一的主要原因。虽然如此，这一时期建筑师们对城市设计美学、科学性的追求，也成了后人的永恒追求。

3. 空想社会主义的探索

在欧洲的资本主义早期，资本家对工人的剥削是十分残酷的，社会矛盾十分尖锐，一些怀有社会良知的知识分子开始质疑资本主义制度的合理性，并开始思考构建他们心目中理想的国家与城市形态。他们的核心观点是废除私有制，消灭剥削，实现公有制，建设社会主义城市。

近代历史上的空想社会主义源自英国人文主义者莫尔，早在1516年，他在其名著《乌托邦》

---

1. 王建国. 现代城市设计的理论和方法 [M]. 南京：东南大学出版社，1991。
2. 图片引自：维特鲁威（古罗马），《建筑十书》。
3. 图片引自：文艺复兴时期的理想城市：棱城，网址：http://blog.sina.com.cn/isist。

图 1-1 斐拉雷特的八角形理想城市示意图[2]

图 1-2 斐拉雷特的棱堡状城市[3]

中国特色空间规划的基础分析与转型逻辑

图 1-1

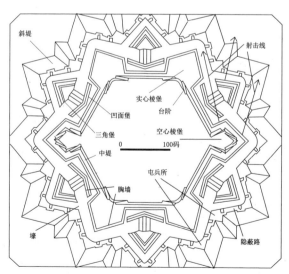

斜堤

射击线

实心棱堡

凹面堡

台阶

三角堡

空心棱堡

中堤

0   100码

屯兵所

胸墙

壕

隐蔽路

图 1-2

中就提出实现公有制的设想，并描述了他理想中的建筑、社区和城市形态。19世纪空想社会主义的代表人物欧文和傅立叶等人，不仅通过著书立说宣传和阐释他们对理想社会的坚定信念，还采取行动亲自实践自己的理想。傅立叶提出了以"法郎吉"为基本单位的社会形态，并精确计算出法郎吉的最佳人数是1620人，在这里根据劳动性质或种类不同分成若干生产队，大家共住在一所大厦中，成员可以根据自己的爱好选择劳动内容，多样化的劳动方式符合自然的多样化在劳动中竞赛将取代竞争，劳动将成为乐事。这一时期，不少空想社会主义者也践行了自己的理论：欧文则变卖自己富裕的家产带着信徒到美洲大陆去实践他的社会主义社区"新协和村"（图1-3）；戈定力图在盖斯通过"千家村"将傅立叶的理想变为现实；美国人John Humphrey Noyes于1848年在纽约州建立了类似的"奥乃达社区"[1]。

　　但是需要指出的是，这些思想是不成熟的，是基于想象设计出来的，既缺乏科学的论证，也

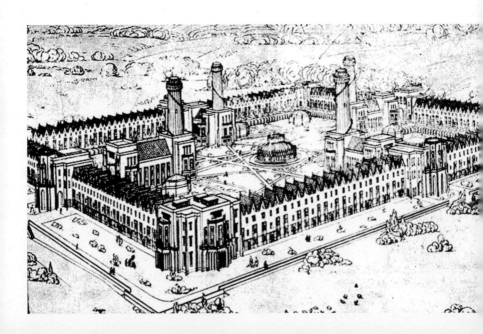

缺乏实践的现实条件。正如恩格斯在《反杜林论》中对18世纪末、19世纪初的空想社会主义者是这样评价的："在这个时候，资本主义生产方式以及资产阶级和无产阶级间的对立还很不发展……这种历史情况也决定了社会主义创始人的观点。不成熟的理论是和不成熟的资本主义生产状况、不成熟的阶级状况相适应的。解决社会问题的办法还隐藏在不发达的经济关系中，所以只有从头脑中产生出来。"空想社会主义者的理论、实践虽然在当时的西方世界中没有产生实际影响，并没有大规模地按照这些理论进行的规划建设，但其进步的思想对后来的规划思想和理论发展都产生了重要作用。

4．中国的理想社会思想

追求理想社会是人类共同的愿望，中国从春秋战国时期到近现代，一直不乏追寻"理想社会"的思想。纵观中国理想社会思想的演变，从最早的诗歌、辞赋中流露的平等思想开始，到一代又一代人的增益与理想化，最终勾画出大同社会的理想蓝图。这些思想在社会问题严重的时期，总能形成影响全国的巨大思潮或者运动，表达着大众对自由、平等、尊严的诉求。

春秋战国时期最重要的典章制度书籍《礼记·礼运》开篇提出"天下为公"的思想，此即中国理想社会思想的开端，诸子百家通过回顾上古先贤社会的方式，创建了一套没有剥削和压迫的、平等平均的"大同"社会。

至汉代末期，时局动乱，太平道运动将"平等、平均"的理想社会思想付诸实施，并催生了诸如阮籍《大人先生传》中无君无臣的理想社会、陶渊明《桃花源记》中描绘的"世外桃源"等对理想社会模型的描绘。

---

1. 沈玉麟. 外国城市建设史 [M]. 北京：中国建筑工业出版社，1989。
2. 图片引自：百度百科，网址：https://baike.baidu.com/item/ 新协和村。

图 1-3 欧文的社会主义社区"新协和村"[2]

至宋元时期，中国国力衰败、内忧外患，追求理想社会的思潮再次复苏。这一时期的理想社会思想以反对封建社会等级制度、要求均衡财富为主要内容。代表性的理论是"平土均田"的主张，如张载的"新井田"设计、李觏的《平土书》等，具体实践则以农民起义的方式出现，如方腊起义的"是法平等，无有高下"等。

明清时期，中国社会出现了空前的变化，建设理想社会的思想和实践最为典型的是太平天国运动，这次农民起义以《天朝田亩制度》为旗帜，战火烧遍了大半个中国。其中，"四有两无"是《天朝田亩制度》的核心内容——四有指"有田同耕，有饭同食，有衣同穿，有钱同使"，两无指"无处不均匀，无人不饱暖"，它反映了底层农民争取社会公正的理想和追求。

到了近现代，由于连年的战乱，理想社会的追求愈发强烈。如：康有为的《大同书》、孙中山提出的民生主义等。

中国的理想社会思想是理想主义的一个重要组成部分，具有鲜明的东方文化底色。在数千年的历史长河中，中国理想社会思想的主张和实践，深刻影响了更大区域的社会经济政治格局。

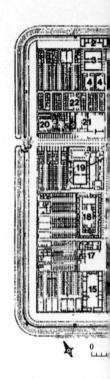

（二）　理性主义

理性主义（Rationalism）是建立在承认人的推理可以作为知识来源的理论基础上的一种哲学方法。理性主义认为任何事物的规律都可以通过人的思维活动被掌握，强调通过论点与具有说服力的论据发现真理，通过符合逻辑的推理而非依靠表象而获得结论。一般认为，理性主义随着笛卡尔的理论而产生，但其源头可以追溯至古希腊时期哲学家的思想。

理性主义在规划思想中的反映，就是通过对规划中各类价值、要素和行为的合理组织，更好地实现城市功能、地位和目标[1]。这种追求从古希腊到今天绵延不断，众多思想家从不同的角度出发，为实现规划的科学理性提出了不同方案，其思想体系蔚然大观，成为现代规划思想最重要的理论支撑之一。与理想主义不同，理性主义由于对现实的高度关注和合理改造，在规划实践中被大规模应用，这也是理性主义强大的生命力所在。

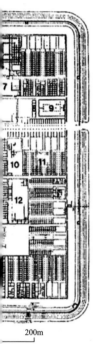

图 1-4 古罗马营寨城示例：诺伊斯（Neuss）平面图[3]
1-中心广场；2-加工厂；3-粮仓；4、8、10、16-特别兵营；5、6、12、15、17-商店；7-浴室；9-报告厅；11-第一步兵大队军舍；13-指挥部；14、20-兵营；18-医院；19-浴室；21-指挥官住所；22-辅助住所；23-辅助指挥部

200m

1. 古希腊的希波丹姆斯模式

古希腊法学家希波丹姆斯受柏拉图、亚里士多德、毕达哥拉斯等人关于社会秩序和数字比例关系的影响，在希波战争后的重建规划中，提出一种新的规划模式，他追求几何与数的和谐，强调以棋盘式的路网为城市骨架并建筑明确、规整的城市公共中心，以求城市整体的秩序和美。这种几何化、程序化、典雅的规划形式，既符合古希腊数学和美学的原则，也满足了城市中富裕阶层对典雅生活的追求。历史上，这一模式被大规模应用于希波战争后城市的重建与新建后来古罗马大量的营寨城（图1-4），古希腊的海港城市米利都城、普南城等都是这一模式的典型代表，甚至影响了近代西方许多殖民城市的规划形态。然而，这种模式也使得古希腊的规划从灵活走向了呆板，甚至为了构图的形式美全然不顾自然地形的存在，给城市的活力和进一步发展带来了桎梏[2]。

1. 彭兴芝、李虎杰，王青. 现代城市规划发展中的理想主义和理性主义. 山西建筑，2007, 33（10）。
2. 张京祥. 西方城市规划思想史纲 [M]. 南京：东南大学出版社，2005。
3. 图片引自：Yann Le Bohec.《罗马帝国军队》（*Imperial Roman Army*）. Routledge 出版社，1994。

2. 古罗马的秩序思想

古罗马作为曾经的欧洲大国，伴随着军队的不断强大和持续的战争侵略，成为强大的中央集权国家。到了罗马共和国后期和帝国建立以后，城市逐渐成为统治者、帝王宣扬功绩的工具，广场、铜像、凯旋门和纪功柱等成为城市空间秩序组织的核心和焦点，市民公共生活基本让位于有组织渲染的种种歌颂"伟大罗马"的整体性纪念活动，广场也由最初的集会场所演变成了纯粹的纪念性空间。

古罗马的城市规划和建筑设计的指导思想和重要任务之一，就是体现罗马国家强大的政治力量和严密的社会组织性。为了使城市和建筑显现出具有征服力的崇高感与震撼感，罗马人在实践中通常热衷于选择大模数，比如罗马的许多广场、斗兽场、公共浴室、宫殿等都达到了超人的空间尺度和规模，远远超出了其实际使用功能的需要。在技术上，罗马的规划师们则娴熟地运用轴线的延伸与转合、连续的柱廊、巨大的建筑、规整的平面、强烈的视线和底景等空间要素，使各个单一的建筑实体从属于整体的空间，形成华丽雄伟、明朗清楚的空间秩序。

古罗马杰出的规划师、建筑师维特鲁威撰写的《建筑十书》，力求依靠当时的唯物主义哲学和自然科学成就，对古罗马城市建设的辉煌业绩、先进理念和技术进行历史性总结。全书分十个篇章分别总结了自古希腊以来的规划、建筑经验，对城址选择、城市形态、城市布局、建筑建造技术等方面提出了精辟见解，是一本百科全书式的成果。维特鲁威还提出了自己的理想城市模式：他把理性原则和直观感受结合起来，把理想的美和现实生活的美结合起来，把以数的和谐为基础的毕达哥拉斯学派理性主义同以人体美为依据的希腊人文主义思想统一起来，强调建筑物整体、局部以及各个局部之间和整体之间的比例关系，并且充分考虑城市防御和方便使用的需要。这一理想城市模式，对西方文艺复兴时期的城市规划产生了重要影响，那一时期很多人提出的

"理想城市模式"基本都是《建筑十书》的翻版。

古罗马规划中的"秩序思想"极大影响了后世。16—19世纪中叶，欧洲的国王和资产阶级新贵们联合起来共同反对封建割据和教会势力，建立了一批强大的、中央集权的绝对君权国家，一种颂扬古罗马帝国专制政体的古典主义思想逐渐兴起，使规划和建设达到了令人叹为观止的规模和气势。法国的古典主义园林中首先体现出唯理秩序，规划设计中强调轴线和主从关系，追求抽象的对称与协调，寻求构图纯粹的几何结构和数学关系。之后，建筑师和规划师们又将这种思想移植到城市的空间体系中，比如 C.Richelien 和 A.Lenote 在巴黎郊外设计了许多新城堡，将巴黎城市与郊区的宫殿、花园、公园和城镇等共同组成一个大尺度的景观综合体，把整个城市作为一个完整的"园林"进行设计，并相继建设了卢浮宫、凡尔赛宫等壮观的建筑，使之融入巴黎的城市秩序中。这种思想在当时影响十分广泛，俄国的圣彼得堡、德国的卡尔斯鲁厄等城市（图1-5 ～图1-8），都是君权专制时代的典型产物。当资产阶级推行的启蒙思想盛行后，古典主义的规划设计因其冷肃、教条和盛气凌人的气氛逐渐被新的规划思想取代，但其构图简洁、轴线明确、主次有序、追求完整而统一效果的思想，仍然具有很强的借鉴意义。

3．现代机械理性规划思想

工业革命带来了欧洲生产力的巨大飞跃，工业生产规模极大促进了人口的集中，蒸汽机、轮船、火车等的发明使人类在相当大的程度上克服了时间空间的限制，欧洲开启了快速城市化的进程，城市真正成为经济生产的绝对中心。城市急剧膨胀的同时也带来了很多社会问题，比如

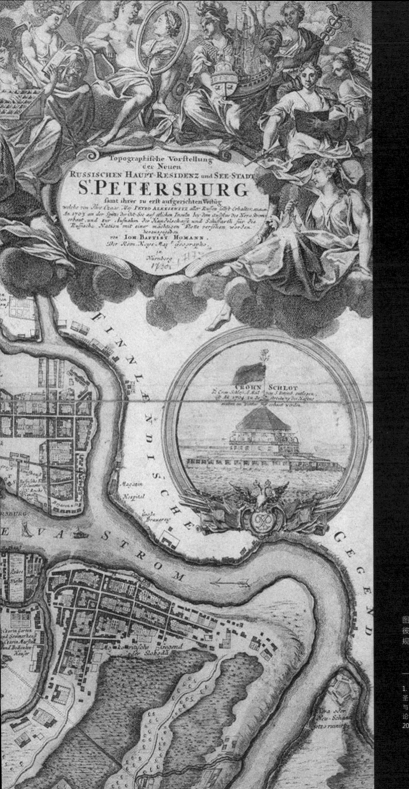

图 1-5 俄国圣
彼得堡 1717 年
规划图 [1]

1. 资料来源: 曹量
圣彼得堡的历史
与城市活力 [J].
论坛 (干部文摘
2015. 6.

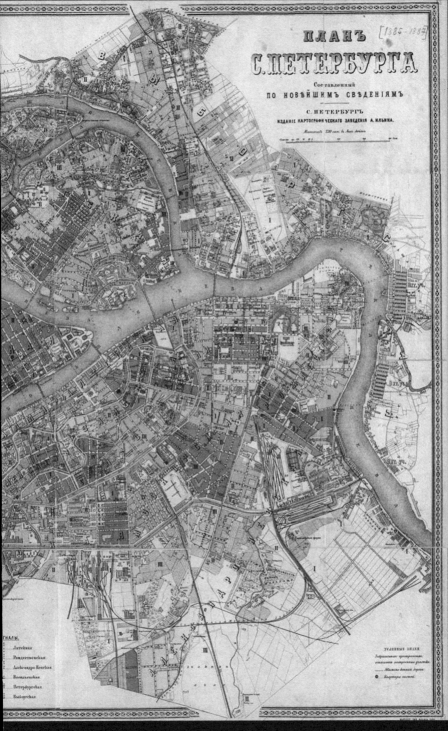

ПЛАНЪ
С. ПЕТЕРБУРГА

Составленный
ПО НОВѢЙШИМЪ СВѢДѢНІЯМЪ

С. ПЕТЕРБУРГЪ
ИЗДАНІЕ КАРТОГРАФИЧЕСКАГО ЗАВЕДЕНІЯ А. ИЛЬИНА.

图 1-7　德国的卡尔
斯鲁厄规划示意图 [1]

---

1. 资料来源: 百度百
科, 网址: https://baike.
baidu.com/item/ 卡尔斯
鲁厄。

图 1-8 德国卡尔斯
鲁 厄 Google 卫 星
截图（2019 年）

社会矛盾尖锐激化、市民道德沦丧、城市环境恶化等，很多有志之士开始从规划设计角度思考医治城市病的"药方"，现代机械理性规划思想应运而生。

这一思想的代表者主要是一些崇尚现代工业社会技术的工程师、建筑师，他们基于现代技术提出了改造城市的主张，力图使城市中的各要素如同机器一般有机组合、良好运转。1882年西班牙工程师马塔提出了带形城市概念，希望找到一个城市与自然始终可以保持亲密接触而又不受其规模影响的新型模式，在这个城市中，各种空间要素紧靠着一条高速度、高运量的交通轴线聚集并无限向两端延伸，城市的发展必须尊重结构对称和留有发展余地两条基本原则，因此其规模增长将不受限制，甚至可以横跨欧洲。带形城市对之后的西方城市建设产生了一定影响，比如苏联规划师米留申在1930年代主持规划设计的斯大林格勒和马格尼托哥尔斯克两座城市中采用了多条平行功能带来组织城市，二战后哥本哈根、华盛顿、大巴黎地区、斯德哥尔摩等城市规划中也都显露出带形城市的痕迹[1]。但带形城市的缺点是忽视了商业经济和市场利益这两个基本规律，无法体现城市空间增长的集聚效益。与此不同的是，法国建筑师戈涅在1901年提出了工业城市思想，他认为工业已经成为主宰城市的力量而且无法抗拒，现实的规划行动就是使城市结构去适应机器大生产社会的需要，城市的集聚本身没有错，但必须遵守一定的秩序，如果将

---

1. 张京祥. 西方城市规划思想史纲 [M]. 南京：东南大学出版社，2005。

中国特色空间规划的基础分析与转型逻辑

城市中的各个要素依据城市本质要求严格按一定规律组织起来，那么城市就会像一座运转良好的"机器"那样高效、顺利地运行，城市中的问题也就迎刃而解。在他的工业城市模式中，将城市的各个功能部分像机器零件一样，按照使用的需要和不同的环境需求，进行分区并严格地按照某种秩序运行。这种模式对后来《雅典宪章》中的城市功能分区思想产生了重要影响。

大约半个世纪之后，建筑规划大师柯布西耶将机械理性主义推向了巅峰。他认为最能代表未来的是机械美，未来世界应该是按照机械原则组织起来的机器时代，房屋只是"居住的机器"。柯布西耶在著作《明日城市》（1922）中提出了一个容纳 300 万人口现代城市的设计方案：反对传统式的街道和广场，追求由严谨的城市格网和大片绿地组成的充满秩序与理性的城市格局，通过在城市中心建筑摩天楼群来换取公共空地，并体现几何形体之间的协调与均衡，透射出一种纯粹的几何秩序"美"和功能理性"美"。之后，柯布西耶又在著作《光明城》（1933）中，系统总结了自己的思想：城市必须是集中的，只有集中的城市才有生命力；市中心地区具有最大的聚合作用，需要通过技术改造以完善它的集聚功能；拥挤的问题可以通过提高密度解决；城市并不是要求处处高度集聚发展，而是通过用地分区调整城市内部的密度分布，使人流、车流合理地分布于整个城市；高密度发展的城市，需要一个新型的、高效率的、立体化的城市交通系统支撑。柯布西耶的集中主义规划思想在二战后西方国家以及广大发展中国家被广泛采用，特别是强烈影响了二战后西方城市的大规模重建，城市更新速度加快，摩天大楼大量涌现。但在 1960 年代以后，随着城市规划领域对人文、社会因素的日趋重视，柯布西耶的机械理性规划思想中渗透出的"专制"与"独裁"特征，受到了批评。

4. 功能主义的规划思想

1933 年，国际现代建筑协会召开第四次会议，以"功能城市"为主题，通过了由柯布西耶倡导和起草的《雅典宪章》。这一文献依据理性主义的思想方法，对当时城市发展中普遍存在的问题进行了全面分析，核心是提出了功能分区的城市规划思想，被称为"现代城市规划的大纲"。

《雅典宪章》的思想基础是物质空间决定论，认为通过对物质空间变量的有效控制就可以形成良好环境，这样的环境能自动解决城市中的社会、经济、政治问题，促进城市发展和进步。该宪章提出的功能分区思想有着极其重要和深远的意义，它突破了过去城市规划中追求平面构图与空间气氛效果的形式主义局限，引导现代城市规划向科学方向发展迈出了重要一步[1]。但由于《雅典宪章》过分强调功能区的机械组合，规划停留在纯粹的物质空间层面，忽视了人类活动的流动性和城市生活的丰富性，并没能有效解决现代城市的所有问题。

专栏 1-1　《雅典宪章》的主要内容

《雅典宪章》的主要内容包括：

（1）城市活动可以被划分为居住、工作、游憩和交通四大基本类型，它们都有其最适宜发展的条件，城市规划的重要任务之一就是使在这些地区间的日常活动可以在最经济的时间内完成。

（2）城市计划是一种基于长、宽、高三度空间的科学，城市规划工作者的主要工作就是将各种功能区域在位置和面积上，做一个平衡布置，同时建立联系各功能区的交通网。

（3）城市规划的基本任务是制定规划方案，内容则是关于各功能分区的"平衡状态"和建立"最适合的关系"，并制定必要的法律保证实现。

（4）广大人民的利益是城市规划的基础，要以人的尺度和需要估量功能分区的划分和布置。

（5）经济原则和功能原则对于城市规划极其重要，要重视大批量生产、机械化建造。

（6）城市与周围区域之间是有机联系的，要保存具有历史意义的建筑和地区。

5．系统规划思想

1960 年代，随着科学技术进一步发展，越来越多的人认为可以通过精密的自然科学"模型"来改造世界。系统论、信息论、控制论三门学科就是在这样的背景下诞生和发展起来的。其中，系统论认为大自然是一个有

---

1. 仇保兴 .19 世纪以来西方城市规划理论演变的六次转折 [J]. 规划师，2003（11）。

机整体，生命是有组织的开放系统，事物之间
存在不同的组织等级和层次，各自的组织能力不
同；信息论主要研究信息本质，研究如何运用数
学理论描述和度量信息的方法以及传递、处理信
息的基本原理；控制论主要研究各种系统的控制
和调节的一般规律，在系统内引入适当的控制机
制，使各种行为向特定方向变化，实现目标任务。
这三门学科也对规划产生了影响，一些学者和规
划师借鉴其思维和方法，发展出系统规划思想，
将理性主义规划思想推上了顶峰。

系统规划思想将城市视为一个多种流动、相
互关联、由经济和社会活动所组成的动态的适应
性调整过程，运用系统方法研究各要素的现状、
发展变化和构成关系，将相互之间的关节打通，
对城市进行系统控制。克里斯托弗·亚历山大提
出实际的城市生活要远比传统认识的"树形模
型"复杂得多，是一个很多方面交织在一起、互
相重叠的"半网状结构"，这才是城市的内在规
律。1970 年代英国第三新城 Milton Keynes 在城
市规划中就体现了这样一种新的布局思想，以寻
求构筑"半网状"结构，尤其在城市公共中心的
设置上体现出了多选择性的意图。B.Mcloughlin、
G.Chadwick、A.Wilson 等人认为城市规划是一
个系统过程，而不是描绘终极状态，他们具体分
析了城市规划过程的组成、用系统思想处理城市
规划问题的方法，并分别提出了关于规划过程的
种种图解[1]。B.Mcloughlin 于 1969 年在《城市与
区域规划：系统探索》一书中提出的系统规划理

1. P Hall. 城市与区域规划 [M]. 邹德
慈等译. 北京：中国建筑工业出版社，
1985。

论则超出了物质形态的设计，强调理性分析、结构控制和系统战略。

在系统论影响下，规划师们也由过去的设计师向"科学系统分析者"的角色转变，许多人热衷于采用综合预测方法，建立数学模型，运用计算机模拟城市某一系统或多个系统的变化规律，以解决城市规划的科学"量化"问题。比利时的 Allen 等人就运用自组织理论建立了有关城市发展的动力学模型，他们提出影响城市发展的若干变量，将城市分成若干小区，分别列出相应的非线性运动方程，最后用计算机进行模拟预测。这一方法导致了 1970 年代计量方法在城市规划分析、预测中的运用达到了高潮。但由于城市并不是一个完全客观的自然物质，系统规划思想用纯自然科学的方法加强规划，很大程度上忽视了市民和各种类型组织的主观性给城市带来的不确定性，这些因素都是计量方法无法准确计算和预测的，这使得系统规划思想在解决城市问题上越来越捉襟见肘，1980 年代后便逐渐失去了主导地位。

（三） 人本主义

哲学上的人本主义主张"人是万物的尺度"，把人作为一切制度安排和政策措施等规范得以产生价值的源泉，在社会活动中承认人的主体地位，关注人的自身感受。人本主义的思想源头可以追溯至古希腊——古希腊在崇拜众神的同时，更承认人的伟大和崇高，笃信人的智能和力量，重视人的现实生活，在城市的空间布局和公共生活中都能体现出这一思想。快速城市化开启后，近代的人本主义城市规划思想家则普遍认为：城市尤其是大城市是一切罪恶问题的根源，是反人性和不人道的，必须加以控制。他们的思想和理论的基本出发点是"出自人性对大自然的热爱"，目标是实现"公平""城市协调和均衡增长"，基本空间策略一般是分散布局导向的。

图 1-9　雅典卫城模型示意图[1]（已通过知网购买）

1. 资料来源：肖金亮：中国历史建筑保护科学体系的建立与方法论研究 [D]. 北京：清华大学。

1. 古希腊的人本主义生活形态

在古希腊的诸多公共建筑和建筑群中，十分注重人的尺度、人的感受以及同自然环境的协调，并不追求平面视图上的平整、对称，而是乐于顺应和利用各种复杂的地形以构成活泼多变的城市和建筑景观。最具代表性的是雅典卫城（图 1-9）。整个城市没有非常明确的强制性人工规划，建筑群布局以自由的、与自然环境和谐相处为原则，既照顾到从卫城四周仰望它时的景观效果（从远处观赏的外部形象），又照顾到人置身其中时的动态视觉美（在内部各个位置观看到的景观），堪称西方古典建筑群体组合的最高艺术典范。古希腊的城市中还预留了很多公共空间，为希腊人参与公共生活创造

了条件。特别是圣地建筑（庙宇）已经远远超越了传统的宗教祭祀功能、防御功能，成为公民举行礼仪活动的场所和公共活动的中心。古希腊的各种广场也在承担着贸易集市功能的同时，不断发展它的聚会功能，逐渐成为城市中最重要、最富活力的中心。

2. 霍华德的田园城市思想

针对工业革命后英国城市出现的一系列问题，英国人埃比尼泽·霍华德在 1898 年发表了题为《明天——一条通向真正改革的和平道路》的小册子，1902 年再版时改为《明日的田园城市》，试图将人类既要享受现代文明的恩惠、又不愿意放弃贴近自然的原始本能的要求与当时的社会、经济环境以及城市发展状况结合起来，提出了"田园城市"的思想。他认为，现代的城市和乡村相互交织着吸引人的长处和相对应的缺点，城市中充满着获得就业和享用各种服务的机会，但环境差、生活代价高；乡村有着良好的环境但缺少就业与享受现代文明成果的机会。因而，解决问题的唯一途径就是将两者的优点结合起来，形成新型的"城市—乡村"聚居形式。这一思想的主要观点包括：（1）城市与乡村的结合具体体现为城市周围拥有永久性的农业用地作为防止城市无限扩大的手段；（2）限制单一城市的人口规模，当单一城市的成长达到一定规模时，应新建另一个城市来容纳人口的增长，从而形成"社会城市"；（3）实行土地公有制，由城市经营者掌管土地，并对租用的土地实行控制，将城市发展过程中产生经济利益的一部分留给社区；（4）设置生产用地，以保障城市中大部分的就近就业。1919 年田园城市和城市规划协会将

田园城市的定义归纳为："田园城市是为安排健康的生活和工业而设计的城镇；其规模要有可能满足各种社会生活，但不能太大；被乡村带包围；全部土地归公众所有或者委托他人为社区代管。"难能可贵的是，霍华德还对社会城市的收入来源、管理结构等都进行了深入细致的论述，并倡导成立了"田园城市协会"和"田园城市有限公司"，还实地建立了莱契沃思和韦林两座田园城市（图1-10、图1-11）。田园城市思想虽然已经过去100多年，但是它提出的关心人民利益的宗旨，彻底摒弃了

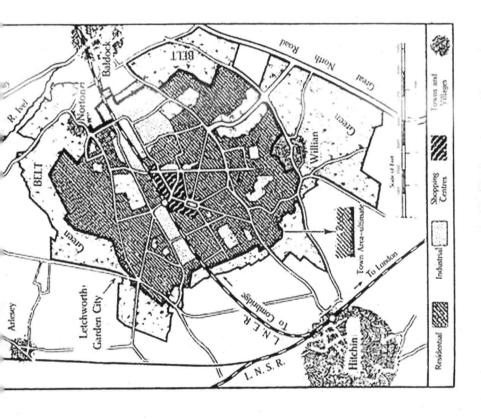

图 1-10 莱契沃思田园城市（Letchworth Garden City）

规划服务阶级统治的旧模式，并首开了在城市规划中进行社会研究的先河，以改良社会为城市规划的目标导向，对现代城市规划思想及其实践的发展起到了重要的启蒙作用，霍华德本人也被视为西方近代规划史上的"第一人"。

3．格迪斯的综合规划思想

格迪斯是苏格兰的综合性规划思想家，他把生物学、社会学、教育学和城市规划学融为一体，创造了"城市学"的概念，是使西方城市科学由分散走向综合的奠基人。他 1904 年发表《城市学：社会学的具体运用》演讲，1919 年发表《生物学和它的社会意义：一个植物学家对世界的看法》演说，提出要用有机联系、时空统一的观点理解城市，既要重视物质环境，更要重视文化传统与社会问题，要把城市的规划和发展落实到社会进步的目标上来。他在 1915 年出版的《进化中的城市：城市规划运动和文明之研究导论》中系统阐述了其规划思想，他强调城市从来就不是孤立、封闭的，而是和外部环境（包括和其他城市）相互依存的，所以要把自然区作为规划的基本框架。他非常赞赏挪威按照水资源分布建立起来的人与自然环境有机平衡的城镇分布方式，指出"人类社会必须和周围的自然环境在供求关系上相互取得平衡"、"要平等地对待大地的每一个角落"，进而提出城镇集聚区的概念，具体论述了英国 8 个城镇集聚区，并有远见地指出这并非英国所独有而将成为世界各国的普遍现象。

格迪斯除了重视自然要素，还十分重视人文要素在城市规划中的基础性作用。他把以煤和蒸汽为基本动力、以追逐利润的资本家为决策者、很少考虑环境保护的时代称为"旧技术时代",把以电为基本动力、以联系和教导群众的政府为主要决策者、关心环境和艺术的时代称为"新技术时代",并指出将城市从旧技术时代引向新技术时代是城市规划的重要目标之一。基于此,他主张规划要在经济上和社会上促进各系统

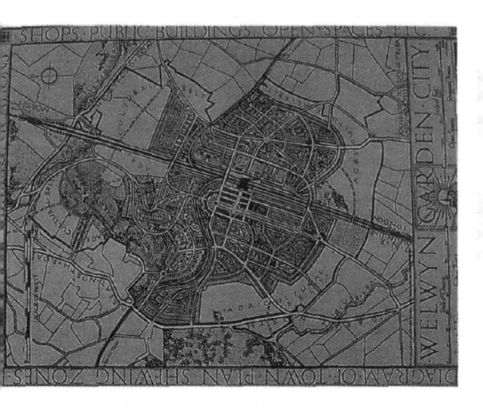

图 1-11 韦林田园城市(Welwyn Garen City)[1]

1. 资料来源:Maurice de Soissons. Welwyn Garden City: A Town Designed For Healthy Living[M]. Great Britain: Publications for Compainies, 1988:43。

的协调统一；尊重社区传统，对简单粗暴的"城市清理持怀疑态度"；规划是一种教育居民为自己创造未来环境的宣传工具，强调群众建设自己家园的积极性。这些思想，奠定了他近代人本主义城市规划思想大师的地位。

4．城市分散主义与有机疏散思想

霍华德的"田园城市"开创了一种分散主义的思想，即通过降低城市的集聚程度彰显人的主体地位，之后有一些规划师继承了这一思想，沿着这一脉络提出新的城市问题解决方案。

美国建筑师赖特在《正在消失中的城市》（1932年）和《广亩城市：一个新的社区规划》（1935年）中阐述了他的分散主义，并提出"广亩城市"的概念。他反对大城市的集聚与专制，追求土地和资本的平民化，即人人享有资源，并通过新的技术（小汽车、电话）使人们回归自然，让道路系统遍布广阔的田野和乡村，人类的居住单元分散布置，可以使每个人都能在10～20km范围内选择其生产、消费、自我实现和娱乐的方式，他认为这才是"真正的文明城市"。

芬兰裔的美籍建筑师伊利尔·沙里宁则选择了更为折衷的方案，在《城市：它的发展、衰败与未来》中提出了有机疏散理论。他认为城市是一个有机体，要把传统大城市拥挤成一整块的形态在合适的区域范围分解成为若干个集中单元，并把这些单元组织成为"在活动上相互关联的有功能的集中点"，它们之间用保护性的绿化地带隔离开来。有机疏散思想对二战后欧美各国改善大城市功能与空间结构问题，尤其是通过卫星城建设来疏散、重组特大城市的功能与空间，起到了重要的指导作用。

5. 历史文化保护运动

在工业革命后相当长的一段时期内，过于关注经济增长和机器化生产的规划师们没有充分认识到古建筑、古城保护的重要性。二战结束后，文化的重要性被日益重视，人们逐渐认识到保护历史就是实现本地区、本民族文化的延续。另一方面，战争的破坏虽然损毁了很多历史遗迹，但也为二战后的城市重建创造了条件。

20世纪后半叶，法国巴黎、瑞士伯尔尼、美国威廉斯堡、埃及开罗、日本京都等很多城市抓住这一机会，开展了卓有成效的历史文化保护工作，逐步从点状保护发展到成片、整座古城的保护，同时对乡土建筑、自然景观等也展开了保护行动。1964年制定的《国际古迹保护与修复宪章》系统而明确地提出了文化古迹保护的概念、原则和方法；1972年联合国通过《保护世界文化与自然遗产公约》，成立世界遗产委员会；1976年制定的《内罗毕建议》提出历史地区保护的广泛范畴；1977年通过的《马丘比丘宪章》将保护传统建筑文化遗产提到更重要的高度；1982年国际古迹遗址理事会通过《佛罗伦萨宪章》，强调对历史园林的保护；1987年的《华盛顿宪章》进一步强调历史城镇和城区保护的意义、作用、原则和方法；1999年，由吴良镛先生起草并由世界建筑师大会通过的的《北京宪章》，明确指出了历史文化的深刻内涵和重要作用："文化是历史的积淀，存留于城市和建筑中，融会在人们的生活中，对城市的建造、市民的观念和行为起着无形的影响，是城市和建筑之魂"。时至今日，古建筑和城市遗产保护已经成为世界性共识和潮流。

6. 从《雅典宪章》到《马丘比丘宪章》

自20·世纪初以后，规划师们越来越意识到人类一切活动不是功能主义和理性主义所能覆盖的，越来越重视自然和人在城市规划中的重要作用，开始质疑《雅典宪章》中所制定的一系列规划原则，人们迫切需要在城市规划的主体纲领方面进行重新思考。

1977年，国际建协在玛雅文化遗址地，秘鲁的马丘比丘召开了一次会议，制定了著名的《马丘比丘宪章》，成为城市规划领域新的纲领性文件。与《雅典宪章》认识城市的基本出发点不同，《马丘比丘宪章》强调世界是复杂的，物质空间只是影响城市生活的一项变量，但并不能起决定性作用，真正起决定性作用的应该是城市中各类人群的文化、社会交往模式和政治结构。总体而言，《马丘比丘宪章》运用系统整合的思维方式而非空间功能分割的方式看待城市规划，正如其中所提到的，"在今天，不应把城市当作一系列的组成部分拼在一起来考虑，而必须努力去创造一个综合的、多功能的环境"。

专栏1-2　《马丘比丘宪章》的主要观点

（1）不要为了追求清楚的功能分区而牺牲了城市的有机构成和活力。

（2）城市交通政策的总体方针应使私人汽车从属于公共运输系统的发展。

（3）城市规划是一个动态过程，不仅包括规划编制，还包括规划实施，这两个过程都应得到重视。

（4）规划中要防止照搬照抄不同条件、不同文化背景的解决方案。

（5）城市的个性和特征取决于城市的体型结构和社会特征，一切能说明这种特征的有价值的文物都必须保护，保护必须同城市建设过程相结合，以使这些文物具有经济意义和生命力。

（6）宜人生活空间的创造重在内容而不是形式，在人与人的交往中，宽容和谅解精神是城市生活的首要因素。

（7）不应着眼于孤立的建筑，而是要追求建筑、城市、园林绿化的统一。

（8）科学技术是手段而不是目的，要正确运用。

（9）要使公众参与城市规划的全过程，城市是人民的城市。

需要指出的是，《马丘比丘宪章》和《雅典宪章》的关系，并不是前者完全取代后者的关系，而是在历史演进过程中的一种补充、提升和发展。《雅典宪章》仍然是指导现代城市规划的一项基本文件，它提出的一些原理直至今天仍然有效，城市规划思想总是随着人们发展的需求变化而不断完善。

7. 芒福德的规划思想

芒福德是20世纪最具世界声望的规划思想家，他的理论思想对西方当代城市规划发展与评判价值体系的确立产生了重大影响。他关心城市生活的各个方面，强调城市文化的极端重要性，主张对美国的社会、体制进行一场革命以建立一种新的社会经济体系，"倘若土地私有制妨碍了作为人类资源的土地最佳使用，那么必须牺牲的不是环境，而是不加限制的私有制原则"，甚至把自己的观点称为"共产主义"，提出要建立人道的"绿色共和国"。

芒福德对城市、区域的许多问题都有深刻而独到的研究，而人本主义思想是所有学说的核心主线。他认为，城市，无论在物质上还是精神上都是人类文化的沉淀，城市是改造人类、提高人类的场所，人类凭借城市发展这一阶梯步步提高自己，丰富自己。城市的主要功能是化力为形，化权能为文化，化朽物为活灵灵的艺术形象，化生物繁衍为社会创新[1]。他的两部力作《城市文化》和《城市发展史》都集中反映了这一思想。

专栏 1-3 芒福德的主要思想

（1）要从城市发展的过程认识城市，研究文化和城市的相互作用。城市可以局部成长、部分死亡、自我更新，借助于多种文化来延续寿命，并可以通过移植其他地区健康文化的组织而显现出新的生命。

（2）人类社会与自然界的有机体相似，必须与周围环境发生相互作用、取得平衡，城市社区赖以生存的环境就是区域。区域是地理要素、经济要素和文化要素的综合体。大都市带并非是一种新型的区域/城市空间形态，而是城市无限度生长和蔓延的结果，将会抹掉农村、模糊人类处境的真实状况，最终成为"类城市混合体"。

（3）城市规划必须对城市和区域所构成的有机生态系统进行调查研究，进行科学分析，反对不考虑社会需要的城市布局所带来的形式主义。

（4）城市的最好运作方式和经济模式是关心人、陶冶人，正确的规划方法是调查、评估、编制规划方案和实施。

8. 雅各布斯的人文主义观

雅各布斯凭借其代表作《美国大城市的死与生》，几乎颠覆了整整一代规划师的思维和理论体系，引发了规划理论界的大讨论，深刻影响了规划及其相关学科的发展轨迹。雅各布斯的著作措辞犀利，行文风格独特，在

---

1. 唐子来．田园城市理念对于西方战后城市规划的影响 [J]. 城市规划汇刊,1998(6)：5-7。

广大规划师和民众中引发了强烈的共鸣。她善于观察微观问题和过程，提倡保持城市的多样性和自发秩序，特别认可自发秩序和自组织机制仍然可以带来社区和谐。在理性主义盛行的 1970 年代，雅各布斯旗帜鲜明地进行批判，为长期浸泡于理性主义规划理论的规划师敲响了警钟。

9. 新城市主义

1993 年 J. 康斯特勒出版《无地的地理学》，严厉指出二战以来美国的城市发展模式造成了无序蔓延的恶果，并由此引发巨大环境和社会问题，提倡改造目前因为工业化、现代化所造成的人与人隔膜、城市庞大无度的状况，这种思想成为 1990 年代后西方国家城市规划中最重要的探索方向之一，被称为"新城市主义"。

这一思想的核心是以现代需求改造旧城市市中心的精华部分，使之衍生出符合当代人需求的新功能。新城市主义者给自己制定的任务是：

①修复大城市区域现存的市镇中心，恢复强化其核心作用；②整合重构松散的郊区使之成为真正的邻里社区及多样化的地区；③保护自然环境；④珍存建筑遗产，最终目的是扭转和消除由于郊区化无序蔓延所造成的不良后果，重建宜人的城市家园。

为此，新城市主义者提出了三个核心规划设计思想：①重视区域规划，强调从区域整体的高度看待和解决问题；②以人为中心，强调建成环境的宜人性以及对人类社会生活的支持性；③尊重历史和自然，强调规划设计与自然、人文、历史环境的和谐性。新城市主义在今天已经形成了广泛影响，美国的俄勒冈州波特兰市区规划、波特兰 2040 年规划、芝加哥大都市区面向 21 世纪区域规划项目、纽约大都市区"拯救危机中的区域"等都是这种思想的典型代表。

（四） 生态思想

如何处理城市与自然之间的关系始终是城市规划思想中的一大主线。城市规划中对生态的重视可以追溯至古希腊和中世纪，古希腊的很多城邦都顺应和利用了复杂的地形，与自然环境和谐相处，中世纪的城市建设也善于利用地形制高点、河湖水面和自然景色等各种特质要素，建筑普遍保持合理的尺度和规模。自然科学兴起之后，城市规划师们越来越崇拜理性和技术，城市规模和人口密度快速增大，城市中的各种社会问题也随之产生，一些规划师们又开始重新审视城市与自然的关系，希望通过加强生态建设实现人与自然的和谐。

1. 城市美化运动

19世纪末、20世纪初，欧美许多城市针对日益加速的郊区化趋向，为了恢复市中心的良好环境和吸引力，开展了一系列景观改造活动，被称为"城市美化运动"。这场运动还催生了景观建筑学、园林规划和城市绿地规划等学科。1893年，美国芝加哥举办世界博览会，最大目的就是试图通过城市美化建立一个"梦幻城市"，以此拯救城市的沉沦。1901年，伯恩海姆等人成立了一个三人专家小组来研究芝加哥的"美化问题"，伯恩海姆在1909年的"芝加哥规划"中采用古典、巴洛克的手法，以纪念性的建筑及广场

图1-12 纽约中央公园平面图[1]

1. 资料来源：维基百科。网址：https://en.wikipedia.org/wiki/File:Central_Park_New_York_City。

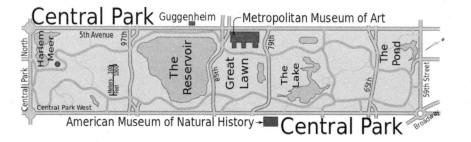

为核心，通过放射形道路形成多条气势恢宏的城市轴线，由于这个规划脱离了经济可行性因而没有实施。但伯恩海姆所倡导的城市美化运动迅速影响了德国、澳大利亚、印度等国家。现代西方景观规划的先驱奥姆斯特德于 1859 年在纽约主持建设了第一个现代意义的城市开敞空间——纽约中央公园（图 1-12、图 1-13），这种方式改善了城市机能的运行，开创了促进城市人与自然相融合的新纪元。除此之外，他还主持设计了旧金山、布法罗、底特律、波士顿等诸多城市公园，广泛传播了城市美化运动。

2. 自然主义探索

奥地利建筑师西谛 1889 年出版《建设艺术》一书，针对当时城市景观单调而极端规则化、空间关系缺乏相互联系的状况，提出了以"确定的艺术形式"形成城市建设的艺术原则，通过与"环境合作"向自然学习，营造多姿多彩的透视感，建立丰富多彩的城市空间。他反对工业社会中以超人的尺度设计城市，主张城市环境应容纳人的个性，倡导以树木为基本尺度。美国规划师 G.P. March 通过观察研究探索了人与自然、动物与植物之间的相互依存关系，主张人与自然要亲密合作，他的思想和实践进一步导致了 19 世纪末美国许多城市开展的保护自然、建设绿地与公园的运动。1909 年美国通过《荒野保护条例》，开始建设国家荒野保护系统和国家公园体系，随后欧洲国家也纷纷效仿。

3. 城市生态环境科学的兴起

1950 年代以后，城市的环境问题益发严重，人们开始担心人类生存环境遭受灾难性破坏。荷兰规划界 1959 年产生了整体主义和整体设计思想，提出要把城市作为一个整体环境，全面分析人类生活的环境问题。1958 年希腊成立"雅典

图 1-13 纽约中央公园 [1]

1. 图片来源：美国《国家地理》杂志《2016 国家地理摄影比赛获奖图片高清图集》. 摄影师：Kathleen Dolmatch。

中国特色空间规划的基础分析与转型逻辑

第一章　中国特色空间规划的思想基础

技术组织"，建立了研究人类居住科学和人类环境生态学的交叉学科——人类聚居学，并指出人类居住环境由自然界、人、社会、建筑物和联系网络5个要素组成。之后西方国家进一步发展出多种城市环境学科，如环境社会学、环境心理学、社会生态学、生物气候学、生态循环学等等，提出把建筑、自然、环境和社会、人群结合起来，以提高城市环境质量，增加环境舒适度，实现自然环境和人工环境密切结合。

4. 精明增长与增长管理

1972年，致力于讨论现在和未来人类困境的罗马俱乐部发表了一篇名为《增长的极限》的研究报告，指出人类财富的增长是存在着极限的，这主要是由于地球的有限性造成的，人口爆炸、经济失控，必然会引发和加剧粮食短缺、资源枯竭和环境污染等问题，这些问题反过来就会进一步限制人口和经济的发展。其后，人们开始思考如何更加科学合理地实现增长，并开始引入规划领域。

首先提出精明增长概念的是美国马里兰州州长 P.N.G.Lendening，这一概念后来还被戈尔作为总统竞选纲领——《21世纪的可居议程》中的重要内容。实现精明增长是目标，实施增长管理是手段。1999年，美国规划师协会花了8年时间完成了对精明增长的城市规划立法纲要。到2000年，包括佛罗里达州、佛蒙特州、华盛顿州等在内的20个州建立了增长管理计划或制定了各自的"精明增长法"与"增长管理法"。

一般认为，精明增长主要有三个目的：

①通过对城市增长采取可持续、健康的方式，使城乡居民中的每个人都能受益；②通过经济、环境、社会可持续发展之间的相互耦合，使增长能够达到经济、环境、社会的公平；③新的

增长方式应该使新、旧城区都有投资机会得到良好发展[1]。提出的主要做法有：①保持良好的环境，拓展多种交通方式；②鼓励市民参与规划，促进共同制定地区发展战略；③通过有效的增长模式加强城市竞争力，改变城市中心区衰退的趋势；④强调开发计划应最大限度利用已开发的土地和基础设施，鼓励对土地采用"紧凑模式"；⑤打破绝对的功能分区思想和严格的社会隔离局面，提倡土地混合使用、住房类型和价格的多样化。

西方国家对于增长管理还没有形成明确而统一的定义，对现有观点进行梳理，主要包括：①增长管理是一种引导私人开发过程的公共、政府行为；②管理是一种动态的过程，而不仅仅是编制规划与后续的行动计划；③必须强化预测并适应发展，而并不仅仅是为了限制发展；④要提供一定的机会和程序，决定如何在相互冲突的发展目标之间求得适当平衡；⑤必须同时兼顾地方与区域之间的利益平衡。最著名的增长管理实践是美国俄勒冈州划定的"城市增长界线"——将所有城市增长都限定在界线之内，其外只发展农业、林业和其他非城市用途。

5. 生态城市思想

"生态城市"是 1980 年代后迅速发展起来的一个概念，主要思想是按照生态学原理进行城市规划，建立高效、和谐、健康、可持续发展的人类聚居环境[2]。1992 年联合国环境与发展大会发表《全球 21 世纪议程》，标志着可持续发展成为人类的共同行动纲领。1990 年英国城乡规划协会成立可持续发展研究小组并于 1993 年发表《可持续环境的规划对策》，

---

1. 王朝晖. "精明累进"的概念及其讨论 [J]. 国外城市规划, 2003 (3)。
2. 陈敏豪. 生态文化与文明前景 [M]. 武汉: 武汉出版社, 1995。

第一章　中国特色空间规划的思想基础

提出将可持续发展概念引入城市规划实践。这些都为生态城市思想的提出奠定了基础。

　　总结规划师们的生态城市思想，主要包括三个层面：①在城市—区域层次上，强调对区域、流域甚至全国系统的影响，考虑区域、国家甚至全球生态系统的极限问题；②在城市内部层次上，提出应按照生态原则建立合理的城市结构，扩大自然生态容量，形成城市开敞空间；③在实现层次上，建立具有长期发展和自我调节能力的城市社区。[1]

　　加拿大学者 M.Roseland 提出了"生态城市 10 原则"：①修正土地使用方式，创造紧凑、多样、绿色、安全、愉悦和混合功能的城市社区；②改革交通方式，使其有利于步行、自行车、轨道交通等；③恢复被破坏的城市环境，特别是城市水系；④创造适当的、可承受得起的、方便的以及在种族和经济方面混合的住宅区；⑤提倡社会的公正性，为妇女、少数民族和残疾人创造更好的机会；⑥促进地方农业、城市绿化和社区园林项目发展；⑦促进资源循环，在减少污染和有害废弃物的同时，倡导采用适当技术与资源保护；⑧通过商业行为支持有益于生态的经济活动，限制污染和垃圾产量，限制使用有害材料；⑨在自愿基础上提倡简单生活方式，限制无节制的消费和物质追求；⑩通过实际行动与教育，增加人们对地方环境和生物区状况的了解，增强公众对城市生态及可持续发展问题的认识。

（五）实用主义

1. 美国的实用主义运动

　　实用主义传统于 20 世纪初由皮尔斯、赖特、霍尔姆斯、詹姆士和杜威等人确立，这个由美国人建立的实践性哲学体系，也一直在美国的哲学发展中占据主导地位。实用主义的特点在于它强调不可知论，认为：认识来源于经验，人们所能认识的，只限于经验，至于经验的背后还有什么

1. 陈敏豪. 生态文化与文明前景 [m]. 武汉：武汉出版社，1995.

东西，那是不可知的，人们总是不能走出经验范围之外而有什么认识；要解决这个问题，还得靠经验。所谓真理，无非就是对于经验的一种解释，如果解释得通，它就是真理，对于我们有用，即有用就是真理，忽略所谓客观的真理。[1]

规划界的实用主义也源自美国，它奉行"成事"观念，强调在特定的条件和形势下对特殊问题的直接解决。它视规划为一种高度实践性的活动，其基础是解决问题并使事情发生，它注重实效，讲究实际运用与常识性解决办法，研究政策、策略在实施过程中的问题，评测各种可能性和困难等，从而解决问题并促使预定目标实现。

哈里森于1998年总结了实用主义与规划相关的几个特征：① 实用主义可为规划师提供反省自身及其行动的观察角度；② 规划不是在寻求揭示现实，而是为我们所理解的实用性目标服务；③ 实用主义关注规划实践，这重新引起了在规划实践中对微观政治的兴趣；④ 实用主义集中于选择和或然率，而非强调道德伦理审议的抽象基础主义。对应于1990年代出现的"新实用主义"倾向，规划中需要遵循两个原则：一是争论与辨析须在自由主义的背景下进行；二是在思想与立场各异的情况下需遵循多样性原则。

2. 渐进主义规划

1960年前后，林德布鲁姆提倡的渐进主义规划继承了实用主义中不依赖现成理论的思路，强调从效用出发解决问题，反对依据庞大的理论体系开展决策和采取行动[2]。渐进规划方法所强调的内容包括：决策者集中考虑那

1. 冯友兰. 三松堂自序 [M]. 上海：东方出版中心，2008。
2. 孙施文. 现代城市规划理论 [M]. 北京：中国建筑工业出版社，2007：153。

些对现有政策略有改进的政策，而不是尝试综合的调查和对所有可能方案的全面评估；只考虑数量相对较少的影响最大的政策方案；对于每一个政策方案，只对数量非常有限的重要的可能结果进行评估；决策者对所面对的问题进行持续不断的再定义；渐进方法允许进行无数次的"目标—手段"和"手段—目标"调整，以使问题更加容易管理；不存在一个决策或"正确的"结果，而是有一系列没有终极的、通过社会分析和评估而对面临的问题进行不断的处置；渐进的决策是一种补救的、更适合于缓和现状的、具体的社会问题的改善，而不是对未来社会目的的促进。

渐进主义规划更加适应复杂多元、变化频繁的实际情况，以现实为基础推演控制现实的规划工具。按照林德布鲁姆的理论，渐进主义的规划模式既不区分目标与行动，也不主张无限理性分析，而认为好的政策来自共识，要通过连续比较来减少对现有理论的依赖。

3．规划实施理论

实用主义在规划上的应用，还有 1970 年代末兴起的规划实施理论，它批判了对规划的实际执行情况忽略和不予重视的规划理性论，强调要对规划的实施加以更多关注。

1978 年，Alterman 和 Hill 运用空间叠加的技术，将土地利用规划和土地利用现状进行对比，得到了规划实施的"一致和不一致"，并对影响规划实施效果的政治等其他因素进行回顾和分析。这一研究开启了对规划实施结果进行定量分析评价的思路。随后在 1979 年，Calkin 提出的"规划监控体系"，这一体系可以提供规划修改所需的大量信息，并可用来评价规划作为开发控制手段的有效性，遗憾的是，这一研究方法仅限于理论阐述[1]。

1989 年，Alexander 和 Faludi 提出了规划

---

1. 田莉等. 城市总体规划实施评价的理论与实证研究[J]. 城市规划学刊，2008(5)。

实施评价的"PPLP"（政策—规划—实施—评价过程）模型，这一模型否定了结果决定一切的评价方式，强调对规划的过程做出合理评价。模型将政策、规划、项目、程序、可操作性的决议、实施、实施的结果和实施的影响等多项因素综合起来考虑，从一致性、过程合理性、事先最优性、事后最优性、实用度五个方面对规划的实际情况进行综合评价[1]。

二、中国传统规划思想

中国传统文化已有五千多年的历史，其影响时间之长，力度之大，范围之广，在世界文化史上也是绝无仅有的。在当今中国国土空间快速发展时期，城乡面貌千篇一律盲目模仿的倾向愈演愈烈，如何解析和重构中国传统文化，找到城乡空间自身的历史沉积和文化内涵就成为当务之急。空间规划应从文化解析、文化重构、文化传承、文化创新等方面解读传统文化与空间规划的关系，研究传统文化在国土空间中的体现和应用。

中国古代并没有"空间规划"这个词，但是空间规划类的实践和经验总结起源甚早，据古籍记载，最早的规划实践产生自大禹治水，他"定高山大川"之后又将天下划分为九州和五服，扩充疆域，确定赋税等级，使人民安居乐业，这其实就是一个国土空间规划布局和利用的过程。而最早有记载的规划思想来源于《周礼》和《乘马》两部著作：

一是《周礼·考工记》中关于"匠人营国，方九里，旁三门。国中九经九纬，经涂九轨。左祖右社，面朝后市。市朝一夫……室中度以几，堂上度以筵，宫中度以寻，野度以步，涂度以轨……王宫门阿之制五雉，宫隅之制七雉，城隅之制九雉，经涂九轨，环涂七轨，野涂五轨……"的记载（图1-14）。

---

1. Alexander ER,Faluid A.Planning and plan implementaiton: notes on evaluation criteira[J]. Evinronment and Planning B:Planning and Design. 1989, 16(2):127-140。

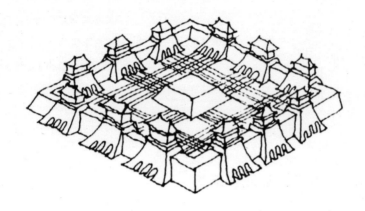

图 1-14 《周礼·考工记》关于"营国"的示意图

　　二是《管子·乘马》中关于"凡立国都，非于大山之下，必于广川之上；高毋近旱，而水用足；下毋近水，而沟防省；因天材，就地利，故城郭不必中规矩，道路不必中准绳……地者，政之本也……"的记载。以此规划思想进行建设的典型城市即是南京（图 1-15）。

　　《周礼》和《管子》形成于相近的时代，有着基本一致的时代背景和环境，但是，两部著作、两种思想，前者强调社会秩序、后者倚重自然基底，前者讲求统治优先，后者力求因地制宜。但无论是前者还是后者，都折射出中国古代的空间规划是服从于"治国"大目标的，是统治阶级实现政治和意识形态目标的工具，是制度本身（表 1-1）而非制度延伸。

　　随着历史发展和各类学术思想兴起，空间规划也越来越体现出人文色彩，承担着越来越多的政治社会功能，其本身的思想体系也日臻严密完善。虽然我国古代历史历经朝代更替，但治国目标未发生根本性变化，所以空间规划思想也是一脉相承。综合考察，我国古代空间规划思想体现出几个突出特征。

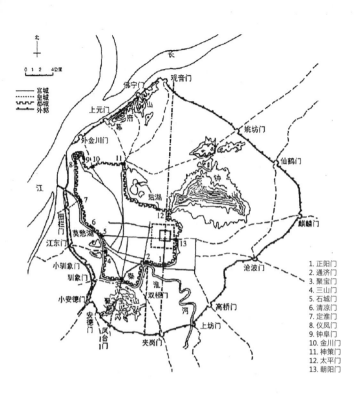

1. 正阳门
2. 通济门
3. 聚宝门
4. 三山门
5. 石城门
6. 清凉门
7. 定淮门
8. 仪凤门
9. 钟阜门
10. 金川门
11. 神策门
12. 太平门
13. 朝阳门

图 1-15 明朝南京平面图 [1]

1. 资料来源：苏则民. 南京城市规划史稿 [M]. 北京：中国建筑工业出版社，2008：149。

《管子》与《周礼》空间规划思想对比　　　　　　　　　　　表 1-1

对比类型	《管子》	《周礼》
都城选址	凡立国都，非于大山之下，必于广川之上。高毋近旱而水用足，下毋近水而沟防省。（管子·乘马）	以土圭之法，测土深，正日景，以求地中。日南则景短，多暑。日北则景长，多寒。……日至之景，尺有五寸，谓之地中。天地之所合也，四时之所交也，风雨之所会也，阴阳之所和也，然则百物阜安，乃建王国焉。（周礼·大司徒）
城邦规模	夫国城大而田野浅狭者，其野不足以养其民；城域大而人民寡者，其民不足以守其城。（管子·八观）	诸公之地，封疆方五百里……诸侯之地，封疆方四百里……诸伯之地，封疆方三百里……诸子之地，封疆方二百里。……诸男之地，封疆方百里。（周礼·地官）
空间结构	因天材，就地利，故城郭不必中规矩，道路不必中准绳。（管子·乘马）	匠人营国，方九里，旁三门。国中九经九纬，经涂九轨。左祖右社，面朝后市。市朝一夫。（周礼·考工记）
功能布局	仕者近宫，不任与耕者门，工贾近市。（周礼·大匡） 士农工商四民者，……处士必就闲燕，处农必就田壄，处工必就官府，处商必就市井。（周礼·小匡）	量人掌建国之法。以分国为九州，营国城郭，营后宫，量市朝道巷门渠。造都邑，亦如之。营军之垒舍，量其市朝州涂，军社之所里。（周礼·夏官） 左祖右社，面朝后市。市朝一夫。（周礼·考工记）

第一章　中国特色空间规划的思想基础

（一） 体现礼乐制度

西周时期，为了建立稳定的政治秩序，统治阶级制定了等级森严、周密完备的礼乐制度，成为中国古代政治、哲学、道德伦理和宗教的思想之源。与此同时，西周初期的分封建国，形成了中国历史上第一次筑城高潮，礼乐制度也在城市建设中得到集中体现，统治阶级对国（城及其邻近的郊区）野（广阔的乡村）的规划建立了一整套制度安排，也成为国家治理体制和礼制文化的重要组成部分，并发挥着政治教化作用。比如《周礼·考工记》中就阐述了城市营建严格的等级制度，每一座城市的建造必须依据自己所归属的等级序列，按照相应的等级规制建造，不得僭越，而城市中的宫殿、宗庙、市集、城门、道路等设施也都具有明确的位置和尺寸，以此营造出一个秩序并然、和谐有度的社会。

随着皇权集中程度的加强，在后世的城市建设中，这一原则继续得到强化，特别是国家的都城和区域中心城市，等级和秩序色彩日益浓厚。比如唐朝的长安城，在布局上不使"宫殿与居民相参"，实行严格的里坊制，通过道路突出宫殿来凸显城市的最高主人——皇帝，城市规模、道路宽度、里坊面积都大得惊人，远远超过实际需要，反映当时大一统的强大威力。元朝的大都城，采用三套方城、宫城居中、中轴对称的布局，反映了封建社会儒家"居中不偏"、"不正不威"的传统观点，用宏大的建筑烘托"至高无上"的皇权。

（二） 鲜明治国导向

"大道之行，天下为公"是中国古代知识分子的普遍追求，为了实现良好的治理模式，不同思想学派都提出了自己的主张，比如儒家以"仁政"和"礼治"为核心，墨家以"尚同"和"尚贤"为核心，法家以"法、术、势"为核心，道家以"道法自然"和"无为而治"为核心等。在这样的精神追求下，空间规划无疑是治国的重要工具和手段，在规划的实践中也体现出这些治国思想。

《汉书·食货志》中描述了一个依靠城市统治万民的理想状态，称为"圣王域民"，具体包括两个方面：一方面，筑城郭以"居"民，制庐井以"均"民，开市肆以"通"民，设庠序以"教"民，使万民各得其所，实现"安其居"；另一方面，"圣王"根据臣民的特点和能力授以士农工商四种职业，士人"学以居位"，农人"辟土植谷"，工人"作巧成器"，商人"通财鬻货"，实现"乐其业"。[1] 在这种状态下，王、官、民各司其职，井井有条，这就是古代城市所追求的功能。

中国自古疆域广阔且民众甚多，通过空间规划治理国家始终成为重要的制度尝试。以"经世致用"为目的，以有序的空间促进"善治"，实现社会和谐有序的思想，不但体现在《老子》《管子》《淮南子》等诸子百家著作中，还运用于众多空间规划实践当中。通过空间规划落实治国理念的技术方法影响深远，两千余年来虽然具体措施几经变化，但是君主借助分层、分区的空间网络体系以统领天下的思想始终未变，空间规划作为政治工具、制度设计的属性在后世帝制王朝中一直传承不坠。[2]

（三）统筹城乡发展

古代中国城市文明和乡村文明之间没有清楚的分野，这是由于生产力不够发达、生产要素不须集中造成的。古代中国立农为本，执政者十分重

1. 中国城市规划学会. 中国城乡规划学学科史 [M]. 北京：中国科学技术出版社，2018。
2. 郭璐，武廷海. 辨方正位 体国经野——《周礼》所见中国古代空间规划体系与技术方法 [J]. 清华大学学报 (哲学社会科学版),2017（6），54。

视农业生产，经常劝课农桑、兴修水利、垦辟荒野。在民间，不同阶层也注重城乡的联系，很多达官显贵最后都回到家乡生活，成为乡绅，因而自古有乡绅自治的传统，也形成了一个脱离乡土、求取功名，最终荣归故里、落叶归根的城乡交流循环。

但是因为城乡内部生产方式的差别，城乡空间关系仍体现有不同。大致来看，城乡关系经历了"国野对立"、"城乡分化"、"城乡一体"等阶段。春秋战国时期城市的主要功能是作为政治中心和军事中心，更多的居民是居住在城周边的乡村聚落中，只有遇到战事或者需要进行交换时才会迁往城中[1]。秦汉唐时期，中原王朝政府实行以"编户齐民"为基础的户籍制度，对城乡交流和人口迁移的限制，造成了城乡分化。宋朝以后，虽然划分"坊郭户"与"乡村户"以进一步区分城乡人口，但是由于工商业的发达，城乡的边界变得模糊，郭城墙外就有大片市场，城乡空间有一体化的发展态势。

但是无论是城乡分隔还是城乡一体，无论在城、在乡，在国、在野，乡土中国的文明是均一的，密集的城市空间和广阔的乡村腹地是连为一体的，古代规划始终强调统筹考虑。这一点在《周礼》中就能得到体现。《周礼》强调"体国经野"的整体塑造，"匠人"的工作不仅要"营国"，还要"为沟洫"，前者指城市规划建设，后者指乡村水利、道路、城墙和沟渠等，可见城市和乡村的规划建设是统筹进行的。本质上，中国古代的城乡规划就是通过对土地的合理利用和空间形塑，建立秩序井然的社会，实现天下大同的理想；因此，中国古代的城乡空间关系存在内在的默契，呈现城乡文明融合的局面[2]。

（四） 道法自然思维

有别于西方国家，传统中国的人地关系认知是基于"天人合一"的思想，认为"天地人"三者一体，都是大自然的一部分。从《易经》开始，中华文明就把天人合一的思想融汇到生活、生产的各个方面。这种独特的

---

1. 戴顺祥.从城乡一体到城乡分离——先秦至唐宋城乡关系述论 [J]. 云南民族大学学报，2011（9），145。
2. 中国城市规划学会.中国城乡规划学学科发展史 [M]. 北京: 中国科学技术出版社，2018。

中国特色空间规划的基础分析与转型逻辑

文化体系，使得规划成为"天人合一"认知观的衍生品，并在具体的营城、建市中，塑造了独特的东方空间景观，蕴含着尊重自然的思想和仪式感。

尊重自然规律，自古就是中国传统空间规划的哲学要义。《商君书》中论述了都邑道路、农田分布及山陵丘谷之间的合理分配问题，分析了粮食供给、人口增长与城市发展规模之间的关系；战国时期，《管子》认为"因天材，就地利，故城郭不必中规矩，道路不必中准绳"，讲求依山就势，尊重自然基底营建城市。在实际的生活中，协调人居环境的"风水学"一度盛行，其背后朴素的空间安排规则哪怕到了今日的中国，依旧占据很多人的内心。所谓依山傍水，其实是在说：山系决定水系的形成，水系又深刻影响着城市系统的形成和发展，属于朴素的生态和谐观念。

空间规划应在传统智慧基础上做好传承与创新。首先，结合自然山水。我国空间规划在自然山水认知模式、结合自然山水的层次和秩序构建等方面积累了独特经验。其次，重视历史人文。我国数千年的城市规划与建设史形成了优秀的人文规划传统和人文优先原则。中国城市山水秩序与人文空间秩序融合形成了"城市山水人文空间格局"，其中山水是城市的自然坐标，人文是城市的精神坐标，应予以发扬传承。最后，强调古迹保护。中国规划十分重视将古迹与现实生活融合在一起，几乎所有的中国城市都有一种普遍的历史传承意识，重视古迹本身的维护，更重视发挥古迹的文化意义，实现古今人心的"相通"，体现了中国规划的"历史接续"思想。[1]

（五） 功能分区传统

春秋时期，《周礼·考工记》关于"营国"的记载反映了中国古代哲学思想开始进入都城建设规划，春秋时期也成为中国古代城市规划思想最早形成的时代。《周礼·考工记》中除了基本城市选址、布局以外，更为重要的是对城市功能进行了功能分区，并对区内职责进行了界定。例如，当时的产业"市"的发展用地，也就是集市的用地，主要布置服务于农产品、日常用品等交易的设施，就有专门的划分。

---

1. 王树声. 中国城市规划智慧的现代传承 [R]. http://www. jupchina.com/webpage/more.jsp?id=44724a8617bfd11507b1ef103e3721363132bac07a4dba6259b8019decb42387 ,2018。

之后的多个朝代，都沿袭着《考工记》里的布局思想，特别是城市布局的整体观、形胜观等体现得尤为明显。三国时期，城市就采用了功能分区的布局方法，强调轴线、强调方位、强调中心。例如东汉的邺城，宫城位于城北中心，宫城内文昌殿与中阳门通过南北主路连接，构成南北轴线，建筑群落沿轴线对称布局。隋唐时期，城市规划更为严谨，唐朝长安城规模宏大、轴线清晰、分区明确，宫城依旧坐北朝南居中布置，"官民不相参"以便于管制，促成里坊制进一步发展。宋代城市里坊制解体，摒弃了"集中商业区"这类传统的功能分区，同时创新了分区，如药市、花市、珠子市、米市、肉市、鱼市、布市、猪行等定期市场，也出现了为了方便囤货的仓储用地"塌坊"。明清时期，依旧强调轴线对称，内外方城，宫城居中，始终沿袭《周礼·考工记》思想（表1-2）。

《周礼》中记载的有关城市规划事务的职官系列及其职责[1]　　　　表1-2

	是否迁都		选址	功能布局	地块划分	功能区内组织			建造
	问鬼神	询万民				市	社稷	居住区	
职官	大卜	小司寇	大司徒	量人	土方氏	内宰	小宗伯	载师	匠人
部门	春	秋	地	夏	夏	天	春	地	冬
	礼	刑	教	政	政	治	礼	教	事
职责	以和邦国、以谐万民、以事鬼神	以诘邦国、以纠万民、以除盗贼	以安邦国、以宁万民、以怀宾客	以服邦国、以正万民、以聚百物	以服邦国、以正万民、以聚百物	以平邦国、以均万民、以节财用	以和邦国、以谐万民、以事鬼神	以安邦国、以宁万民、以怀宾客	以富邦国、以养万民、以生百物

三、马克思主义的空间规划观

马克思主义是中国共产党的指导思想，也是我国哲学社会科学研究的指导思想，系统了解和分析马克思主义对空间规划的认识和观点，对于构

---

1. 孙施文.《周礼》中的中国古代城市规划制度 [J]. 城市规划，2012（8）：13。

建中国特色社会主义空间规划体系具有特殊的重要意义。

工业革命之后，城市的快速发展是资本主义社会的一大特点，也催生了诸多社会问题，以实现人的自由而全面发展为奋斗目标的马克思、恩格斯等人，势必会关注到城市这种生产生活的重要空间形态。在共产主义运动史上，以城市还是农村为政治斗争中心，曾经一度是战略争论的焦点，实际上就涉及了对城乡政治经济条件和生活方式的不同认识。而在马克思、恩格斯之前，欧文、圣西门、傅里叶等空想社会主义者们就对改造城市提出了种种方案，试图一劳永逸地解决众多城市问题，这些思想也构成了马克思、恩格斯城市思想的重要来源。

（一）马克思和恩格斯的城市思想

马克思、恩格斯的一生主要在柏林、巴黎、布鲁塞尔、伦敦、曼彻斯特等大城市度过，他们在《德意志意识形态》《英国工人阶级状况》《政治经济学批判》《论住宅问题》《资本论》等著作中，都对城市现象作了论述和总结。由于他们更倾向于关注资本主义生产方式，他们本人并没有对城市系统进行深入研究，而是结合生产关系和阶级关系的变化以及革命策略述及城市问题。

1. 城市与资本主义制度的关系

在马克思和恩格斯看来，城市和资本主义生产方式是同步出现、相辅相成的。一方面，资本主义生产方式创造了欧洲工业城市。近代以前的城市主要是政治、文化、宗教中心，城市商业和手工业等经济活动还居于从属和次要地位。产业革命使城市发生了根本性变化，大大改变了城市的功能和面貌——工厂的大量出现和集中，使城市成为先进生产力的代表；市政、金融、商业和交通等领域的发展，进一步提高了城市的经济地位，而农村日益处于从属地位。正如马克思和恩格斯在《共产党宣言》中所指出的，"资本主义使乡村屈服于城市的统治。它创立了巨大的城市，使城市人口比农村人口大大增加起来……"。另一方面，城市在资本主义建立和扩张的历史进程中发挥着中心作用。马克思和恩格斯认为城市发展是资本主义生产方式不断成熟的基本成果和独特标志，资本主义生产方式的一个重要特点就是城市的优势地位。城市是资本主义生产方式赖以确立的最初场所，"从中世纪的农奴中产生了初期城市的城关市民，从这个市民等级中发展出最初的资产阶级分子"[1]。资本主义确立后，城市关系又渗透到广大乡村，改变了地区和民族的闭关自守状态；同时，占据垄断地位的发达资本主义城市化国家，利用国际城乡差别和对立，控制和掠夺殖民地半殖民地，剥削发展中国家，进一步巩固了资本主义国家的中心地位。

工业城市在巩固资本主义的同时，也对资本主义生产方式产生了深远的影响，主要体现在两个方面。一是城市促进了政治集中。《共产党宣言》指出，"资产阶级日甚一日地消灭生产资料、财产和人口的分散状态。它使人口密集起来，使生产资料集中起来，使财产聚集在少数人手里。由此必然产生的后果就是政治集中"。这里讲到的"集中"，既包括人口和生产资料在城市地区的集中，也包括财产和政治权力向私人和资本家的集中，这种集中加剧了对立和矛盾，为资本主义的最终消亡埋下了隐患。二是城市催生了工人阶级。现代工业将工人从农业生活中分离出来，城市的发展进一步将工人聚集起来，使工人作为一个独立的、能够进行集体行动的政治力量登上历史舞台，并开始对社会和政治发生影响。"大城市是工人运动的发源地：在这里，工人第一次开始考虑到自己的状况并为改变这种状况而斗

---

1. 马克思，恩格斯. 共产党宣言 [M]. 北京：人民出版社，1964。

中国特色空间规划的基础分析与转型逻辑

争；在这里，第一次出现无产阶级和资产阶级利益的对立；在这里，产生了工会、宪章运动和社会主义。"因此，资本主义国家工人运动的主要形式就是城市革命或改良，法国 1848 年革命和 1871 年巴黎公社，以及 1917 年俄国十月革命都是在城市爆发的。

2. 城乡对立

城乡关系是马克思、恩格斯对城市问题论述最多的话题，主要集中在城市分离和城乡对立两个层面。

马克思和恩格斯研究了人类历史上两次大的城乡分离。第一次发生在古代社会，由民族内部的分工引起工商业劳动和农业劳动的分离，导致城市出现，从而引起城乡分离，被恩格斯称为"第一次社会大分工"。第二次城乡分离伴随产业革命而出现，大工业的发展建立了现代化大城市，代替了之前自然增长起来的城市，也就是现代意义上的"城市化"过程。马克思总体上肯定城乡分离作为劳动分工的合理性、必然性，认为是历史的进步，他在《资本论》中指出，"一切发达的、以商品交换为媒介的分工的基础，都是城乡的分离"。

同时，城乡分离也带来了深刻的矛盾和负面效应，造成城乡之间的"对立"。马克思和恩格斯概括了三种主要的对立状态：一是个人劳动方式的对立。正是由于社会大分工的出现，人们开始被迫从事某项专门的活动，结果是"把一部分人变为受局限的城市动物，把另一部分人变为受局限的乡村动物，并且每天都不断地产生他们利益之间的对立"[1]，"使农村人口陷入数千年的愚昧状况，使城市居民受到各自的专门手艺的奴役"[2]，劳动被异化，阻碍了人的自由发展。二是生产方式的对立。在财产形式和劳动方式上，城市中无产阶级追求和希望的是大规模的有组织的劳动和生产资料的集中，而乡村中农民的劳动则是孤立的，生产资料是零星分散的。在人身关系上，城市中已经形成成熟的商品货币形式，而乡村中还普遍保留着封建宗法关系。这种对立逐渐扩展到财产、交换、政治等多个方面。三是

1. 马克思、恩格斯，《德意志意识形态》，载《马克思恩格斯全集》，人民出版社，1960 年，第 57 页。
2. 恩格斯，《反杜林论》，载《马克思恩格斯选集》，人民出版社，1972 年，第 330 页。

阶级的对立。城市资本主义生产方式破坏了农业社会赖以生存的条件，农民不再满足过去自给自足的生活方式，破产农民和那些寻求新发展机会的农民涌入城市，进入雇佣劳动者的队伍，工人阶级不断壮大，在资本家的压榨和剥削下，他们与资产阶级的对立日益严重。

3. 城市特征

对于城市生活的特点，马克思在研究前资本主义所有制形式时，已经认识到城市作为一个整体系统的复杂性："城市本身的单纯存在与仅仅是众多的独立家庭不同。在这里，整体并不是由它的各个部分组成，它是一种独立的有机体。"在《德意志意识形态》中，马克思和恩格斯又从政治经济学的角度作出分析："随着城市的出现也就需要有行政机关、警察、赋税等，一句话，就是需要有公共的政治机构，也就是说需要一般政治。在这里把居民第一次划分为两大阶级，这种划分直接以分工和生产工具为基础。城市本身反映了人口、生产资料、资本、享乐和需求的集中；而在乡村所看到的却是完全相反的情况：孤立和分散"。据此，可以把马克思、恩格斯对城市特点的描述总结为三点：政治统治机器的建立、两大阶级的分化、人口和生产资料的集中。

恩格斯还多次描述城市生活的状态。在《英国工人阶级状况》中，他总结了以伦敦为代表的世界性商业首都城市的特点："这种大规模的集中，250万人这样聚集在一个地方，使这个250万人的力量，增加了100倍。"接着，他又总结了资本主义大城市人际关系的特点："伦敦百姓为了创造充满他们的城市的一切文明奇迹，不得不牺牲他们的人类本性的优良品质"，"所有这些人，越是聚集在一个小小的空间里，每一个人在追逐私人利益时的这种可怕的冷淡、这种不近人情的孤僻就愈是使人难堪……每一个人的这种孤独、这种目光短浅的利己主义是我们现代社会的基本的和普遍的原则……这种一盘散沙的世界在这里发展到顶点。"在《社会主义从空想到科学的发展》中，恩格斯又谈到城市生活对传统规范的破坏："无家可归的人挤在大城市的贫民窟里；一切传统习惯的约束、宗法制从属关系、家庭都解体了……突然被抛到一个全新的环境中（从乡村到城市，从农村到工业，从稳定的生活条件转到天天都在变化的、毫无保障的生活条件）的阶级大批地堕落了"。这些描述集中反映了城市化带来的社会问题，体现了马克思主义者对资本主义生产方式所持的批判态度。

4. 城市革命

马克思和恩格斯坚持以阶级矛盾和阶级斗争的观点分析城市社会心理和人际关系，所提出的解决方案也是积极的和革命性的，认为城市的诸多问题本质上是资本主义生产方式所造成的，只有从根本上改变产生自私自利品质的生产方式、废除生产资料私有制才能解决城市问题。比如，在对城乡对立的批判中，马克思和恩格斯对空想社会主义者消除城乡对立的思想给予很高评价，认为"只有在消除城乡对立后才能从他们以往历史所铸造的枷锁中完全解放出来，这完全不是空想"。《共产党宣言》提出在最先进国家里"变革全部生产方式"，"把农业与工业结合起来，促使城乡之间的对立逐步消灭"。恩格斯在《论住宅问题》中提出，"只有使人口尽可能地平均分布于全国，只有使工业生产和农业生产发生密切的内在联系，并使交通工具随着由此产生的需求扩充起来——当然是以废除资本主义生产方式为前提，才能使农村人口从他们数千年来几乎一成不变地栖息在里面的那种孤立和愚昧的状态中挣脱出来"。恩格斯还曾提出"消除大城市"的想法，认为"现代的大城市只有通过消灭资本主义生产方式才能消除"。恩格斯在分析英国工人"严重的道德堕落现象"时，也明确指出工人中出现的这些问题都是资产阶级强加给工人阶级的，是强制性劳动和贫困生活状况的必然结果，所以要解决这些问题，就必须消除资产阶级对工人阶级的剥削和压迫。这种努力从根本上解决社会问题的尝试，是马克思主义者一以贯之的价值追求。

随着阶级斗争的发展，资产阶级采取了一系列政策和措施缓和阶级之间的矛盾，包括扩大和满足普通工人住房的需要，通过郊区化分散贫困和工人阶级的集中，改建贫困居民街区等。恩格斯注意到资产阶级的这一变化，也相应改变了工人阶级斗争的形式。他在生前最后一篇文章《〈法兰西阶级斗争〉导言》中提出了对 19 世纪 90 年代以后革命道路与斗争策略的新理解，认为应将普选权作为工人阶级的锐利武器，并倡导放弃之前突然袭击的街垒战方式，转为利用合法形式积极耐心争取多数人的革命。

5．住宅问题

在今天的城市中，住宅无疑是一个各方广泛关注的重要问题，很多人因为高额房价成为"房奴"。早在 1872 年，恩格斯就注意到了城市中存在的住宅问题，连续写了三篇文章并结成《论住宅问题》进行论述，不过当时的问题不是高额房价，而是住宅短缺。当时正值小生产向大工业迅速发展的时期，大量农业劳动力涌入大城市，城市中的原有建筑格局不能适应新的产业要求，必须进行重新改造，而原本一些适宜农业劳工居住的住宅区却在被大量拆除，工人、小商贩、小手工业者等低收入者的住宅出现严重短缺，大城市中 90% 以上的居民没有自己的住宅。

恩格斯主要从市中心的级差地租和低收入住宅的无利可图分析了当时住宅短缺的原因：地块本身所处的地理、经济位置所产生的级差地租效益对投资利润的大小产生直接影响，地理位置好、资本投入集中的土地能够产生超额利润，近代欧洲大城市的发展导致市区特别是市中心的土地价格大幅上升。由于原本建筑在市中心的工人住宅租价远远低于最高的利润限额，这些住宅就相继被拆除，而换作商业或公共建筑，工人住宅从市中心被排挤到市郊。不同城市中住宅缺乏的程度有所差异，在曼彻斯特、利兹、布拉德福德等一开始就作为工业中心的城市，由于产业资本家普遍在大工厂附近同步建造了工人住宅，没有特别严重的住宅缺乏问题，但在伦敦、巴黎、柏林这些新兴大城市，由于土地利用性质与形式更多地受到占据统治地位的社会集团特殊利益的影响，住宅缺乏是长期存在的"慢性病"。

恩格斯认为在房屋租赁关系中，房东具有一定的"资本家"性质。他写道，"作为资本家的房主总是不仅有权，而且由于竞争，在某种程度上还应该从自己的房产中无情地榨取最高的地租"，"当厂主对工人的剥削告一段落，工人领到了用现钱支付的工资的时候，马上就有资产阶级中的另一部分人——房东、店主、当铺老板等等向他们扑来"。对于解决住宅问题的方案，恩格斯批判了改良主义者关于使工人拥有住宅作为私有财产的观点，他认为工人的流动性与分期购买固定住房之间存在着矛盾，拥有住宅最终符合资本主义剥削的基本原理，并最终使工人丧失无产者的性质，失去革命性。在他看来，住房问题只能通过激进的经济和社会改革解决，只有推翻资本主义生产方式，消除一切剥削，才能从根本上改变住宅缺乏的现象。

（二） 新马克思主义学者的城市思想与规划思想

第二次世界大战之后，马克思主义理论吸纳了其他学科知识，发展出一些重要流派。就城市研究而言，新马克思主义城市学派及其空间理论尤为重要。该学派融合社会学与地理学的同时，引入空间的概念，从社会学、哲学和政治经济学等多个视角对时下全球化、城市化等空间现象进行了分析。

新马克思主义学者指西方国家中运用马克思主义的思想家或学者，他们的共同特点是提出坚持、发展马克思主义的理论使命，在主要研究中用马克思主义作为理论基础，提出一定的政治实践目标[1]。其中一些学者运用马克思主义的辩证法、资本积累、阶级斗争和国家理论等，探讨了城市规划问题，对在马克思主义指导下构建中国特色的空间规划具有借鉴意义。

比较著名的新马克思主义城市学者有：①法国学者亨利·列斐伏尔。早年曾参加法国共产党，从 20 世纪 60 年代开始运用马克思主义进行城市研究，关注意识的城市化、围绕城市权利的斗争以及资本主义发展中的"都市革命"等问题，他是对城市化进程和资本主义社会空间组织的联系进行

---

1. 高鉴国 . 新马克思主义城市理论 [M]. 北京：商务印书馆，2007：2-4。

理论研究的先行者。②法国学者曼纽尔·卡斯泰尔斯。西方最著名的马克思主义城市学家之一，直接受到列斐伏尔等老一代新马克思主义学者的启发，他试图建立一种结构主义的马克思主义城市理论，解释资本主义城市化的进程和结构。他曾经多次访问中国，1987年还应相关部门邀请，在中国进行科技政策的研究。③英国学者戴维·哈维。他从20世纪70年代到90年代始终坚持马克思主义政治经济学的分析方法，比较系统地研究了城市进程中资本积累和阶级关系的问题，通过分析马克思主义理论、城市性的历史和理论演变、相关社会科学研究揭示了城市与社会的关系。他们的城市和空间思想主要集中在以下几个方面。

1．关于资本主义城市的特征

为了解释资本主义城市的空间拓展现象，列斐伏尔和大卫·哈维等为代表的新马克思主义城市学派提出了"空间生产"的观点。"空间生产"的观点认为，空间是被用来生产剩余价值的，与空间相关的一切，都成了生产剩余价值的中介和手段。

新马克思主义城市学者普遍重视城市与生产关系的联系，将经济、政治和社会关系意义的城市作为基本的研究对象，从不同角度探讨城市与生产方式的联系。他们认为资本主义生产方式是理解近代城市以及农村变迁的关键，近代城市的主要功能之一是满足资本主义规则，其中最重要的是资本的流通与积累。这一观点延续了马克思、恩格斯对城市与资本主义制度关系的认识。

哈维将城市作为资本主义的建成形式和资本扩张的物质形态。资本的集中要求生产过程、管理组织和劳动力的空间集中，并利用城市的空间形式，通过减少生产、流通与消费的间接费用，加快资本周转，追求最大的积累。资本主义城市的重要作用之一就是提供这种经济基础存在的必要条件。

卡斯泰尔斯将城市定义为劳动力再生产的空间单位。他使用"集体消费"的概念代表城市的内在结构实质,这个概念指国家提供或支持的公共物品消费,包括教育、娱乐、医疗保健、住房等。他发现现代资本主义城市的大部分活动与"集体消费"有关,无论是国家对空间设置的干预,还是社会危机产生的根源,都与集体消费过程相联系,因此城市组织的特定性表现为"集体消费"机制,这一观点为城市研究提供了新的视角和参照点。为了试图"扩展历史唯物主义有关空间领域的基本理论",卡斯泰尔斯还提出了"城市系统"的概念,用以分析城市的内部结构。他认为,与农业地区相比,城市内部结构之间的联系进一步加强,城市形成更为有机的功能化整体,其中每一个要素与其他要素之间都有密切联系。城市空间就是城市社会结构的表达,这种结构包括生产、消费、交换、行政和符号五种要素。每个要素又可以进一步划分为几个亚要素,比如生产要素可以划分为劳动工具、劳动对象等,消费要素划分为劳动力的简单再生产、劳动力的扩大再生产等,交换要素划分为生产—消费、消费—生产、消费—消费等,行政要素划分为全球/地方、特殊/一般等,符号要素划分为不能识别、可识别、可沟通等。每个亚要素又具有不同层次和角色,通过这样的层层分解,卡斯泰尔斯建构出了一个全面完整的城市系统。

列斐伏尔对城市与生产的关系进行了探讨。他认为城市不仅仅是劳动力再生产的物质建筑环境,实际上是资本主义自身发展的载体。在这种空间内,所有资本主义关系实现再生产,通过城市空间组织作为载体,资本主义能够生存和发展。也就是说,"城市"作为一种空间形式,既是资本主义关系的产物,也是资本主义关系的再生产者。列斐伏尔进一步区分了三种再生产的形式:生育再生产(由家庭承担)、生产力再生产和社会生产关系的再生产。这些再生产是通过共存和内聚状态下的社会空间活动而实现的，社会空间的实质就是围绕城市中心而产生的日常生活。

20世纪80年代，以美国佛罗里达大学社会学教授乔·R. 费金为代表之一的"新城市社会学"也提出了自己的城市观，强调控制政治经济资源的权力不平等是资本主义城市的中心特征。基本观点包括：①城市社会不是抽象的聚集体，而是取决于生产方式的特定聚集体；资本主义阶级结构和积累过程结合空间而产生了城市结构、增长和衰退模式。②在现代历史阶段，城市的社会互动关系由经济资源不平等所造成的对立关系所统治；发展是不平衡的、处于矛盾中的，经常由于阶级差异而造就成功者和失败者。③城市人口模式取决于权力和金钱的不平衡；除阶级差别外，种族和性别差异也是重要因素。④所有的空间必须在它们与更大范围的资本主义全球体系及其全球化发展的关系中加以分析。

2．空间的社会属性

新马克思主义者在研究空间问题时，特别关注空间的社会属性，他们提出要建立"空间辩证法"或"空间-社会辩证法"，指出既要看到空间的物质属性，又要看到空间与社会的互动关系。索扎在解释"空间性"时提到，"所有的空间并不是社会产物，但所有的社会性是社会产物"。

列斐伏尔为了说明空间的社会性，提出了空间生产的三种活动类型：①物质性空间活动，指固定空间内或跨空间的物质和物品流动、转让和互动，以保证生产和社会再生产；②空间的标识，指能够表达和理解物质空间活动的所有日常性或专业性标志、符号和知识，如工程学、建筑学、地理学等；③标识性空间，指社会创造物，如代码、标志和符号性空间、特殊建筑物、绘画、博物馆等，能够使空间活动产生新的含义。哈维根据列斐伏尔的空间组合类型，又增加了另外三个方面：①可接近性和距离，说明人类活动的距离

中国特色空间规划的基础分析与转型逻辑

的作用；②空间的分配和使用，说明个人、阶级和社会集团对空间的占有和使用方式；③空间的统治和控制，即个人和社会集团控制空间组织和生产的方式和程度。他指出，这些空间活动的"网络"格局本身并没有特殊重要的含义，重要的是要看到空间活动通过它们所参与其中的社会关系结构，能从社会生活中得到它们的效能。

列斐伏尔还分析了空间与资本主义的关系。资本主义国家带来空间生产的三种具体形式：政治空间生产，主要是民族（国家）疆域，这是国家和民族历史结合的产物，通过国家形态民族被界域化；社会空间生产，通过物质设施的空间分布实现，并通过创造人们对所有的参照代码的基本共识而提供社会的组织结构；精神空间生产，通过个人对国家的责任、义务、个人与国家关系的理解实现。在这个过程中，国家生产出了不同的等级性空间，由于资本主义关系扩展深入到日常生活的各个方面，国家日益侵入公民社会，整个空间趋于政治化，于是空间的矛盾变成直接的政治矛盾。

列斐伏尔进一步指出资本主义条件下社会空间的特征：同质性，都具有单一标准（金钱）下时间和地点的可交换性，由于空间是最基本的社会活动基础，这种可交换性造成强大的同质力量；支离性，被划分为可供买卖的无数"小块"，分别用于无数功能，同质化整体空间中的这些空间碎块又造成等级性；等级性，不同空间根据与中心体（权力、财富、信息等）和外围区的关系，而具有不同的地位和价值。其结果就是，资本主义的发展已经将空间本身转化为商品，使空间不再是一种被动的地理环境或一种空白几何体，而成为一种"紧缺"、"异化"的资源和"同质"、"可计量"的商品[1]。

1. Saunders,Peter. Social Theory and the Urban Question[M]. London and New York: Routledge，1986：157-158。

第一章 中国特色空间规划的思想基础

不同阶级和利益集团会围绕空间的生产和占有发生矛盾。列斐伏尔分析了这种矛盾产生的过程：一种矛盾是城市中心与外围的政治斗争。由资本利益形成的城市空间组织造成人口的分散，城市中心区吸引和集中了越来越多的政治权力机构和商业功能，人们的日常生活空间被迫向外围边缘地区置换，城市中心不再是社会文化中心和生育、学习中心，于是不再成为日常社会关系再生产的地方。决策机构在城市中心的集中也造成外围地区的依附性，不发达地区和大都市中心之间的分化越来越明显，资产阶级的和谐受到空间和日常生活破碎化的威胁，城市中心权力受到来自外围的挑战。另一个矛盾是居民生活质量和利益上的冲突，城市在扩张的过程中，带来自然和资源破坏，导致众多社会问题，居民对生活日益不满。这样，资本主义通过对空间的剥削利用变得巩固，同时这个进程也在产生威胁资本主义统治的矛盾。列斐伏尔认为围绕空间使用形成的城市危机是资本主义的核心和基本危机。

3．空间发展的不平衡

新马克思主义者并没有把眼光局限在地方和国家的阶级关系和依附性地区模式，而是扩大到从资本主义世界体系的进程分析城市化，从整个人类社会发展的不平衡联系中认识不同国家的城市化问题。

美国学者华勒斯坦提出的"世界体系理论"，将世界分为中心、半边缘和边缘三个地带，中心地区发展成为工业生产体系，边缘地区提供原材料并依赖于中心地区所决定的价格，中心和边缘地区之间通过长期的水平分工和资本积累产生了一个不等价交换体系。也就是说，"阶级"既存在于资本主义国家内部，也存在于整个世界体系。这一理论为分析不同国家的城市进程提供了基本框架。

哈维等学者对第三世界边缘国家和地区的城市化特征进行了分析。他们认为资本主义世界经济体系对边缘的影响主要表现在三个方面：一是

中国特色空间规划的基础分析与转型逻辑

首位城市体系。边缘国家或地区中的第一大城市的人口规模往往高于第二大城市几倍甚至几十倍，比如 20 世纪 90 年代时阿根廷最大城市布宜诺斯艾利斯人口是第二大城市的 12 倍，泰国曼谷是第二大城市的 40 倍。而大多数经济发达国家的各城市人口则遵循"位序—规模"规则，即第二大城市大约是第一大城市人口规模的 1/2，第三大城市是第一大城市的 1/3。二是非正规经济部门膨胀。边缘国家的城市劳动力普遍供大于求，城市中存在大量"地下经济"部门，这些企业能给来城市的农业人口提供就业，但不受政府部门的劳务保障、技术标准、工资税收等监督管理，其数量规模和发展速度都大大超过正规经济部门。三是过度城市化。农村地区的大规模农业资本主义导致传统农业经济的崩溃，大量农业人口进入城市，城市规模迅速扩大，人口饱和，最终形成城市对周边农业地区的统治和对发达国家的依附。

4．城市的阶级差异与空间投影

马克思主义的一个核心观点就是，阶级关系是当代资本主义社会最为重要和复杂的社会关系，阶级矛盾和冲突是引起社会变革的基本力量之一。新马克思主义学者们延续了这一基本的分析方法，将阶级分析作为认识资本主义城市进程的重要工具，不仅探讨了阶级关系在城市空间和建筑生产中的作用，也探讨了阶级关系的空间差异以及空间在阶级形成、阶级意识和阶级斗争实践中的作用。

（1）城市中的阶级关系

新马克思主义城市学派的观点大多出发点与落脚点都是对资本主义的批判与对世人的警告[1]。

---

1. 例如，哈维写道："如果不面对资本城市化和它的后果，任何朝向社会主义的运动都必将失败。正如资本主义城市的兴起对维持资本主义是必要的一样，一种社会主义城市化模式的建设对社会主义转换也是必要的。考虑社会主义城市化的多种路径将发现可供选择的一条道路。这是革命的实践必须完成的任务。"[3]

新马克思主义学者认为，富裕阶级能够生活在繁荣、舒适的城市环境，正是因为其他人必须在贫困和种族不平等中，城市的发展产生于劳动剥削和种族统治。这种关系往往通过对生活空间的不同占有和使用水平表现出来。哈维描述了空间占有和控制上的阶级差异——城市低收入阶层通常缺少跨越和控制空间的手段，基本上受到空间的限制；交换价值是稀有的，所以寻求使用价值以实现日常生存成为社会活动的中心。而富有者通过空间流动和拥有基本的再生产手段能够控制空间，他们拥有丰富的交换价值来维持生活，不再依赖社区提供的使用价值生存。哈维还具体分析了与城市密切相关的四个群体：劳工阶级、整体资产阶级、建筑行业的资本家、房地产主，他们各自追求和维护自己的利益。他认为，同马克思所处的时代一样，现代城市条件下阶级斗争仍然集中在工作地点（工厂、办公楼等），反映在劳资关系中，但对整个城市空间利用的竞争也成为阶级对立的一个部分。对资产阶级来说，城市空间利用意味着股息、租金、利益和各种利润收益，他们控制社会特别是城市空间的秩序，以最大限度获取利润，而广大工薪阶层只是城市空间的消费者[1]。总之，资本主义经济压迫和社会政治统治的条件，造成了与其他社会历史环境所不同的空间实践和社区类型。

但与马克思最初的观点有所不同，哈维认为劳资权力关系所构成的主要力量不一定必然产生资产阶级和无产阶级"两分的阶级结构"，他将社会结构中存在的多种力量称为"阶级结构的次级力量"，并划分为两部分。一个部分是"残余的"力量，即产生于以前历史阶段某些生产方式的力量，如资本主义早期的封建残余——土地贵族和小农、现在资本主义社会中殖民主义残余，这些力量会在资本主义社会中长期存在；另一个部分是"派生力量"，即产生于资本主义积累过程中的其他力量，主要包括劳动分工和岗位专业化、消费模式和生活方式、权威关系、意识形态和政治意识的操纵、流动机会的障碍，这些力量扩大了资本主义社会中个人或群体的差别。现代工业化和城市化形成了许多职业集团和社会阶层，社会政治关系极大复杂化，特别是中产阶级的扩大更使传统阶级对立的界限日益模糊，必须承认这种多层次多样化的阶级关系，不能简单以两个阶级代替全部阶级关系。

---

1. Harvey, David. The Urban Experience[M]. Oxford UK & Cambridge USA: Blackwell Publishers，1989: 265-266。

（2）居住差异与社会关系再生产

恩格斯最初探讨城市住宅问题时，模糊地认为房产拥有者具有一定的"资本家"性质，而新马克思主义者们则一针见血地揭露了居住的阶级属性。哈维在《资本主义社会的阶级结构和居住差异理论》（1975）一文中，阐述了居住空间分异与社会分层和资本主义社会秩序之间的关系：居住差异是劳资关系在消费领域的一种体现，实际上是阶级不平等的表现，也是阶级差异的重要"文化源泉"。哈维将居住差别看作社会分层的一种重要次级力量：居住区提供了市民们不同价值观、动机和预期的重要社会背景，提供和保持不同的生活方式，以及工作和教育态度的场所，这些背景和环境又反作用于生活在其中的居民，使他们成长为相同的社会阶级，"蓝领工人居住邻里中再生产出蓝领劳工力量，在白领工人居住邻里中再生产出一个白领工人阶层"。所以，居住差异既是阶级关系和社会差异的产物，又反过来促成了阶级关系和社会差异的再生产。

在居住差异中，最重要的影响因素是住房问题，房产的私人占有具有相应的社会控制功能，分化了占有房产和不占有房产工人之间的利益。英国学者 J. 雷克斯和 R. 穆尔提出了"住房阶级"理论，认为人口根据住房占有情况可以划分为六个阶级：完全拥有整个住房；拥有整个分期付款住房；租用地方公共住房；租用整个私人住房；拥有通过短期贷款购买的住房但被迫出租房间以偿还债务；租用住宅中的房间等[1]。这种划分从一定程度上反映了城市住房在社会分层和个人社会化中的重要作用。

在分析居住差异存在的基本原因时，哈维重点指出了一种"出于个人甚至特定社会群体的集体意愿之外的外在力量"，即金融和政府机构所支持的开发商、地产主、地产经纪人的活动，以及寻求实现阶级垄断地租的投资者、广告商等，他们对城市建筑环境和居住邻里差异的生产和消费发挥了显著作用。这也反映了资本主义社会中的一个事实：个人在资本主义生产过程中所动员的种种力量（比如具有共同利益联系的投机者、开发商、金融机构、政府部门等）面前，已经变得无能为力，除了遵从没有其他选择，因为在这个社会中"人与人的社会关系已经被物与物的市场关系所代替"[2]。

---

1. Rex, J. and R. Moore. Race, Community and Conflict: A Study of Sparkbrook[M]. London: Oxford University Press, 1967。
2. Harvey, David. The Urbanization of Capital[M]. Oxford UK: Basil Blackwell Ltd., 1985: 123。

（3）阶级利益的地域性

地域或地区政治是资本主义政治的重要特征之一。对于城市中的阶级政治关系，哈维集中探讨了以社区为基础的阶级利益分化和城市阶级同盟等政治地理特点。按照马克思的观点，大量的人口聚集可以提高阶级意识。但哈维发现城市化条件下的阶级意识已经变得支离破碎。现代城市生活方式的重要特点是工作地点与居住地点的分离，资本主义城市中出现社区阶级关系与工场阶级关系相互对立的奇怪现象，如以社区为基础的组织不支持以工场为基础的冲突（如罢工），以工场为基础的组织（如工会）很少支持以社区为基础组织的活动（如反对阶级垄断地租和房租），以工场为基础的活动积极分子在以社区为基础的运动中可能是保守分子。为了解释这种现象，哈维根据阶级利益主客观条件的差异将阶级区分为"主观阶级"和"客观阶级"，前者指人们对自己在社会结构中的地位的理解，后者指马克思所分析的资本主义社会剩余价值的生产者和占有者之间的基本区分。以社区为基础的冲突一般产生于主观阶级，因为其焦点往往是房租，主要涉及收入循环而不是资本循环。而工场中的阶级冲突是资本循环引发的[1]。也就是说，在现代城市中，生产领域和消费领域中的阶级冲突实现了分离，二者具有各自的产生基础和演变逻辑。

哈维还发现，共同地理空间会带来相互利益，本来根本利益相冲突的阶级能够联合起来形成"阶级同盟"，维护他们在特定城市或地区的共同利益。卡斯泰尔斯在城市社会运动的研究中也发现城市斗争很少单纯基于单一阶级阵营，往往根据性别、族裔和邻里而组织进行，出现了多阶级或无阶级为基础的社会运动。生活在相同地点的居民，无论阶级地位如何，分享着许多相同的物质和社会环境，使工人阶级和中产阶级居民在教育、福利设施、工作机会和住房价格方面提出类似的利益要求，形成阶级联盟。这也能够解释社区和工场中阶级冲突的对立，由于所处的地

---

1. Harvey, David. The Urbanization of Capital[M]. Oxford UK: Basil Blackwell Ltd., 1985: 83, 115。

中国特色空间规划的基础分析与转型逻辑

理空间不同，所拥有的共同利益不同，阶级冲突的参与者和目标也就不同了。但哈维同时指出阶级同盟并不是城市阶级关系的最终形态，仍然存在导致其不稳定性和脆弱性的各种因素。社会劳动分工使资产阶级形成不同的利益集团（金融、商业、企业、地产集团、地方企业与跨国公司等），工人阶级的利益也出现分化（不同性别之间、蓝领与白领之间、在业者与失业者之间、不同部门不同行业之间存在矛盾），以及城市资本外向流动、各类外来劳动力进入等，这些变化都会打破利益在时间和空间上的一致或平衡，使阶级关系发生重新组合。

5．城市规划的协调功能

新马克思主义学者从资本主义发展的不平等和不平衡性出发，揭示了城市规划与资本主义生产方式的内在联系，批评了传统规划理论忽视建成环境中的阶级关系和将城市规划贬低为非政治化工程学的做法。大部分新马克思主义学者指出了城市规划反映了资本主义社会的矛盾本质，服务于资本主义再生产，但也肯定了城市规划体现出的决策过程中某些制度化和科学化的特征，从总体上肯定了城市规划是一种积极的干预因素，是国家预防和消除城市危机的先期工具，有利于照顾社会整体利益。

（1）城市规划的政治属性及功能

大部分新马克思主义学者认为，城市规划是国家干预资本再生产和社会秩序再生产的工具，规划法规和理论不单纯是技术范畴，实际上也是一种国家干预形式和意识形态；城市规划作为资本主义国家的一种行为运作，很大程度上反映了资产阶级整体利益而不是反映个别资本家的利益，同时也兼顾社会整体利益。

哈维指出，建成环境的首要功能是有利于生产、流通和消费，规划的产生和应用所要达到的重要目标便是保证社会生产和再生产的顺利实现。城市规划的产生与土地商品的两个属性有关，即位置的不可移动性和使用上的公共性，土地的价值和使用价值必须经过外来规划的必要调节才能得到保证。

卡斯泰尔斯认为城市规划作为社会调节手段服务于两个重要目的：在意识形态层面，通过"公共物品"的计划和理念，促进统治阶级整体利益的合理化和合法化；在政治层面，作为一种被赋予的特定权力的工具，服务于调节和组织统治阶级的利益与被统治阶级的压力和要求之间的关系[1]。卡斯泰尔斯还分析了城市规划的政治性质：① 城市规划是遵循不同社会利益而形成的社会组织逻辑的一种"城市宣言"，当规划机构必须完全服从社会政治的统治力量时，这个宣言代表着共同利益的合理化。② 作为一种城市政治进程，规划是城市以及整个社会和经济组织的各种冲突和趋势谈判，并表达调节的地方[2]。总体而言，城市规划是阶级关系和社会冲突的产物和反映，但也是社会调节的良性结果。

（2）城市规划的内在结构及其矛盾

法国马克思主义学者洛肯基将城市规划分为三个部分：一是规划部分，即书面计划，由规划主管部门所采用的说明规划目标的文件构成；二是操作部分，即国家对这些规划进行的财政和司法干预；三是城市部分，即前两个方面的实际后果。洛肯基特别强调了两点：制定于规划文件中的目标与这些目标的实际执行中存在着"完全对立"，这种对立的结果是推迟或取消执行规划中某些不盈利或财政支出的方面，如住房、绿地、学校和其他集体设施等。所以，城市规划总体上是意识形态的空间版本。此外，城市规划的真正"逻辑"和"社会学内容"只能从其作用或后果——城市——中认识。

他通过对一些法国城市的研究，认为当代法国的国家城市政策有利于垄断集团，而不利于非垄断集团的利益，大量政府城市开支集中在城市区中心或大的工业联合企业，而忽视用于劳动力

---

1. Foglesong, Richard E. Planning the Capitalist City: the Colonial Era to the 1920s[M]. Princeton, N. J.: Princeton University Press, 1986: 10-11.
2. Castells, Manuel. City, Class and Power. Translation [from the French] supervised by Elizabeth Lebas[M]. New York: St. Martin's Press, 1978: 84。

再生产的支出，其作用是形成了基本生产条件下的离散化分布，加剧了目前资本主义阶段垄断和非垄断社会阶层之间的主要矛盾[1]。洛肯基指出的资本主义国家城市规划的内在矛盾，根本上是由资本主义的经济制度和社会矛盾所决定的。

（3）空间更新与规划协调

"城市更新"这个词现在已经成为普遍使用的概念，有时也被叫做"城市改造"。这一概念最早提出是指二战后美国和其他工业化国家政府当局制定或支持的城市改造计划和工程。卡斯泰尔斯分析了促使城市更新计划出台的三个主要矛盾因素：一是城市中心地区居住环境的恶化和贫民区的形成，二是社会冲突尤其是黑人社区中社会冲突的发展，三是大都市中心地区与其他地区的矛盾危机。

城市更新的直接目的就是消除或改善贫民区，分化或缓解种族隔离和冲突，解决传统大工业城市的产业功能以及都市中心区的改造和文化保护问题等。但卡斯泰尔斯经过大量实地考察发现，城市更新并没有有效解决这些矛盾，甚至强化了矛盾，在住房搬迁中许多家庭的支出负担加重，低价住房更加短缺，种族紧张问题也没有缓解。他总结道：在邻里社区实施城市更新项目必须协调阶级利益和族裔矛盾，如果土地利用和社区功能不进行大的改变，社区组织和外来机构的协调能力强，城市更新项目便容易实施；而在那些利益冲突大、矛盾积累多的低收入族裔（主要是黑人）居住区，城市更新计划就会遇到大的困难和障碍；尤其当一些更新计划涉及引入外来机构（如学校、医院等）和更多的居民置换，常常遭到当地居民的抵制甚至引发暴力事件。

（4）资本主义城市规划的局限性

新马克思主义者普遍认为，资本主义城市规划往往解决了某个问题而又产生另外的问题，比如19世纪法国巴黎的城市治理带来了工人阶

---

1. Mckeown, Kieran. 1987. Marxist Political Economy and Marxist Urban Sociology. London: Macmillan Press. pp. 160-161。

级住房的缺乏，美国的区划法规限制了企业家力量在某些最有利润的位置设点经营，城市规划不过调整了土地开发的某些参数，但不能改变其固有的逻辑，不能消除私人积累和社会整体需要之间的矛盾，不同的资本集团也往往有不同甚至相反的利益。洛肯基认为城市规划作为一种干预手段，服从于私人资本积累的逻辑，总是加剧而不是调节它想解决的问题，因此所有国家政策的执行并不完全是一种调节工具，而是社会遭受对立阶级冲突磨难的显示器，国家不可能在资本主义框架内调节资本主义所产生的问题。

美国学者理查德·福格尔桑概括了建成环境与城市规划所面临的两大矛盾：第一，所有权矛盾，即土地的社会性与其私人占有、控制的矛盾；第二，资本主义民主矛盾，即城市空间控制社会化的需要与城市土地控制社会化实践之间的矛盾。第二个矛盾产生于解决第一个矛盾的过程中，真正实现土地控制的社会化将对资本利益产生直接威胁。资本主义城市规划的发展是在协调这两个矛盾的过程中实现的，同时也受到这两大矛盾的制约。卡斯泰尔斯认为，城市规划同其他国家干预手段一样面临着来自经济和政治结构的局限，他提出国家干预的两个局限：第一，国家不能改变所有权关系；第二，国家不能对生产进行直接干预。

当然，也要看到，新马克思主义者所总结的国家行为的局限性并不意味着否认规划实践已产生的积极作用，如区划在很大程度上削弱了土地所有者的私人财产权，国家通过对商业中产品规格、质量、销售等方面作出规定，一定程度上改变了所有权关系和生产成本，降低了这些商品生产者的私人财产权。

（5）规划者的角色和作用

西方国家大部分专业规划者为国家机构和地

方政府工作，比如英国大约 80% 的规划者是政府雇员。他们服务于国家机器，对于他们的独立性、角色和责任，新马克思主义学者们具有不同的观点。

舒克里·罗维斯指出，在城市土地利用和社会相对稳定时期，规划者逐渐分为两个阵营：一个是知识分子改革家和社会批评家，他们影响城市发展趋势的能力下降；另一个是城市管理者、技术官员和社会工程师，他们将自己的任务看作是与资本积累、商业扩展、地产投机之间的合作[1]。理查德·福格尔桑认为，规划者并没有完全成为资本的代理人或自觉代表，他们普遍半独立于资本的直接控制，通常已经按照自己的理由行动，能够服务于更广泛的资本利益[2]。对于规划者如何发挥自己作用，斯科特和罗维斯指出，规划理论不是标准化的，不能成为"超然的操作性的规范"，应当具有独立的立场和逻辑，"一种可行的城市规划理论不仅能告诉我们规划是什么，而且告诉我们，作为进步的规划者，我们能做到什么，必须做到什么"。他们强调规划过程中的民主利益和大众参与，如培育社区网络，听取人民意见，教育居民参与，提供基本信息，补偿外来压力等[3]。

哈维认为城市规划者只占据整个复杂的国家机器中的某一位置，规划者的任务是推动社会再生产的过程，为完成这个职责，规划者被授予从事建成环境的生产、保养和管理权力，通过镇压、合作和整合方式，控制社会冲突和斗争。规划者的总体目标是维护社会稳定，但并不意味着他们只是现状维护者，他们的一个重要任务是发现目前与未来的问题和危险，尽

1.Dear, Michael, and Allen J. Scott. Urbanization and Urban Planning in Capitalist Society[M]. New York: Methuen, 1981: 174-175。
2.Foglesong, Richard E. Planning the Capitalist City: the Colonial Era to the 1920s[M]. Princeton, N. J.: Princeton University Press, 1986: 13。
3. LeGates, Richard T. and Stout, Frederic. The City Reader[M]. London and New York: Routhedge, 1996: 393。

第一章 中国特色空间规划的思想基础

量将危机因素消灭于萌芽状态[1]。

（三） 马克思主义空间规划观的理论特点

马克思主义的城市学者们将马克思关于资本积累、社会冲突理论引入到空间规划研究中，强调经济利益和阶级关系在空间活动中的作用，从而使对空间的分析深入到资本主义内部矛盾的层次，弥补了传统规划理论的缺陷，有助于人们正确认识物质空间规划的社会目的。从马克思、恩格斯到众多的新马克思主义学者，有一条主线贯穿他们的观点，那就是任何近代城市现象都应从资本主义生产方式中去寻找原因，而任何城市问题的根本解决都要以废除资本主义生产方式为前提。围绕这个核心观点，他们的理论呈现出几个特点。

1. 新马克思主义学派的局限性

首先需要明确的是，新马克思主义城市学派更多分析的是资本主义城市发展到一定阶段，资本积累达到一定水平之后的城市空间扩展情况，与中国的城市在还没有形成一定的资本积累便已经开始的城市空间扩展过程，是两种完全不同的状态和历程。由于体制的不同，中国城市空间扩展的"资本"具有明显的公共与私人差别，这也是新马克思空间理论所没能考虑的。哈维书中提到的绝大部分资本均来源于私人资本而非政府。但是无论何种体制或制度，城市空间的拓展是为了生产力提升服务的，这点不以人的意志而转移。

---

1. Harvey, David. The Urbanization of Capital[M]. Oxford UK: Basil Blackwell Ltd, 1985: 175。

2．始终强调空间体现出的生产关系和阶级关系

在马克思主义者看来，物质空间本身就是一种生产要素或自然资源，是生产力和生产关系的物质载体，也是资本主义生存和发展的基本条件之一；物质空间和社会空间是有机统一的，空间结构的生产和组织是资本主义政治经济的核心功能，不同阶级和利益集团围绕空间的生产和占有发生冲突和矛盾。从这样的视角看待空间，能够更全面地反映出空间在政治经济社会中的功能地位，以及在城市化进程中发挥的作用。最重要的是，它揭示了资本主义生产方式下空间问题的必然性和不可解决性，必须通过实行与社会化大生产相适应的公有制才能从根本上实现空间的良性发展。这是马克思主义学者们对城市问题一以贯之的观点，也是马克思主义分析问题的基本维度。

但是，新马克思主义城市学派始终围绕资本主义城市展开分析和论述，大部分由私人资本投资，这与中国城市的形成、发展、变化有着不同逻辑，而且，我国城市在还没有形成一定的资本积累情况下便已经开始空间扩张，与西方国家城市化是两种完全不同的状态和历程。

3．对空间问题的分析随时代而变化

当今的资本主义社会与马克思、恩格斯生活的时代已经大不相同，比如大多数资本主义国家都采取了一定干预措施改善工人阶级生存状况，阶级矛盾得到很大缓和，城市化进程也出现很多新变化，生产和消费单元更加细化，阶级关系更加复杂多元，社会运动的场所和群体经常发生变化等等。面对这些变化，马克思主义再次展现了它与时俱进的理论品质，各个时代的学者们在运用马克思主义基本原理和方法的基础上，结合所处的社

会环境，发现了空间规划中出现的很多新变化新问题，也提出了不同的解决方案。

4. 实现人的自由而全面发展一以贯之的目标

这一目标是马克思针对当时劳动异化、工人阶级被剥削的社会现实提出的，在后来的马克思主义城市学者们看来，虽然西方资本主义国家的社会福利得到了很大改善，工人工资大幅提高，权利得到更好保障，但资本主义制度的剥削本质没有变，阶级之间的地位仍然不平等，劳动仍然是阶级分化的，他们仍然以实现人的自由而全面发展为最终目标。从这个意义上说，按照西方空间理论的渊源划分，马克思主义的空间理论是人本主义的。

5. 普遍认可国家干预的积极作用

西方马克思主义城市政治观点的共同点在于，都认为城市政治机构是国家机器的一部分，不可避免地具有资本主义国家所发挥的作用，具体表现在提供和维护城市集体消费等方面，对于空间规划而言，国家则介入土地利用规划和不同发展类型的地区区划，加快和规范城市聚集的合理化过程，并通过这种方式协助资本循环和积累[1]。新马克思主义城市学者们认为，若想从根本上解决城市空间问题，需要废除资本主义生产方式，但他们依旧认可了资本主义国家对生产方式的合理干预有助于缓解社会矛盾，维持社会正常运转，在一定程度上挽救资本主义危机。

而规划就是国家干预的一种重要工具，具备国家职能，实现社会整体利益，维持资本主义生产方式。同时，他们也指出了资本主义国家规划

---

1. 安德鲁·考克斯，《论城市决策中的国家作用：以英国的内城和分散政策为例》，载 Pons, Valdo and Ray Francis. Urban Social Research: Problems and Prospects[M]. London and Boston: Routledge & Kegan Paul, 1983: 36-37。

的局限性，无法解决制度的深层次矛盾和阶级冲突，不可能实现自己对自己的否定。他们提供的启示是，规划总是依附于一种经济基础的，在特定生产方式下发挥作用，要想实现更大突破，必须依托生产关系的变革。

6. 既重视理论也重视实践

马克思主义的城市研究者们提出，有关资本主义社会的城市理论不应当仅用于理解城市，也能够指导政治实践，促进社会重建，重视实践是马克思主义的一贯传统。因此他们的研究都比较重视事物的历史过程，注重从当时的社会阶级和经济基础出发分析城市问题。当然，在如何实践的问题上，他们有所分歧，马克思和恩格斯主张通过暴力革命和无产阶级专政解决资本主义下的各种问题，后来的新马克思主义城市学者逐渐放弃了城市革命的观点，取而代之的是民主化运动，但他们仍然将维护下层劳动阶级的利益作为社会改革或重建指导原则的基本立场。可见，他们都是站在工人阶级的立场来分析和解决空间问题。

四、小结

中国古代、西方特别是欧洲、马克思主义者的空间规划思想，都反映出人类对改造自然、利用自然、推动社会发展的积极努力探索，都闪耀着人文思想的光芒。这些思想流派虽然观点各异，但它们相互补充、相辅相成，其中蕴含着的规律性价值，仍然有迹可循，这些规律能够使后人更深入地理解空间规划，更好地结合时代条件和所处环境进行空间规划布局。

（1）每种规划思想都具有鲜明的时代性。正如习近平总书记指出的，"时代是出卷人，我们是答卷人"。人类历史上出现的各种规划思想，也正是针对每个时期空间规划的主要问题、迫切需要完成的任务提出的，都是对所处时代的回应。在城市建设的初期，面对城市这种新生事物，无论中西方都急需建立一种新的城市秩序，因此古希腊思想家提出"理想国"的憧憬，古罗马在城市建设中追求"绝对理性"，古代中国则试图通过城市布局凸显等级秩序。随着时代发展，人们意识到过度追求秩序对个性的压抑，人本主义、自然主义的思想开始在空间规划中萌芽。西方资本主义制度确立后，为了追求效率，快速创造财富，城市布局越来越集中，农村地区也逐渐沦为城市的附庸。而人口集聚、资源消耗随之带来一系列社会问题，也催生了空想社会主义、马克思主义、人本主义对规划的探索。直到今天，空间规划仍然存在急需解决的问题，依旧需要规划者们的探索创新。

（2）各种规划思想有所侧重、相互补充。每种规划思想的主张都不是单一价值的，只是侧重点不同，是多种价值综合平衡后针对现实紧迫任务突出强调某些方面的价值，对前人思想的发展也不是完全否定，而是对某一方面的补充、发展和完善。比如理想主义的规划观点虽然在现实中难以实现，但后人并不会因此嘲笑这些思想家的无知，而是沿着那些美好的憧憬继续探索可实现的路径；从人本主义出发的规划思想并没有全面否定理性主义中对合理布局、功能分区的认识，只是对其中走向极端机械主义的内容进行了纠正，加入了重视人的主体性、发挥人的能动性等人文精神；即便是以批判性见长的马克思主义规划思想，也肯定了资本主义制度中的合理性成分。在实际的规划工作中，选取哪种思想作为主要指导思想要根据所处的条件和主要任务予以确定。

（3）要用系统全面的眼光审视空间规划。纵观规划思想发展史，有一个明显的规律是，对规划价值的认识逐渐从单一走向全面、从部分走向整体，经过各种思想的修正补充，我们今天所了解到的规划思想已经是一个十分立体和综合的体系。这就要求我们在从事空间规划工作时，要树立全局观、整体观，充分考虑空间规划的各种要素，统筹兼顾理性、人本、生态、效率、公正等多种价值。

（4）空间规划具有一定的局限性。作为国家宏观调控的一种方式，空间规划的具体内涵和手段受到国家制度、历史环境、规划者认识的影响，带有明显的主客观双重色彩，不可能是万能的，也无法一劳永逸地解决所有问题。正如马克思主义者们敏锐地指出，资本主义制度下的规划手段最终服从于资本逻辑，不可能在资本主义制度框架下解决所有资本主义产生的问题。规划思想史上的不断质疑和修正，也反映出这是一个普遍规律。带给我们的启示是：一方面，要对空间规划有清醒的认识，不能盲目迷信空间规划的作用；另一方面，要善于跳出规划看规划，重视规划与意识形态、基础制度的互动关系，通过必要的制度性变革，解决规划所不能解决的问题。

（5）空间规划应坚持辩证唯物主义和历史唯物主义的科学方法论。应将立足国内和面向世界相结合，将继承传统和改革创新相结合，将理论研究和实践探索相结合，进而在历史和现实的结合中认清趋势，在理论和实践的结合中推动创新，在国内和国际的结合中把握大局，这既符合唯物史观的立场、观点和方法，也体现唯物辩证法的精髓和智慧。辩证唯物主义不同于机械唯物主义关键在于认识到主体的核心价值，最关键是看到"人"。

第二章 中国特色空间规划的学科基础

II

韩愈说过："古人学者必有师，师者，所以传道授业解惑也"，所谓"学"，从古至今没有离开三个命题，即"道——规律"、"业——内容"、"惑——问题"。梳理学科基础也离不开这三点：何为学科发展的规律、学科的内容是什么、学科上还有哪些悬而未决的问题。

我们可以看到，当前的规划学科建设，越来越往技术嫁接上走、往政策挂靠上走，如果技术是规律、政策是规律，规划师应该已经掌握了规划学科发展的规律。但真实的情况是，2018 年党和国家机构改革，规划行政管理体制变化，规划界一些人出现焦虑与迷茫[1]。没有抓住事物的规律，外界的变化就容易引起迷茫。

笔者认为，学科发展和知识体系的扩容有自身规律，靠的是实践出真知和理论总结归纳；规划学内容的边界正在进一步明确，中国特色空间规划理论的建构才刚刚开始；社会进步的新矛盾、社会需求的新变化使得规划学面临的问题推陈出新、层出不穷。以上才是规划学科发展的本质规律，与其忧心机构改革，实在不如关心自身知识体系建设和社会需求变革。本章将从学科的视角切入，分"空间"、"规划"两条主线梳理规划学科群。

一、学科的概念与分类

（一） 学科是联通理论与实践的桥梁

学科是为了服务某些领域人类行动而独立存在的知识体系。人们在生产生活过程中，积累了很多经验，这些经验经过一定的归纳、抽象后凝练为知识。众多知识点并非孤立存在，相互之间会发生联系，进而形成一定的结构体系。应对不同的场景和各异的目标，人类逐渐积累形成各有侧重的知识体系，体系之间相互独立就构成了学科（石楠，2018）。比如研究数字的知识集合在一起，构成了数学；研究物质的知识集合在一起，构成了物理学；研究价值的知识集合在一起，构成了经济学。

---

1. 石楠. 城乡规划学不能只属于工学门类 [J]. 城市规划学刊，2018。

知识体系的形成，有自身客观规律。知识体系架起了人类联通理论和实践的桥梁：理论提炼于知识，知识来源于实践，而科学的理论形成之后又对实践产生重要指导作用，进而产生更加丰富的知识。所以说，知识体系是联通理论和实践的纽带，一定范畴的学科及其知识体系，是促进人类实践和理论螺旋上升的基石。

（二）　我国学科设置制度与现状

　　为了更好地理解空间规划学科基础的内容，我们可以从学科设置情况入手，逐步勾画其体系框架。

　　在我国，学科设置通过专家提议、政府批准的方式产生。教育部门定期审定公布"学位授予和人才培养学科目录"（目前最新的为 2018 年 4 月版），将所有学科分为学科门类和其下属的一级学科，并且据此确定授予某个门类的学位。各个一级学科下面一般会有二级学科，共同构建一级学科的知识体系。目前我国设置有 13 个学科门类，110 个一级学科（不含军事学），共有 375 个二级学科。其中不少一级学科或下设的二级学科涉及空间规划的内容。

学位授予和人才培养学科目录

（2018 年 4 月更新）

01　哲学

0101　哲学

02　经济学

0201　理论经济学

0202　应用经济学

03　法学

0301　法学

0302　政治学

0303　社会学

0304　民族学

0305　马克思主义理论

0306　公安学

04　教育学

0401　教育学

0402　心理学（可授教育学、理学学位）

0403　体育学

05　文学

0501　中国语言文学

0502 外国语言文学

0503 新闻传播学

06 历史学

0601 考古学

0602 中国史

0603 世界史

07 理学

0701 数学

0702 物理学

0703 化学

0704 天文学

0705 地理学

0706 大气科学

0707 海洋科学

0708 地球物理学

0709 地质学

0710 生物学

0711 系统科学

0712 科学技术史（分学科，可授理学、
　　　工学、农学、医学学位）

0713 生态学

0714 统计学（可授理学、经济学学位）

08 工学

0801 力学（可授工学、理学学位）

0802 机械工程

0803 光学工程

0804 仪器科学与技术

0805 材料科学与工程（可授工学、理学学位）

0806 冶金工程

0807 动力工程及工程热物理

0808 电气工程

0809 电子科学与技术（可授工学、理学学位）

0810 信息与通信工程

0811 控制科学与工程

0812 计算机科学与技术（可授工学、
　　　理学学位）

0813 建筑学

0814 土木工程

0815 水利工程

0816 测绘科学与技术

0817 化学工程与技术

0818 地质资源与地质工程

0819 矿业工程

0820 石油与天然气工程

0821 纺织科学与工程

0822 轻工技术与工程

0823 交通运输工程

0824 船舶与海洋工程

0825 航空宇航科学与技术

0826 兵器科学与技术

0827 核科学与技术

0828 农业工程

0829 林业工程

0830 环境科学与工程（可授工学、理学、
　　　农学学位）

0831 生物医学工程（可授工学、理学、
　　　医学学位）

0832 食品科学与工程（可授工学、农学学位）

0833 城乡规划学

0834 风景园林学（可授工学、农学学位）

0835 软件工程

0836 生物工程

0837 安全科学与工程

0838 公安技术

0839 网络空间安全

09 农学

0901 作物学

0902 园艺学

0903 农业资源与环境

0904 植物保护

0905 畜牧学

0906 兽医学

0907 林学

0908 水产

0909 草学

10 医学

1001 基础医学（可授医学、理学学位）

1002 临床医学

1003 口腔医学

1004 公共卫生与预防医学（可授医学、

　　 理学学位）

1005 中医学

1006 中西医结合

1007 药学（可授医学、理学学位）

1008 中药学（可授医学、理学学位）

1009 特种医学

1010 医学技术（可授医学、理学学位）

1011 护理学（可授医学、理学学位）

11 军事学

1101 军事思想及军事历史

1102 战略学

1103 战役学

1104 战术学

1105 军队指挥学

1106 军事管理学

1107 军队政治工作学

1108 军事后勤学

1109 军事装备学

1110 军事训练学

12 管理学

1201 管理科学与工程（可授管理学、

　　 工学学位）

1202 工商管理

1203 农林经济管理

1204 公共管理

1205 图书情报与档案管理

13 艺术学

1301 艺术学理论

1302 音乐与舞蹈学

1303 戏剧与影视学

1304 美术学

1305 设计学（可授艺术学、工学学位）

改革开放以来，我国学科建设取得了一系列的成绩，其中重要表现就在于我们以这个学科分类目录为起点，制定出了一整套促进和规范学科发展的正式制度，如学科设置制度、专业划分制度、科研评价制度等，各个主管部门也根据这个学科分类进一步设立了不同的职业、行业和图书资料等分类。

值得指出的是，学科分类及其建立在学科分类体系上的各项制度，以条文法规的形式呈现出来，对学科的构建及其行为选择产生了一系列的硬性约束。但同时，这些刚性的约束也在某种程度上固化了学科体系、渠化了学科发展的轨道，某些时候反而造成了学科发展不能及时调整，桎梏了学科内在逻辑的扩展。笔者认为，学科制度还是应该回归"知识体系"这一核心内涵上来，建设的重点依旧是知识类别和知识的组合，而不应该局限于打造学科边界、构建学科共同体等外部建制上。

（三）"空间规划"学科的知识体系

在学科发展过程中，并未形成独立的"空间规划学科"，而是根据空间类型不同，形成了各有侧重的相关学科。例如，为了更好规划城市空间，发展形成了城乡规划学科；为了更好构建空间之间的联系，发展形成了交通运输工程学科；为了更好指导海洋空间的利用，有海洋类的相关专业等。

空间规划虽然并未形成独立的学科，但从本质上说，空间规划的知识体系缘于人类对各类空间和功能进行安排过程中积累的经验，这些经验凝练成知识，知识组合成体系，处于不断发展和演进的知识体系根据某些共性特征进行划分，最终形成学科。[1]

从这样的认识出发，我们可以把"空间规划"

---

1. 杨俊宴. 凝核破界——城乡规划学科核心理论的自觉性反思 [J]. 城市规划，2018，42（6）：39。

的学科知识体系一分为二，分为"空间"类知识
体系和"规划"类知识体系，前者研究的客体是
不同类型的空间，包括海洋、山川、江河、森林、
草原、湖泊、沙漠等，探求不同空间类型的功能
和更好可持续利用的机理；后者研究的客体是规
划本身，包括规划的有法可依、经济较优、生态
可行、行政正当、美学意义、社会效益、环境宜
居等。

因此，要梳理空间规划类学科，可以考虑打
破已有的学科体系结构，在不同类别学科中寻找
空间规划类的"学科群"。可以从"空间"和"规
划"两个路径展开：有的学科，主要是研究具体
空间资源的，比如森林工程、水文学与水资源学
等；有的学科，则是主要针对规划的，比如城乡
规划、城市设计等。研究具体空间类型的学科，
有着并列式的特征，所以又可以叫空间规划学的
横向学科体系；而研究规划类的学科，从规划问
题的界定，到规划方案的编制，最后形成规划决
策，有着纵向排列知识体系的特征，所以又可以
成为空间规划学的纵向学科体系。

二、梳理空间规划学科基础的重点与难点

正如约翰斯顿[1]在《哲学与人文地理学》一书开篇即讲到，学科的划分
其实并不是自然的结果。因为被研究的现实世界是一个相互关联的整体，
而不是一些事先分割好的部分。一门学科之所以存在，并不是因为这个领

1. Johnston R J. Philosophy and Human Geography: An Introduction to Contemporary Approaches[M].2nd ed. Arnold,1986: 1—2。

域天然具有存在的理由，而是因为传播这门学科的人占定了这个领域并不断进行再生产。因此，学科领域是动态变化的，而维护一个学科的持续就要不断地向潜在的服务对象证明本学科的研究价值和研究方法的妥当性，否则学科就会面临被"侵略"的威胁。因此，我们有必要在梳理前对我国"空间规划"的来龙去脉考察一番。

从 2013 年"空间规划"首次提出到 2018 年中央机构改革，空间规划的讨论和实践尝试经历了 5 年（见专栏 2-1）。应该说，2018 年的机构改革并不是对原有分散在不同部委的空间规划职能进行机械的合并调整，而是把空间规划当作"生态文明建设"的重要抓手，优化整合现有规划手段，建立空间规划体系，实现"一张蓝图绘到底"，形成事前、事中和事后有机衔接、高效运转的空间规划运行机制，全面提升国家空间治理能力和治理体系的现代化水平。

专栏 2-1　国家政策中的空间规划

2013 年，"空间规划"首次提出是在《中共中央关于全面深化改革若干重大问题的决定》"加快生态文明体制建设"篇章中："建立空间规划体系，划定生产、生活、生态空间开发管制界限，落实用途管制，……。完善自然资源监管体制，统一行使所有国土空间用途管制职责"。

2015 年，中国生态文明领域改革的顶层设计——《生态文明体制改革总体方案》出台，其中表述发展为："通过构建以空间规划为基础、以用途管制为主要手段的国土空间开发保护制度"，"构建以空间管治和空间结构优化为主要内容，全国统一、相互衔接、分级管理的空间规划体系"。

2015 年《中共中央关于制定国民经济和社会发展第十三个五年规划的建议》中进一步提出："建立由空间规划、用途管制、领导干部自然资源资产离任审计、差异化绩效考核等构成的空间治理体系"。

2017 年中共中央办公厅、国务院办公厅印发《省级空间规划试点方案》，提出深化规划体制改革创新，建立健全统一衔接的空间规划体系，在空间规划编制思路和方法上做出了进一步探索。

2018 年 2 月 28 日党的十九届中央委员会第三次全体会议通过了《关于深化党和国家机构改革的决定》，提出"设立国有自然资源资产管理和自然生态监管机构，完善生态环境管理制度……强化国土空间规划对各专项规划的指导约束作用，推进'多规合一'，实现土地利用规划、城乡规划等有机融合"。2018 年 3 月 14 日，国务院机构改革方案出台，方案提出组建自然资源部，"建立空间规划体系并监督实施"。

因此，在梳理空间规划学科体系的时候，虽然可以通过"空间类"和"规划类"两条路径分析，梳理出涵盖所有知识体系所处的学科群，但这样的梳理仅仅只是罗列，无法直接构建起空间规划应有的知识体系。因此，我们要从繁杂的学科群中抽丝剥茧，抽离出主线。这个工作需要高超的处理能力，同时面临着几个重大的挑战，这些挑战既是梳理的重点，也成为梳理的难点：

第一，空间规划是一项具有极强实践性的公共政策，政策环境的改变将引发一系列的重大变革，甚至更改学科边界。目前，无论是主体功能区规划、城乡规划、土地利用规划等综合性规划，还是环境保护规划、基础设施规划、专项规划等各类型规划，都有极强的实操指向性。譬如，城乡规划领域，从总体规划—控制性详细规划—修建性详细规划的法定体系规划编制、"三证一书"为核心的规划管理，到相对应的规划教育和规划基础科研，构成了城乡规划学科的全链条[1]。因此，规划制度对规划学科链条的影响较大，一旦顶层设计发生改变，空间规划的编制模式、编制目的、编制主要内容随之改变，规划学科所涵盖的内容就面临着扩增或者凝聚的双向选择。

第二，空间规划是一项综合性调控手段，内容多元、目标多元、技术手段多元，导致空间规划的学科基础错综复杂。内容多元是因为空间规划针对的对象相对以往有了扩展，几乎要囊括所有空间要素；目标多元是因为空间规划作为空间治理的手段，要实现社会、经济、生态等多方面可持续发展，必须考虑经济繁荣、社会和谐、生态宜居、城乡品质等诸多物质与非物质目标，综合性较强；技术手段多元则是因为空间规划要发挥应有的科学效用，就需要符合自然规律、社会规律、经济规律、环境规律，这些都将成为空间规划的知识体系不可或缺的重要组成部分。

第三，我国空间规划及相关学科的发展既受到中国传统思想的影响，

---

1. 杨俊宴.凝核破界——城乡规划学科核心理论的自觉性反思 [J]. 城市规划，2018，42（6）：39。

也受到西方、特别是二战后现代城市规划思想的影响，正本清源已成困局。从目前的情况看，我国空间规划的学科受到西方规划思想的影响更大。长期以来，由于我国城镇化的快速推进，各种类型的空间规划的实践需求十分旺盛，规划理论的探索多滞后于规划实践，存在"一流的规划实践、二流的规划设计、三流的规划理论"（石楠，2008）的客观现象。加上在中国特色社会主义制度下，政府主导色彩较为浓重，不少规划实践成为了不止一个层级的长官意志的体现，本身理论基础并不坚实，进一步造成了学科基础梳理的困难。

综上所述，空间规划的学科基础的难点一是学科逻辑和制度逻辑要融洽，二是知识体系的丰度和密度要适当，三是要追溯思想的流向并抓住规划的本质。破解之道，笔者认为首先要理解空间规划的本质，而后透过对本质的理解，以此为基点，基于实践分门别类梳理知识体系。

三、空间与空间规划的本质

正确而全面地理解空间，是做好空间规划学科梳理的第一步。空间是自然资源和开发建设活动的载体，这些自然资源既包括依附于土地的建设用地、山岭、森林、田地、草原、矿产等资源，也包括依附于水体的水域、滩涂、湿地等自然资源，还包括广袤而丰富的海洋资源。根据自然资源的类型不同，开发建设活动方式也不同，如对土地的开发建设活动有：建设用地使用、宅基地使用、采矿、伐木、耕地保护与征用、草原可持续利用等；对水体的开发建设活动有：养殖、河道及湿地的保护与开发、饮用水取用、河道采砂等；对海域资源的开发建设活动有：海域保护与开发、养殖、捕捞、深海采矿、康养休闲开发等。通过梳理 21 世纪以来的空间规划中空间的概念（见专栏 2-1），不难发现空间的概念是不断拓展的：从最早的孤点到区域，从城市到城乡，从陆地到陆海，从人居到自然，另外，最新的雄安规划实践又开始出现了从现实空间向虚拟空间的拓展。

可以说，空间是为了实施治理行为而划定的领域，存在一定的历史时限，是人类要进行保护或开发的时空范围。

关于空间规划的科学内涵，长期以来，不断有学者和专家给出了自己的理解。笔者梳理了 2000 年以来关于空间规划的科学内涵如下。

专栏 2-1

- 吴志强（2000）认为，城市规划体系直接解读为空间规划体系。[1]
- 霍兵（2002）认为，空间规划 - 是经济、社会、文化和生态政策的地理表达。[2]
- 顾林生（2003）认为，空间规划与国土规划概念等同，是决定国土空间发展框架的 10 年以上的长期基本规划，对其他部门规划具有指导性，对在国土上主要经济活动和国土资源等经济要素进行综合配置的物理空间规划。[3]
- 段进（2003）提出，空间规划是对空间资源的合理利用、建设要素的综合布置和人居环境全面优化所做的系统性计划和安排。[4]
- 张伟等（2005）认为，空间规划是可持续发展必不可少的公共管理工具，具有协调和整合空间发展的功能，而不仅仅是部门性的土地利用管理体系。[5]
- 何子张（2006）提出，揭示城市空间的形成、演化和发展规律，研究成果体现在规划之中，并通过规划的作用机制控制和引导空间的发展，将这种规划过程称之为空间规划。[6]
- 樊杰（2007）认为，空间管治是理性政府的主要作为，也是区域有序发展的基本保障。空间管治的手段是多样的，主要包括编制和实施空间布局规划、制定和落实区域政策和区域法规等。空间规划是现代国家实施空间治理的通行做法，通过凝聚多方共识的空间规划为空间开发行为提供指引，并对特定开发行为施行强制约束以保障公共利益。[7]

1. 吴志强. 论进入 21 世纪时中国城市规划体系的建设 [J].《城市规划汇刊》，2000(1)。
2. 霍兵. 建立我国空间规划机制和方法的探讨 [J]. 城市，2002(2)。
3. 顾林生. 国外国土规划的特点和新动向 [J]. 世界地理研究，2003,12(1)。
4. 段进. 城市形态研究与空间战略规划 [J]. 城市规划，2003,27(2)。
5. 张伟，刘毅，刘洋. 国外空间规划研究与实践的新动向及对我国的启示 [J]. 地理科学进展，2015，24（3）。
6. 何子张. 我国城市空间规划研究的理论与研究进展 [J]. 规划师，2006，22（7）。
7. 樊杰. 我国主体功能区划的科学基础 [J] 地理学报，2007，62(4)。

- 韩青（2010）认为，我国空间规划是国民经济与社会发展规划、主体功能区规划、土地利用总体规划、城市总体规划、环境保护规划、生态保护规划等不同层面、不同形式规划的合集。[1]

- 魏广君（2012）认为，空间规划是政府用于规范空间行为的一种手段和政策，具有公共政策属性。[2]

- 王向东等（2012）认为，空间规划是政府实现改善生活质量、管理资源和保护环境、合理利用土地、平衡地区间经济社会发展等广泛目标的基本工具。[3]

- 张琛（2013）认为，空间规划包括了城市的总体规划以及细节设计不同层面的概念，也是从抽象到具体规划的描述。[4]

- 王磊、沈建法（2014）认为，空间规划是市场经济的管治工具，其核心功能为"空间融合"和"政策协调"。[5]

- 张京祥（2014）认为，空间规划扮演着环境、基础设施、区域经济等多部门政策制定及决策的综合协调角色，是一个极其复杂而又敏感的空间治理活动。[6]

- 王金岩（2015）认为，空间规划是一种有别于传统物质形态规划的规划方法。[7]

- 孙卓（2015）认为，空间规划是采用一定的科学技术、方法和手段对空间现象进行探索性分析以发现存在的各种空间问题，进而解决空间问题的一个连续的、系统的分析、论证过程，以优化空间结构和功能；是在复杂的城市动态变化中对未来不确定的预测和部署的一种兼具稳定性又可灵活应对突发事件的路径延续。[8]

- 林坚等（2015）从土地发展权的角度，将空间规划理解为"各类规划主管部门围绕土地发展权的空间配置开展博弈"。[9]

- 蔡玉梅等（2018）认为，空间规划的基本内涵是关于国土资源开发、

1. 韩青. 空间规划协调理论研究综述 [J]. 城市问题,2010(4)。
2. 魏广君. 空间规划协调的理论框架与实践探索 [D]. 大连：大连理工大学,2012。
3. 王向东, 刘卫东. 中国空间规划体系：现状、问题与重构 [J]. 经济地理, 2012, 32（5）。
4. 张琛. 城市空间规划设计研究综述 [J]. 城市建筑, 2013（08）。
5. 王磊, 沈建法. 五年计划 / 规划, 城市规划和土地规划的关系演变 [J]. 城市规划学刊,2014(3)。
6. 张京祥, 陈浩. 空间治理：中国城乡规划转型的政治经济学 [J]. 城市规划,2014,38(11)。
7. 王金岩. 空间规划体系论：模式解析与框架重构 [M]. 南京：东南大学出版社,2011。
8. 孙卓. 国内外空间规划研究进展与展望 [J]. 规划师, 2015, 31。
9. 林坚, 陈诗弘, 许超诣, 等. 空间规划的博弈分析 [J]. 城市规划学刊,2015(1)。

利用、保护和整治的空间组织或安排。[1]

■ 孙施文（2018）认为，空间规划是对空间使用的规划，不是对自然空间的划分，其核心是建立各种空间使用之间的关系，不只是控制性的规划，而是为了社会整体更好地发展。空间规划是公共政策，空间规划是对各类空间使用的公共干预，这种干预是基于对未来发展需要的预测和期望达到的目标而进行的，是各类政策的协同平台。[2]

■ 罗超等（2018）提出，空间规划的内涵是一个变化的过程，发展经历了由"类型规划"向制度的主线演进，并成为当前经济全球化下应对空间发展挑战的核心制度。[3]

■ 郝庆等（2018）认为，空间规划内容囊括资源环境、经济发展、城乡建设、人文社会等诸多物质与非物质因素，资源配置理论、经济发展理论、社会组织理论等符合自然规律、社会规律和经济规律的理论是空间规划不可或缺的理论基础。[4] 他指出，空间规划是现代国家实施空间治理的通行做法，各国通过凝聚多方共识的空间规划为空间开发行为提供指引，并对特定开发行为施行强制约束以保障公共利益。[5]

■ 欧盟大纲（Compendium of EU）中提出，空间规划是公共部门用以影响各种行为未来空间分布的手段。其目的是对土地空间进行更理性的安排，以促进各区域的平衡发展及环境保护。空间规划作用的发挥并不依赖于正式政策地位的获取，而源于其对人口及地域空间融合为"可一体管理实体"的能力。[6]

■ 欧洲理事会（Council of Europe）认为，空间规划是经济、社会、文化和生态政策在空间上的映射，其目标是实现区域的平衡发展以及空间统筹。[7]

■ 英国首相办公室（ODPM）认为，空间规划超越了传统的用地规划，

1. 蔡玉梅，Jessica A Gordon，谢秀珍.主要发达国家空间规划体系的经验与启示 [J].中国土地,2018。
2. 孙施文.在中国土地学会 2018 土地规划分会年会上的报告 [R].2018.
3. 罗超，王国恩，孙靓雯.中外空间规划发展与改革研究综述 [J].国际城市规划，2018，33（5）。
4. 郝庆，封志明，邓玲.基于人文—经济地理学视角的空间规划理论体系 [J].经济地理，2018。
5. 郝庆.基于人文—经济地理学视角的空间规划理论体系 [J].经济地理，2018，38（8）。
6. LUUKKONENJ.Planning in Europe for 'EU'rope:spatial planning as a political technology of territory [J]. PlanningTheory,2014,14(2)。
7. Council of Europe，European regional/spatial planning charter (Torremolinos Charter，1983)[EB/OL]。

致力于通过用地空间来影响空间功能和性质的政策及项目的协调与整合。[1]

- 欧洲协作委员会（Co-ordinating European Council）认为，空间规划是通过制定区域整体的发展战略来实现各部门政策的整合与协调。

综合来看，空间规划是从人本角度出发，为保证一定区域内所有空间资源的合理利用和优化配置，促进经济、社会、生态协调发展，运用专业的空间规划学科知识和技术方法，逐级划定各类空间发展边界，规定空间用途和使用条件，为开展空间治理行为提供行政许可和监督管理依据的一项重要公共政策。

这个基本定义，有三个要点：

第一，空间规划的本质是一项公共政策。空间规划的具体实践包含了空间资源调查、空间产权确认、空间规划编制、空间规划实施与监督、空间使用、空间规划评估反馈等全过程。人类进行空间规划活动，其意义是要综合解决和处理不同类型的空间矛盾，针对旧城空间品质差问题开展更新规划，针对城市绿地空间不足开展绿地系统规划，针对区域发展不平衡开展城镇体系规划，针对全国耕地保护不力开展耕地保护利用规划等，是将规划知识、技术和方法运用于政策科学的过程。

第二，空间规划需要广泛而有力的学科支撑。空间规划类学科具有高度应用型特征，以面向现实问题、解决矛盾冲突、服务国家决策为己任。在空间规划全覆盖的背景下，其需要解决的问题是多元的，空间规划学科体系也相应更加广泛。

---

1. ODPM. Planning Policy Statement 1: Delivering Sust ainable Development [R/OL]. London: Her Majesty's Stationery Office,2005[2015-10-10]。

第三，空间规划都针对特定的"空间领域"和"时间领域"展开。不同尺度的空间领域内的主要矛盾和矛盾的主要方面有着本质的区别：最宏观的全国空间尺度上，空间规划要处理的是发展不平衡、不充分的矛盾，对象是上百万平方公里的耕地、林地以及二十万平方公里的城乡建设用地；而微观的社区空间尺度上，空间规划则要处理的是空间功能完善、空间品质提升的问题，对象是具体的地块。从宏观到微观，不同类型空间的占比相差甚远，由此形成了不同的主要矛盾。另外，空间规划具有历史局限性和阶段动态性，不同的生产力和生产关系下，同样的空间构成会形成不同的空间矛盾。

梳理空间规划的学科基础，可以在"一定历史条件、不同空间尺度"下进行，梳理某个尺度下空间的主要矛盾，筛选解决矛盾所需要的知识体系，由此来确定影响不同尺度下空间规划的主要学科。

四、空间规划的"空间类"学科群

"空间类"学科群，相当于将空间规划横向展开，对应着所有的空间资源类型，包括城乡建设用地、山岭、森林、田地、草原、矿产、水域、滩涂、湿地、海洋等，知识体系是比较复杂的。观察目前全国 110 个一级学科和 375 个二级学科，以下学科可以归为"空间类"学科群。

一级学科城乡规划学：以城乡建成环境为研究对象，以土地及空间利用为核心，通过规划编制和规划管理，对于城乡发展资源进行空间配置，并使之付诸实施的公共政策过程。

一级学科地理学下的二级学科人文地理学：以人地关系的理论为基础，探讨各种人文现象的地理分布、扩散和变化，以及人类社会活动的地域结构的形成和发展规律的一门学科。

一级学科应用经济学下的二级学科区域经济学：研究人类经济活动的地理分布和空间组织规律，又称空间经济学。

一级学科公共管理下的二级学科土地资源管理：在一定的环境条件下，综合运用行政、经济、法律、技术方法，为提高土地利用生态、经济、社会效益，维护在社会中占统治地位的土地所有制，调整土地关系，监督土地利用，而进行的计划、组织、协调和控制等综合性活动。

一级学科建筑学下的二级学科城市规划与设计：建筑和园林建设的前提，并为所需的空间准备条件。

此外，一级学科水利工程学、一级学科风景园林学、一级学科林学下的二级学科森林保护、一级学科林业工程下的二级学科森林工程、一级学科海洋科学、一级学科地质资源与地质工程、一级学科交通运输工程、一级学科环境科学与工程等均与空间规划相关。

空间规划"空间类"学科群（横向）　　　　　　　　表 2-1

一级学科（空间类型）	二级学科	学科内涵	备注
城乡规划学	1. 区域发展与规划 2. 城乡规划与设计 3. 住房与社区建设规划 4. 城乡发展历史与遗产保护规划 5. 城乡生态环境与基础设施规划 6. 城乡规划管理	以城乡建成环境为研究对象，以土地及空间利用为核心，通过规划编制和规划管理，对于城乡发展资源进行空间配置，并使之付诸实施的公共政策过程	对解决学科发展被制约的困境，推进当代我国城乡规划发展的理论与实践，促进城乡统筹、区域协调和社会和谐稳定，具有重要的现实意义
地理学	人文地理学	以人地关系的理论为基础，探讨各种人文现象的地理分布、扩散和变化，以及人类社会活动的地域结构的形成和发展规律的一门学科。人文地理学同经济学、人口学、政治学以及环境科学、生态学、区域科学、行为科学结合，可以为解决世界性的资源短缺、人口危机、自然灾害、环境污染和生态平衡以及城市问题等做出贡献	人种地理学、人口地理学、聚落地理学、文化地理学、政治地理学、商业地理学、经济地理学、工业地理学、农业地理学、交通运输地理学等，对于国家和地区的经济发展规划起到重要作用

一级学科 （空间类型）	二级学科	学科内涵	备注
建筑学	城市规划与设计	建筑和园林建设的前提，并为所需的空间准备条件。包含规划、建筑、结构、电气、给排水、暖通、建筑智能化、建筑声学、建筑构造、建筑经济、室内外装潢、交通（道、桥）等专业	业务范围覆盖城市规划设计、建筑设计、风景园林规划设计、旅游规划设计、室内装饰设计、市政工程设计等
公共管理学	土地资源管理	在一定的环境条件下，综合运用行政、经济、法律、技术方法，为提高土地利用生态、经济、社会效益，维护在社会中占统治地位的土地所有制，调整土地关系，监督土地利用，而进行的计划、组织、协调和控制等综合性活动	课程：公共管理、环境科学技术、应用经济学、土壤学、地质学基础、土地资源学、土地规划学、土地管理学、土地经济学、房地产评估理论与实务、地籍管理学、测量学、土地信息系统、遥感技术与应用等
地质学 （山）	矿山地质学	以解决矿山开发过程中遇到的地质问题为任务的学科。它研究矿床开采阶段为保证矿山有计划持续正常生产、资源合理利用以及扩大矿山规模、延长服务年限所需进行的各项地质工作的基本原理和方法	课程包括：矿山资源保护和综合利用、矿山环境地质研究等
水利工程学 （水）	水文学及水资源	扎实自然科学知识，较好人文科学知识，以及较强水文、水资源与水环境方面专业基础知识、基本技能	课程包括：工程测量、水文地质与工程地质、水力学、地下水水文学、水文统计与水文分析计算、水文信息处理、水资源开发利用、水资源评价、水库运行调度、水环境规划与管理等
林业工程学 （林）	森林工程	以森林资源的高效利用和可持续发展为原则，将各种工程技术应用于森林资源培育、开发利用及林产品加工的活动	课程包括：林区规划、运输规划和管理、森林培育、森林保护、森林开采、木制品设计加工、开采设备的设计制造、木制品加工设备的设计制造、林区防火技术和装备、森林合理开采等
农业资源与环境学 （田）	农业资源利用	掌握农业资源调查、环境质量评价、科学施肥与科学灌溉、农业再生资源综合利用、土地规划与制图、资源信息管理等方面的方法与技术	课程包括：土壤学、植物营养学、土地资源学、资源遥感与信息技术、农业环境学、农业气象学、生态学、水土保持学等

一级学科 （空间类型）	二级学科	学科内涵	备注
海洋科学 （海）	海洋物理学	以物理学的理论、技术和方法，研究海洋中的物理现象及其变化规律，并研究海洋水体与大气圈、岩圈和生物圈的相互作用的科学；在海洋运输、资源开发、环境保护、军事活动、海岸设施和海底工程等方面有重要的应用	课程包括：近岸海区和陆架区的水文规律；声波、光辐射、无线电波、电磁场在海洋中的传播规律和技术应用；为海上生产服务的应用等
交通运输工程 （空间联系）	交通运输规划与管理	交通运输系统规划决策与管理的理论和方法，通过对交通运输系统的综合规划与评价、对交通运输系统运营过程的科学管理，优化交通运输系统资源配置，协调交通供需关系，保持交通可持续发展，实现客货运输安全、迅速、舒适、经济的目的	课程包括：综合交通运输系统规划与设计、交通规划原理、交通管理与控制、道路交通系统分析、现代交通规划学、城市交通规划论、交通区位理论、交通运输经济学、智能运输系统导论、城市轨道交通规划与设计等

五、空间规划的"规划类"学科群

与"空间类"学科群横向展开结构不同，"规划类"学科群针对空间规划的纵向全过程，前者是空间规划科学性、指导性的基础，后者是空间规划可行性、权威性的保障。

纵向来看，空间规划是一门实践科学，是一项针对具体问题的公共政策，只有能解决实际问题才能符合空间规划的基本定位。因此，空间规划的学科涉及空间治理的每个阶段，既有空间权属的调查，也有使用权的确权，还有规划编制、规划实施和规划管理，以及最后规划评估等全过程，围绕规划的流程，这种复杂在纵向上进一步加深。

"规划类"学科群的知识体系是保证空间规划实现：有法可依、经济较优、生态可行、行政正当、美学意义、社会效益、环境宜居。简单来说，就是在"法学"框架下寻找法律正当性；在"公共管理学"范畴内探求行政正当性、程序合理性和管理高效性；在"社会学""经济学""环境科学与工程学"三个学科领域内寻找兼顾社会效益、经济效益、生态效益的最优解；最后，在"风景园林学""建筑学"等学科框架内找到更宜居城市空间的知识内容。

空间规划"规划类"学科群（纵向）　　　　　　　表2-2

一级学科（实现目标）	二级学科	学科内涵	主要内容
城乡规划学	1. 区域发展与规划 2. 城乡规划与设计 3. 住房与社区建设规划 4. 城乡发展历史与遗产保护规划 5. 城乡生态环境与基础设施规划 6. 城乡规划管理	以城乡建成环境为研究对象，以土地及空间利用为核心，通过规划编制和规划管理，对于城乡发展资源进行空间配置，并使之付诸实施的公共政策过程	明确法定城市规划过程，对城乡规划的管理、法规、政策体系等层面的研究。围绕城市建设管理、城市管理与法规、乡村建设管理、市政管理等方面进行知识体系架构
法学（依法规划）	宪法学与行政法学	主要研究方向有中国宪法学、比较宪法学、中国行政法学、比较行政法学	制定国土空间开发保护法，建立国土空间开发保护法律体系，实现国土空间治理体系和治理能力现代化
公共管理（行政正当）	行政管理	应用系统工程思想和方法，以减少人力、物力、财力和时间的支出和浪费，提高行政管理的效能和效率。强调城市规划政策建构和城市事务管理方法	公共管理、公共政策、人力资源管理、管理文秘、电子政务导论、行政学、公共关系学等
社会学（社会效益）	社会学	注重理论与政策研究，通过公共政策、计划和方案，建构市民基层组织，以促进社会公平和弱势群体团结为使命，致力于有利社会福祉的城市理论和政策工具，解决与区域、城市和农村空间的开发管理和可持续发展有关的问题，尤其是社区经济发展和住房、设计和开发、环境分析与政策、区域和国际发展、交通政策和规划等主题	1. 人口和社会群体：①人口与社会；②社会群体的类型。 2. 社会制度：①社会结构，社会和文明；②经济制度；③政治制度；④家庭和亲属；⑤社会分层。 3. 行为规范：①社会生活中的势力；②习俗与舆论；③宗教和道德；④法律；⑤教育。 4. 社会变迁：①变迁，发展，进步；②社会变迁的要素

一级学科（实现目标）	二级学科	学科内涵	主要内容
经济学（经济效益）	区域经济学	研究人类经济活动的地理分布和空间组织规律，又称空间经济学	区域经济理论、生产力布局理论、生产力布局的经济调节机制、新地域的经济开发战略和经济规划等
环境科学与工程（生态效益）	环境科学	研究环境的地理、物理、化学、生物四个部分的学科。它提供了综合、定量和跨学科的方法来研究环境系统。由于大多数环境问题涉及人类活动，因此经济、法律和社会科学知识往往也可用于环境科学研究	环境背景值、环境评价、环境质量评价、环境影响评价、环境容量、自然资源保护、环境监测、环境质量监测、污染源监测、环境污染控制、环境规划、清洁生产及污染预防、环境政策、标准制定等
风景园林学（环境宜居）	—	通过科学理性的分析，规划布局、设计改造、管理、保护和恢复的方法得以实践，其核心是协调人与自然的关系。它涉及气候、地理、水文等自然要素，同时也包含了人工构筑物、历史文化、传统风俗习惯、地方色彩等人文元素，是一个地域综合情况的反映	园艺、林业，传统的庭院和造园设计、自然景观规划与运营等

六、小结：一项刚刚起步的工作

从知识体系的角度出发，开展空间规划这项公共政策，需要以上各相关学科支撑。具体而言，在规划发生、规划编制、规划实施、规划评估的全链条中，从基础的操作性工作到上层的政策制定工作，这些学科提供着相应的知识体系支撑，使空间规划构成了完整的系统。但是需要非常明确的是，笔者并不提倡建立或建设一个"空间规划学科"。如果将所有空间类型的理论和知识笼统地归纳起来，框架就显得过于庞大而杂乱。其教学工作更是几乎无法实现的神话。

从我国空间规划理论与实践的发展历程看，改革开放以来，我国空间规划从苏联计划经济的体系模式逐步转向市场经济模式。特别是1990年后，西方发达国家的现代空间规划理论通过不同的途径被迅速引进中国，并对中国的空间规划理论产生了主导影响。计划经济时代的结束，使空间规划摆脱了只是国民经济计划的延续和具体化的命运，开始关注物质空间背后的经济、社会动因，并与经济学、社会学、地理学、法学、公共政策、生态学及管理学结合成为发展的主流趋势。

空间规划应在强化理论研究的基础上，充分结合实践探索。现代空间规划发展的内涵，本质上是想通过经济规律、社会活动、法律法规、经营管理、政治权力、公共政策等各种途经，更有效、更公平、更合理地进行空间资源配置和利用并规范空间行为。因此应以更宽广的视野、更长远的眼光、更开放的平台来思考和把握空间规划未来发展面临的一系列重大战略问题，在理论上不断拓展新视野、作出新概括，以指导不断发展变化的实践。

第三章 中国特色空间规划的制度基础

III

制度，是指一定范围内社会成员共同遵守的行动准则，是在一定历史条件下形成的规范的总和。制度的影响是全方位的，中国特色的空间规划体系，必然是深深植根于中国现阶段的各项制度中，与之密不可分。

经济学家诺斯将制度分为三种类型，即正式规则、非正式规则和这些规则的执行机制。正式规则又称正式制度，是指政府、国家或统治者等按照一定的目的和程序有意识创造的一系列的政治、经济规则及契约等法律法规，以及由这些规则构成的社会的等级结构，它们共同构成人们行为的激励和约束；非正式规则是人们在长期实践中无意识形成的，具有持久的生命力，并构成世代相传的文化的一部分，包括价值信念、伦理规范、道德观念、风俗习惯及意识形态等因素；实施机制是为了确保上述规则得以执行的相关制度安排，它是制度安排中的关键一环。这三部分构成完整的制度内涵，是一个不可分割的整体。这三种制度，也都和空间规划有着密切关系，也产生极大影响。

空间规划和制度的关系，一方面体现为制度对空间规划的制约作用，无论是作为哲学社会科学的空间规划理论探索，还是作为公共政策的空间规划实践，都必然是在各项制度提供的框架下建构自身逻辑，并遵循国家制度所确立的一系列原则，一切规划都不可能跳出制度的约束另建一套规则。另一方面，空间规划对国家的制度也有反作用，通过规划理论和实践的自身演化，能够改变制度赖以生存的社会土壤，进而推动制度的演化。

研究空间规划的制度基础，意义在于启发读者从更宏观的视角看待规划，跳出规划看规划，将规划置于整个制度体系中，发掘规划与制度的关系，用制度变革破解规划瓶颈、推动规划进步。

一、"五位一体"[1]的中国特色社会主义制度横向体系结构

（一）政治制度

中国政治制度是指 1949 年 10 月中华人民共和国成立以来，在中国大

---

1. "五位一体"指经济建设、政治建设、文化建设、社会建设、生态文明建设总体布局。

陆实行的，规范中华人民共和国国家政权、政府制度、国家与社会关系等一系列根本问题的法律、体制、规则和惯例。中国现代政治制度主要包括社会主义制度、人民代表大会制度、民族区域自治制度、基层群众自治制度及中国共产党领导的多党合作和政治协商制度。其中，党的领导是人民当家做主和依法治国的根本保证，人民当家做主是社会主义民主政治的本质特征，依法治国是党领导人民治理国家的基本方式，三者统一于我国社会主义民主政治伟大实践。

1. 人民代表大会制度

（1）制度释义

人民代表大会制度是中国的根本政治制度，是中国人民民主专政政权的组织形式，是中国的政体，是社会主义上层建筑的重要组成部分。《中华人民共和国宪法》规定：中华人民共和国的一切权力属于人民。人民行使国家权力的机关是全国人民代表大会和地方各级人民代表大会。人民依照法律规定，通过各种途径和形式，管理国家事务，管理经济和文化事业，管理社会事务。中华人民共和国的国家机构实行民主集中制的原则。全国人民代表大会和地方各级人民代表大会都由民主选举产生，对人民负责，受人民监督。国家行政机关、审判机关、检察机关都由人民代表大会产生，对它负责，受它监督。

全国人民代表大会享有最高的立法权、决定权、任免权、监督权。

（2）人民代表大会制度在空间规划中的体现

人民代表大会在空间规划过程中的职能包括两部分：第一，人民代表大会审议规划，人大代表可以提出建议；第二，人大常委会决定出台规划，是规划的法定程序。同时，要保障人民代表大会对规划从制定到落实各环节的充分参与，确保规划草案的审议、公开、修订和执行。

1）人大对空间规划的立法权 [1]

全国人民代表大会和全国人民代表大会常务委员会行使国家立法权，具体内容包括：全国人民代表大会制定和修改刑事、民事、国家机构的和其他的基本法律。全国人民代表大会常务委员会制定和修改除应当由全国

---

1. 依据《中华人民共和国立法法》（2015 修正）。

人民代表大会制定的法律以外的其他法律；在全国人民代表大会闭会期间，对全国人民代表大会制定的法律进行部分补充和修改，但是不得同该法律的基本原则相抵触。

省、自治区、直辖市的人民代表大会则根据本行政区域的具体情况和实际需要，在不同宪法、法律、行政法规相抵触的前提下，可以制定和颁布地方性法规，报全国人民代表大会常务委员会和国务院备案。

设区的市的人民代表大会及其常务委员会根据本市的具体情况和实际需要，在不同宪法、法律、行政法规和本省、自治区的地方性法规相抵触的前提下，可以对城乡建设与管理、环境保护、历史文化保护等方面的事项制定地方性法规，法律对设区的市制定地方性法规的事项另有规定的，从其规定。

2）人大对空间规划的决定权

人民代表大会对空间规划的决定权主要体现在下面几个方面：第一是对已经编制完成的空间规划进行审查，根据编制内容和编制深度是否达到要求作出决定；第二是对空间规划实施等后续工作做出批准，如各部门协作开展工作、规划实施的总体要求；第三是对规划实施机制做出决定，强化规划权威性、严肃性，提出修改规划的必要前置条件和修改法定程序。

3）人大对空间规划的监督权 [1]

人大的监督权是保障人民当家做主权利、实现国家长治久安的重要权力，位于我国监督体系中的最高层次，人大监督权不直接对具体工作进行干预和纠正，而是侧重对监督对象起威慑、督促、指导作用。

宪法和法律赋予人民代表大会及其常务委员会对"一府两院"（政府、检察院、法院）进行监督的权力。县级以上的地方各级人民代表大会常务委员会有权监督本级人民政府、人民法院和人民检察院的工作，联系本级人民代表大会代表，受理人民群众对上述机关和国家工作人员的

---

1. 参考《中华人民共和国地方各级人民代表大会和地方各级人民政府组织法》。

申诉和意见。

在空间规划层面，人大的监督权体现在：当规划经人大审议通过并开始实施后，人民代表大会及其常务委员会应该定期听取空间规划执行情况报告，对当地政府违反规划行为进行问责。

2．中国共产党领导的多党合作和政治协商制度

（1）制度释义

中国共产党领导的多党合作和政治协商制度，是指在中国共产党领导下，各政党、各人民团体、各少数民族和社会各界的代表，以中国人民政治协商会议为组织形式，经常就国家的大政方针进行民主协商的一种制度。通过政治协商，把各个政党和无党派人士紧密团结起来、为着共同目标而奋斗。中国人民政治协商会议，简称"政协"，是中国共产党领导的多党合作和政治协商的重要机构。

（2）中国共产党领导的多党合作和政治协商制度在空间规划中的体现

1）中国共产党的领导在规划过程中的核心作用

在我国，党是领导一切的，也包括空间规划：空间规划的指导思想、政策文件、方案制定都必须严格围绕党的中心思想开展；党在规划部门设有党组，行使决策权；党委的纪检监察部门对规划决策、执行情况等进行监督。

在指导思想方面，中共中央办公厅、国务院办公厅印发《省级空间规划试点方案》（2017）中指出：应全面贯彻党的十八大和十八届三中、四中、五中、六中全会精神，以邓小平理论、"三个代表"重要思想、科学发展观为指导，深入贯彻习近平总书记系列重要讲话精神和治国理政新理念、新思想、新战略，紧紧围绕统筹推进"五位一体"总体布局和协调推进"四个全面"战略布局，牢固树立新发展理念。

在工作领导方面，依据《中国共产党党组工作条例》（2015），党组是

党在中央和地方国家机关、人民团体、经济组织、文化组织、社会组织和其他组织领导机关中设立的领导机构，在本单位发挥领导核心作用。各级规划部门也需要设置党组，在党组的领导下开展各项工作。

在规划监督方面，依据《中国共产党党章》，各级党和国家机关中党的基层组织，协助行政负责人完成任务，改进工作，对包括行政负责人在内的每个党员进行监督。在地方层面，《关于省以下环保机构监测监察执法垂直管理制度改革试点工作的指导意见》（2016）要求地方党委和政府对本地区生态环境负总责，建立健全职责明晰、分工合理的环境保护责任体系，加强监督检查，推动落实环境保护党政同责、一岗双责。对失职失责的，严肃追究责任。在加强督促落实过程中，《生态文明体制改革总体方案》（2015）则要求中央全面深化改革领导小组办公室、经济体制和生态文明体制改革专项小组要加强统筹协调，对本方案落实情况进行跟踪分析和督促检查，正确解读及时解决实施中遇到的问题，重大问题要及时向党中央、国务院请示报告。

2）多党合作和政治协商制度在规划过程中的作用

民主党派作为中国共产党的亲密友党，参加国家政权，参与国家大政方针和国家领导人选的协商，参与国家事务的管理，参与国家方针政策、法律法规的制定和执行，在国家政治社会生活中发挥着重要作用，是参政党，不是在野党，更不是反对党。同时，中国共产党的执政既接受宪法和法律的监督，又接受各民主党派、无党派人士和社会各方面的民主监督，有利于科学执政、民主执政、依法执政。

在规划过程中，通过适当增加各种利益群体在各级人大和政协中的比例，广泛拓宽参与的渠道，疏通利益群体与各级党政机关、社会团体的合作渠道，充分吸收社会上的各种利益要求，实现各种利益群体真正能够参与到影响其利益的规划决策中去。

3．行政制度

（1）制度释义

行政制度，是指有关国家行政机关的组成、体制、权限、活动方式等方面的一系列规范和惯例。中华人民共和国的行政制度是国家根本政治制度和中央地方关系模式的产物，包括全国人民代表大会体制下的中央行政体制、中央行政机关对地方各级行政机关的领导关系以及地方各级行政体制。

《中华人民共和国地方各级人民代表大会和地方各级人民政府组织法》规定：全国地方各级人民政府都是国务院统一领导下的国家行政机关，都服从国务院。地方各级人民政府是地方各级人民代表大会的执行机关，是地方各级国家行政机关。地方各级人民政府对本级人民代表大会和上一级国家行政机关负责并报告工作。县级以上的地方各级人民政府在本级人民代表大会闭会期间，对本级人民代表大会常务委员会负责并报告工作。地方各级人民政府必须依法行使行政职权。

（2）空间规划中的行政制度体系

1）中央与地方的联动

《生态文明体制改革总体方案》明确提出：空间规划分为国家、省、市县（设区的市空间规划范围为市辖区）三级。研究建立统一规范的空间规划编制机制。未来，空间规划应构建以空间治理和空间结构优化为主要内容，全国统一、相互衔接、分级管理的体系，着力解决空间性规划重叠冲突、部门职责交叉重复、地方规划朝令夕改等问题。

可见，空间规划是行政机构事权对应的规划，同时又有着明确的层级传导性质。根据《中华人民共和国地方各级人民代表大会和地方各级人民政府组织法》，在中央与地方行政体系中，中央政府和省级政府主要针对不特定的对象，制定、发布能反复适用的行政规范性文件，实施抽象行政行为。而市县政府主要依法针对特定的相对人所作的具体的、单方的，能对相对人实体权利、义务产生直接影响的具体行政行为。市县行政机关需要执行上级行政机关的决定和命令，规定行政措施，发布决定和命令，同时领导所属各工作部门和下级人民政府的工作。

例如，《城乡规划法》第二章"城乡规划的制定"在规划编制规定方面，反映了行政体系的各层级联动的关系，主要内容见表 3-1。

城乡规划制定中各层级行政机关制度体系   表 3-1

规划类型	组织编制	审查 / 审议	审批	备案
全国城镇体系规划	国务院城乡规划主管部门会同国务院有关部门	—	国务院	
省域城镇体系规划	省、自治区人民政府	本级人民代表大会常务委员会	国务院	
直辖市总体规划		本级人民代表大会常务委员会	国务院	
省、自治区人民政府所在地的城市和国务院确定的城市的总体规划	城市人民政府	本级人民代表大会常务委员会 省、自治区人民政府	国务院	
其他城市的总体规划		本级人民代表大会常务委员会	省、自治区人民政府	
县人民政府所在地镇的总体规划	县人民政府	镇人民代表大会	上一级人民政府	
其他镇的总体规划	镇人民政府			
城市的控制性详细规划	城市人民政府城乡规划主管部门		本级人民政府	本级人民代表大会常务委员会和上一级人民政府
镇的控制性详细规划	镇人民政府		上一级人民政府	
县人民政府所在地镇的控制性详细规划	县人民政府城乡规划主管部门		县人民政府	本级人民代表大会常务委员会和上一级人民政府
修建性详细规划	城市、县人民政府城乡规划主管部门和镇人民政府		城市、县人民政府城乡规划主管部门和镇人民政府	
乡规划、村庄规划	乡、镇人民政府		上一级人民政府	

中国特色空间规划的基础分析与转型逻辑

2）部门与部门的衔接

目前《中共中央关于深化党和国家机构改革的决定》（2018年）提出强化国土空间规划对各专项规划的指导约束作用，推进"多规合一"，实现土地利用规划、城乡规划等有机融合。《深化党和国家机构改革方案》（2018年）明确自然资源部的主要职责包括建立空间规划体系并监督实施，从而为建立全国统一、相互衔接、分级管理的空间规划体系提供了行政基础。合理构建包括行政体系、运行体系和法规体系在内的国土空间规划体系成为规划工作的重要任务。由此，在行政体制部门建设与管理过程中，应理顺规划部门设置以及与其他部门设置的横向关系、上下级规划部门的纵向关系。规划管理模式势必要从部门管理向综合管理转变，打破部门壁垒，再造规划流程。

4．全面依法治国

（1）全面依法治国的内涵

依法治国，即依照体现人民意志和社会发展规律的法律治理国家，而不是依照个人意志、主张治理国家；要求国家的政治、经济运作、社会各方面的活动通通依照法律进行，而不受任何个人意志的干预、阻碍或破坏。党的十八大报告中明确提出推进依法治国基本方略的新方针："科学立法、严格执法、公正司法、全民守法"。

第十八届中央委员会第四次全体会议通过《中共中央关于全面推进依法治国若干重大问题的决定》，提出全面推进依法治国，总目标是建设中国特色社会主义法治体系，建设社会主义法治国家。依法治国是中国共产党领导人民治理国家的基本方略，是发展社会主义市场经济的客观需要，也是社会文明进步的显著标志，还是国家长治久安的必要保障。依法治国，建设社会主义法治国家，是人民当家作主的根本保证。

为规范立法活动，提高立法质量，《中华人

民共和国立法法》特制定以下立法原则：

1）立法应当遵循宪法的基本原则，以经济建设为中心，坚持社会主义道路、坚持人民民主专政、坚持中国共产党的领导、坚持马克思列宁主义毛泽东思想邓小平理论，坚持改革开放。

2）立法应当依照法定的权限和程序，从国家整体利益出发，维护社会主义法制的统一和尊严。

3）立法应当体现人民的意志，发扬社会主义民主，坚持立法公开，保障人民通过多种途径参与立法活动。

4）立法应当从实际出发，适应经济社会发展和全面深化改革的要求，科学合理地规定公民、法人和其他组织的权利与义务、国家机关的权力与责任。

5）法律规范应当明确、具体，具有针对性和可执行性。

同时在立法程序中，《立法法》要求全国人民代表大会常务委员会通过立法规划、年度立法计划等形式，加强对立法工作的统筹安排。编制立法规划和年度立法计划，应当认真研究代表议案和建议，广泛征集意见，科学论证评估，根据经济社会发展和民主法治建设的需要，确定立法项目，提高立法的及时性、针对性和系统性。立法规划和年度立法计划由全国人大委员长会议通过并向社会公布。

（2）空间规划体系中的法制建设

1）空间规划与科学立法

目前，城乡规划系统的城镇体系规划和城市总体规划，以及国土系统的土地利用总体规划都是法定规划，编制依据分别是《城乡规划法》和《土地管理法》；而全国主体功能区规划和生态功能区划则依据国务院行政规章制定的规划。

城乡规划以《城乡规划法》为主要法律依据，以众多部门规章、规范性文件、技术标准为指导，由不同层级、不同深度、法定与非法定规划类别构成（如表3-2所示），是我国体系相对完善、管理比较规范、技术成熟、研究较多、公众和企业关心、实施措施相对有效的规划。土地利用总体规划以《土地管理法》为法律依据和若干部门规章、规范性文件、技术标准为指导发展起来，侧重于对土地功能的划分，并且以农业用地的数量维护为重点，因相对技术成熟、管理规范、实施有力等而具有重要地位。

类别			名称	施行年份
法律			中华人民共和国城乡规划法	2008 年实施 2015 年修订
行政法规			村庄和集镇规划建设管理条例	1993
			风景名胜区条例	2016
			历史文化名城名镇名村保护条例	2008
部门规章与规范性文件	规划编制与审批		城市规划编制办法	2006
			省域城镇体系规划编制审批办法	2010
			城市总体规划实施评估办法	2009
			城市总体规划审查工作原则	1999
			城市总体规划编制审批办法	2016
			城市、镇控制性详细规划编制审批办法	2011
			历史文化名城保护规划编制要求	1994
			城市绿化规划建设指标的规定	1994
			城市综合交通体系规划编制导则	2012
			村镇规划编制办法	2000
			城市规划强制性内容暂行规定	2002
	规划实施管理与监督检查		建设项目选址规划管理办法	1991
			城市国有土地使用权出让转让规划管理办法	1993
			开发区规划管理办法	1995
			城市地下空间开发利用管理规定	2011 修订
			城市抗震防灾规划管理规定	2003
			近期建设规划工作暂行办法	2002
			城市绿线管理办法	2002
			城市紫线管理办法	2004
			城市黄线管理办法	2006
			城市蓝线管理办法	2006
			建制镇规划管理办法	2011 年修订
			城市公用设施抗灾设防管理规定	2015 年修订
			城建监察规定	2010 年修订
	行业管理		城市规划编制单位资质管理规定	2012 年修订
			注册城乡规划师职业资格制度规定	2017 年修订

空间规划体系提出来之后，法律建设有一定时滞，针对空间性规划立法缺失的问题，诸多政策文件均提出了明确的立法要求：

①《省级空间规划方案》要求加强体制机制、法律法规等顶层设计，研究提出系统解决重点难点问题的一揽子方案，打破各类规划条块分割、各自为政局面。

②《中共中央关于全面推进依法治国若干重大问题的决定》要求用严格的法律制度保护生态环境，加快建立有效约束开发行为和促进绿色发展、循环发展、低碳发展的生态文明法律制度，强化生产者环境保护的法律责任，大幅度提高违法成本。建立健全自然资源产权法律制度，完善国土空间开发保护方面的法律制度，制定完善生态补偿和土壤、水、大气污染防治及海洋生态环境保护等法律法规，促进生态文明建设。

③《中共中央国务院：统一规划体系，更好发挥国家发展规划战略导向作用》指出：应健全规划动态调整和修订机制，强化规划权威性、严肃性，未经法定程序批准，不得随意调整更改各类规划。经评估确需对国家发展规划进行调整修订时，须按照新形势新要求调整完善规划内容，由国务院提出调整建议，经党中央同意后，提请全国人民代表大会常务委员会审查批准。

法律是规划的基石，应当通过立法提高空间规划体系的完整性、政策的稳定性与技术的规范性，创造促进空间规划有效维护和高效实施的环境条件。探索空间规划立法，应结合已有实践，对导致各类空间性规划矛盾冲突的规划期限、基础数据、坐标体系、用地分类标准、空间管控分区和手段、编制审批制度等方面的法律法规、部门规章、技术规范等进行系统梳理，提出修订完善建议。

2）规划督查与严格执法

目前，空间规划类的执法主要有两类，一类是城乡规划中的规划执法；一类是土地利用规划中的规划执法。

城乡规划中的规划执法主要针对以下的违法违规行为：按照《城乡规划法》的有关条款，结合实际调查，城乡规划违法违规行为主要分为以下五种类型：按行为主体划分主要分为政府、城乡规划主管部门、其他行政职能部门、规划编制主体、建设行为主体五类，在《城乡规划法》里有清晰的表述。按照程序实体的不同可分为程序违法和实体违法两类。[1]

土地利用规划中的规划执法主要针对以下六类行为：对执行和遵守国土资源法律法规的情况进行检查；对发现的违反国土资源法律法规的行为进行制止，责令限期改正；对涉嫌违反国土资源法律法规的行为进行调查；对违反国土资源法律法规的行为依法实施行政处罚和行政处理；对违反国土资源法律法规依法应当追究国家工作人员行政纪律责任的，依照有关规定提出行政处分建议；对违反国土资源法律法规涉嫌犯罪的，向公安、检察机关移送案件有关材料。

未来，在统一的空间规划体系下，应严格控制各类开发利用活动对生态空间的占用和扰动，确保依法保护的生态空间面积不减少，生态功能不降低，生态服务保障能力逐渐提高；探索创新城镇开发边界内存量建设用地用途转换的许可制度。管制手段包括：用途管制分区、发展指标分配、名录边界划定等。在执法过程中，应坚持以人为本、生态优先、区域统筹、分级分类、协同共治的原则，建立"横向到边、纵向到底"的国土空间用途管制制度，最大限度保护耕地、林地、草原、河流、湖泊、湿地、海洋等自然生态用地，对城乡建设行为进行有效管控和引导。

3）规划裁量与司法审理

我国规划领域的诉讼案件中，与城乡规划有关的居民诉讼案件不占少数，且大多是规划许可的案件，并与相邻权有关。比较典型的案例是载于《最高人民法院公报》的"念泗三村28幢楼居民35人诉扬州市规划局行政许可行为侵权案"。

专栏3-1　念泗三村28幢楼居民35人诉扬州市规划局行政许可行为侵权案

案件中，江苏省扬州市念泗三村28幢楼居民35人认为扬州市规划局向扬州市东方天宇置业有限公司核发《建设工程规划许可证》的具体行政行为侵犯了他们的合法权益，遂向江苏省扬州市中级人民法院提起行政诉讼。

一审判决中，扬州市中级人民法院审理意见如下：

一、关于被诉具体行政行为未侵犯原告的相邻权。经确认，扬州市规

---

1. 邰艳丽等. 城乡规划违法违规行为研究 [J]. 城市规划, 2013（3）：43。

划局在核发规划许可时，通过审查建筑图纸、测算日照间距比、工程定位、核准验线等工作，较为充分地考虑了本案原告的日照是否受到影响问题。原告所诉通风相邻权受到被诉具体行政行为侵犯的理由不能成立；认为被诉具体行政行为影响了原规划的实施，也没有事实和法律上的依据。

二、关于被诉具体行政行为合法。第一，被诉具体行政行为的程序合法，被告扬州市规划局批准该小区整体建设项目的程序符合国家法律、地方法规和行政规范的规定。第二，《念泗二村地段控制性详细规划》已经得到了扬州市规划委员会第十六次会议批准，得到合法有效的批准，规划合法有效。第三，被诉具体行政行为并未违反了《蜀岗—瘦西湖风景名胜区规划》。

综上，被诉具体行政行为证据充分、程序合法、适用法律正确，被告扬州市规划局核发的《建设工程规划许可证》是合法的，所批准第三人东方天宇公司在东方百合园建设的中心组团11-6号住宅楼没有侵犯原告28幢楼居民的通风等相邻权。

宣判后，原告不服，向江苏省高级人民法院提起上诉。二审中，江苏省高级人民法院经审理要点如下：

一、本案中的当事人不是具体行政行为的直接相对人，而是因相邻权受到侵害而提起行政诉讼。起诉所基于的相邻权，属于民法范畴。但现实中，如果一方当事人实施的与其他当事人相邻权有关的行为是经行政机关批准、许可的，其他当事人就无法通过民事诉讼获得救济。这类行政诉讼的审查重点，应当是被诉具体行政行为许可建设的建筑项目是否符合有关建筑管理的技术规范，是否侵犯了原告的相邻权。

二、按照国家标准《城市居住区规划设计规范》的要求和说明，各住宅楼间距的设定，以满足日照要求为基础，并综合考虑采光、通风、消防、防灾、管线埋设、视觉卫生等因素。因此，原审判决认定扬州市规划局的行政许可行为并不影响上诉人享有的法定日照、采光、通风等相邻权，是有事实和法律依据的。

三、扬州市规划局核发的《建设工程规划许可证》的程序合法、所依据的《念泗二村地段详细规划》经过合法批准，未违反《蜀岗—瘦西湖风景名胜区总体规划》。

综上，江苏省高级人民法院依据《中华人民共和国行政诉讼法》第六十一条第（一）项的规定判决：驳回上诉，维持原判。

从本案中看出，目前我国主流法学界和实践层面，规划属于抽象行政行为，规划批复不具有直接可诉性，但法院可以受理针对具体行政行为的法律诉讼，并附带审查具体行政行为的依据。对规划而言，受到司法审查的规划许可的重点并不是看该规划是否侵犯了相对人的权益，而主要是看符不符合法律的程序性、限定性、技术性要求。特别是审查技术性的要求中，我国空间类规划中涉及多个行业标准和国家标准，且标准繁多、层级繁杂，为法院审理规划侵权类案件带来不小的技术难度。

从权利划分的角度来看，立法、司法与行政是三种不同的职能，既要明晰三者之间的界限，又要保障行政目的的实现。司法是公民权利保障的最后一道防线，行政机关的自由裁量空间也并不意味着不受司法审理，否则必然会蜕变成腐败的温床。笔者认为，虽然目前司法只能有限审理规划裁量，但是随着法制化进步和服务型政府的角色转变，对于规划裁量合法过程、公正结果将更多的纳入司法审查范畴。

（二） 经济制度

经济制度特指中国特色社会主义经济制度，其基础是生产资料的社会主义公有制，即全民所有制和劳动群众集体所有制。社会主义公有制实行各尽所能、按劳分配、多种分配制度并存的原则。在社会主义初级阶段，坚持公有制的主体地位，鼓励、支持和引导非公有制经济发展。进入新世纪，随着社会主义市场经济体制的初步建立和逐步完善，我国经济发展迅速，充满活力，日益开放。与此同时，也要求我们进一步认识和掌握社会主义市场经济的特点和内在规律，以使我们制定和实施方针政策时符合客观经济规律。

1. 所有制结构

（1）以公有制为主体，多种所有制经济共存的所有制结构

所有制，是指一定社会中因占有生产资料和劳动产品而发生的经济关系。社会主义初级阶段的所有制结构是以公有制为主体，多种所有制经济共同发展。在空间规划的领域看，我国所有自然资源资产从根本上为全民

所有，主要包括国有土地资源、水资源、矿产资源、森林资源、草原资源、海域海岛资源等。改革开放以来，我国全民所有自然资源资产有偿使用制度逐步建立，在促进自然资源保护和合理利用、维护所有者权益方面发挥了积极作用。

在我国空间类规划与自然资源资产制度中，土地制度占主要地位。土地制度是关于土地所有、占有、支配和使用诸方面的原则、方式、手段和界限等政策、法律规范和制度的体系。我国土地制度也体现出"公有制为主体，多种所有制共存"的所有制结构性特征，具体分为国家所有和集体所有两大类。《中华人民共和国土地管理法》规定：中华人民共和国实行土地的社会主义公有制，即全民所有制和劳动群众集体所有制。全民所有，即国家所有土地的所有权由国务院代表国家行使。城市市区的土地属于国家所有。农村和城市郊区的土地，除由法律规定属于国家所有的以外，属于农民集体所有；宅基地和自留地、自留山，属于农民集体所有。而确认林地、草原的所有权或者使用权，确认水面、滩涂的养殖使用权，分别依照《中华人民共和国森林法》《中华人民共和国草原法》和《中华人民共和国渔业法》的有关规定办理。

（2）空间资源和资产的所有制

1）基础：资源公有

空间规划的基础是空间资源资产坚持和服从我国所有制结构。这意味着自然资源资产具有公有性质，即所有自然资源资产为全民所有，同时也存在一定的集体所有。针对各类自然资源资产，《自然资源统一确权登记办法（试行）》要求在公有制基础上，建立统一的确权登记系统，清晰界定全部国土空间各类自然资源资产的产权主体。对水流、森林、山岭、草原、荒地、滩涂等所有自然生态空间统一进行确权登记，逐步划清全民所有和集体所有之间的边界，推进确权登记法治化。

资源公有涉及三层内涵。首先，对全民所有的空间资源资产，要按照不同空间资源在生态、生产、生活等方面的重要程度，创新产权制度和所有权管理制度。其次，对于集体所有的空间资源资产，应渐进式地推动集体空间的经营权、使用权的市场流通机制，保护集体的合法权益。最后，要实行中央到地方分层级的代理行使空间所有权职责体制，划分中央政府直接行使所有权、地方政府行使代理权的责任清单和事权范围，保障全体人民分享全民所有自然资源资产收益。

2）管理：权能法定

根据《物权法》的规定，所有权的权能分别为：占有、使用、收益和处分四项。在全民所有制基础上，国土空间应建立归属清晰、权责明确、流转顺畅、保护严格、监管有效的权能体系架构，这是实现国土空间所有权的基本保障。

笔者建议，尝试推动所有权与使用权、收益权相分离的权能体系架构：一是明确所有权者的占有权和处分权的权利归属；二是平等对待、公平保护自然资源使用权主体，适度扩大使用权的出让、转让、出租、抵押、担保、入股、继承等权能；三是由所有权者灵活处理收益权所产生的利益。以此处理好所有权权能体系的内部关系，严格保护各类权利人的合法权益，创新全民所有权和集体所有权的实现形式。

2．市场机制

（1）市场的决定性作用和政府的基础性作用

社会主义市场经济的核心问题是处理好政府和市场的关系，总结起来，就是"使市场在资源配置中起决定性作用"和"更好发挥政府基础性作用"。《关于〈中共中央关于全面深化改革若干重大问题的决定〉的说明》指出：市场决定资源配置是市场经济的一般规律，健全社会主义市场经济体制必须遵循这条规律，着力解决市场体系不完善、政府干预过多和监管不到位问题。

空间规划是一项公共政策,既要满足和适应市场需求,让市场更好发挥决定性作用,又要充分利用政策工具,避免市场失灵。克服市场失灵是西方近现代城市规划产生的源头,也是规划干预空间资源"错配"的基本假设。社会中复杂系统运行的过程中,需要各要素在空间上的自由组合,这就不可避免地与各类规划对要素的流动和配置发生冲突。空间规划需要对要素流动的要素配置局面进行干预,特别是对市场机制失效的领域(往往是公共领域)进行有限的干预。

（2）统一、开放、竞争、有序的资源要素市场体系

1）发挥市场作用,实现有偿使用

自然资源资产有偿使用制度是生态文明制度体系的一项核心制度。《生态文明制度改革方案》提出通过明确产权和完善机制,全面建立覆盖各类全民所有自然资源资产的有偿出让制度,严禁无偿或低价出让。同时要求统筹规划,加强自然资源资产交易平台建设。2016年底,国务院发布《全民所有自然资源资产有偿使用制度改革的指导意见》,提出"充分发挥市场配置资源的决定性作用,按照公开、公平、公正和竞争择优的要求,明确全民所有自然资源资产有偿使用准入条件、方式和程序,鼓励竞争性出让,规范协议出让,支持探索多样化有偿使用方式,推动将全民所有自然资源资产有偿使用逐步纳入统一的公共资源交易平台,完善全民所有自然资源资产价格评估方法和管理制度,构建完善价格形成机制,建立健全有偿使用信息公开和服务制度,确保国家所有者权益得到充分有效维护",并对完善国有土地资源、水资源、矿产资源、森林资源、草原资源、海域海岛等有偿使用制度进行了全面安排。

① 国有土地资源方面,在公有制基础上,完善土地有偿使用制度,既探索弹性供应方式的同时,也建立退出和转型机制;

② 集体土地资源方面,统筹推进农村土地征收、集体经营性建设用地入市、宅基地制度改革试点,健全农用地有偿使用制度;

③ 水资源方面,严守水资源开发利用控制、用水效率控制、水功能区限制纳污三条红线,建立区域内水资源有偿使用和生态补偿机制,发挥市场的决定性作用;

④ 矿产资源方面,完善矿业权有偿出让制度,矿业权有偿占用制度,提高矿产资源综合利用效率,促进资源合理开发利用和有效保护;

⑤ 森林资源方面，研究制定森林资源使用权有偿使用的具体办法，建立林地占补统筹调剂及市场交易机制，实现跨区域的资源优化配置；

⑥ 草原资源方面，稳定和完善国有草原承包经营制度，继续保持集体经济组织对国有草原的承包权；

⑦ 海域海岛资源方面，完善海域有偿使用分级、分类管理制度，适应经济社会发展多元化需求，完善海域使用权出让、转让、抵押、出租、作价出资（入股）等权能，健全无居民海岛有偿使用的一系列制度。

2）履行政府职能，克服市场失灵

市场起决定性作用，是从总体上讲的，不能盲目绝对讲市场起决定性作用，而是既要使市场在配置资源中起决定性作用，又要更好发挥政府作用。在市场作用和政府作用的问题上，要讲辩证法、两点论，"看不见的手"和"看得见的手"都要用好，努力形成市场作用和政府作用有机统一、相互补充、相互协调、相互促进的格局，推动经济社会持续健康发展。

《国务院关于全民所有自然资源资产有偿使用制度改革的指导意见》对政府职能做出了较为明确的阐述，基本原则为创新方式、强化监管等。具体内容包括：建立健全市场主体信用评价制度，强化自然资源主管部门和财政等部门协同，发挥纪检监察、司法、审计等机构作用，完善国家自然资源资产管理体制和自然资源监管体制，创新管理方式方法，健全完善责任追究机制，实现对全民所有自然资源资产有偿使用全程动态有效监管，确保将有效保护和合理利用资源、维护国家所有者权益的各项要求落到实处。

若缺乏空间规划，国土空间的发展很有可能面临失控和失序。某些空间利用类型往往会对其他空间利用类型产生负面影响，例如污染性工业、垃圾填埋场、发电站等对人居环境的负面影响。消除或弱化不同土地利用之间的负外部性的常用手段，就需要空间规划手段来推动负外部性最小化。

3. 国家宏观调控

（1）宏观调控的定义和类型

国家宏观调控，是政府作为市场经济的主体，通过行政手段与经济手段（主要是财政手段），实现以经济主体为主导、经济主体与经济客体的对称关系为核心、经济结构平衡与经济可持续发展的经济行为。国家宏观调控的手段分为经济手段、行政手段和法律手段。我国《宪法》第15条第1

款和第 2 款规定——"国家加强经济立法，完善宏观调控"——这是我国宪法中具有总纲性的经济制度条款，也是我国确立社会主义市场经济基本经济制度前提下国家调节市场经济的宏观调控职能的宪法规范。

宏观调控是我国政府四大职能之一。规划是国家实行宏观调控的重要工具和手段。国家宏观调控方面的突破是实现空间规划体制机制改革的最大突破。

1）区间调控

区间调控是指划定发展目标的"上下限"，不再单纯盯住调控的终极目标，而是关注调控目标在合理区间内的变动，只要调控目标的变动不超过设定的区间，就已达到了调控的目的。

保持经济运行在合理区间，是适应经济新常态的新思路，也是我国经济平稳发展的现实表现。区间调控的核心是把握"合理区间"，实现"稳增长"。通俗理解，就是守住稳增长、保就业的"下限"，把握好防通胀的"上限"：在这样一个合理区间内，要着力调结构、促改革，推动经济转型升级。

实施区间调控有助于保持定力，避免宏观调控对经济过度干预。不实施"强刺激"，特别是大幅调节需求的政策措施，而是坚持宏观政策要稳，同时着力实施灵活的微观政策和托底的社会政策，可以起到强机制、促活力、补短板的作用。

2）定向调控

定向调控是指通过针对不同调控领域，不同调控对象，制定清晰明确、针对性强的调控政策，使预调微调和必要的"先手棋"更加有的放矢，精准发力。定向调控的核心是调结构。在 2014 年 7 月的年中经济形势座谈会上，李克强总理对"定向调控"做出解释：必须坚持在区间调控的基础上，注重实施定向调控，也就是保持定力、有所作为、统筹施策、精准发力，在调控上不搞"大水漫灌"，而是抓住重点领域和关键环节，更多依靠改革的办法，更多运用市场的力量，有针对性地实施"喷灌""滴灌"。2015 年 2 月中央政治局会议指出："继续实施积极的财政政策和稳健的货币政策，坚持区间调控，更加注重预调微调和定向调控。"

定向调控有利于保持稳增长与调结构之间的平衡。由于我国经济调整优化经济结构的要求十分迫切，如何平衡稳增长与调结构，加快经济结构优化的步伐，是宏观调控面临的问题。定向调控方式很好地满足了新的要求，通过有针对性地支持经济中相对薄弱的环节，避免了总量调控方式下，较高收益、较低风险的优势领域吸引大量资源集聚，而薄弱环节难以获得充分支持的问题，从而有效促进经济结构的调整优化。

3）相机调控

"相机调控"是对"定向调控"实施中的一种平衡。"相机调控"的核心是"适时适度预调微调"，从而实现"控风险"。相机调控可以不受任何固定程序或原则的约束，而是依据现实情况灵活取舍，最优地制定与经济运行态势相适应的调控政策与措施，并加以实施。2015年7月9日李克强总理在部分省（区）政府主要负责人经济形势座谈会上提出，要灵活施策，针对形势变化精准发力，在区间调控基础上加大定向调控、相机实施预调微调，在改革创新中释放新红利。

相机调控是守住不发生区域性系统性风险底线的有效方式。从国际经验来看，很多主要发达经济体均实施过相机抉择的政策，并在一定时期内稳定了市场预期，更好地应对了市场的波动和外部环境的调整。在总结2008年全球金融危机的应对之道时，美国前财政部部长盖特纳曾明确指出，"面对危机必须做出快速、有效的反应"，而不是墨守成规，放任市场发展。

（2） 以空间规划落实宏观调控

由于各种国家干预手段——财政手段（如国家项目投资）、行政手段（如耕地严格管控）——都需要通过空间规划进行落实，因此，空间规划是落实国家宏观调控的重要手段。

在通过制度设计落实国家宏观调控意图方面，空间规划的操作性主要通过对空间资源的开发权直接管控实现。也就是说，空间规划需要在全面分析国际宏观形势的基础上，按照人类经济、社会等活动的区域性演变规律，针对市场失灵的部分展开国家干预，为处理和解决好发展不平衡、不充分的基本矛盾服务。

专栏3-2 空间规划政策与房地产调控（此为孙施文老师案例）

巴拉斯（R.Barras）提出，城市规划政策应当以与房地产业发展周期的反周期来进行操作，所强调的就是这样的作用。[1] 房地产周期性的波动是由房

1.R. Barras. Development Profit and Development Control: The Case of Office Development In London. 1985.

地产业的本性所决定的，法因斯坦在对纽约和伦敦房地产研究中有非常深刻和全面的阐述。[1]房地产的周期性波动是不可避免的，但城市规划可以通过其作用的发挥，在一定的程度上削减其波动的峰值，从而避免房地产市场的大起大落，使其运作相对平稳。

要做到这一点，巴拉斯提出，当房地产处于高潮期时，规划部门应当采用对开发项目的审批在时间上进行延滞或者采用土地供应不足等方法来为房地产开发的过热进行冷处理；而当房地产开发处在低潮期时，规划部门和规划师就需要采取土地供应上的过度供应等手段来吸引投资者和开发商。这种想法可以说是所有的城市规划师都存有的职业理念，是规划师在职业生涯中有所作为的方法论基础。但是，这种想法在理念上是非常简单，而且看上去也非常容易操作，但真的要去实施，在判断上、在实际的运作等方面其实仍然存在着很多的问题。因此西方国家在城市规划实施和管理过程中就会采用不同的方式方法，在法律法规和政府政策的支持下，开展相类似的工作或能够达到同样目的的工作。

如今看来，通过土地开发权管控的方式调控房地产市场的手段依旧有效，因此，此次中央机构改革，城市规划职能由住房和城乡建设部剥离，住房市场的调控有可能成为住建部单方面想调控而又难以攻克的难题。

（三） 文化制度

文化制度是指一国通过宪法和法律调整以社会意识形态为核心的各种基本文化关系的规则、原则和政策的总和。我国基本文化制度是围绕社会主义精神文明的核心进行教育科学文化建设和思想道德建设。党的十九大报告指出，中国特色社会主义文化，源自于中华民族五千多年文明历史所孕育的中华优秀传统文化，熔铸于党领导人民在革命、建设、改革中创造的革命文化和社会主义先进文化，植根于中国特色社会主义伟大实践。

在空间规划中强化文化传承发展的理念和工程，对于传承中华文脉、全面提升人民群众文化素养、维护国家文化安全、增强国家文化软实力、推进国家治理体系和治理能力现代化，具有重要意义。在空间规划中做

1.S. S. Fainstein. The City Builders: Property, Politics, and Planning in London and New York. Blackwell, 1994.

好文化建设工作，一方面要"谈古论今"，保护好历史文化的同时建设现代化公共文化服务体系，历史名城名镇是传统文化积淀的结果，现代化文化服务设施是当代文化积累的载体；另一方面要"虚实结合"，抓好物质层面文化建设和精神文明建设，着力构建中华优秀传统文化传承发展体系。

1. 历史文化保护与传承

（1）历史文化保护制度体系

我国对历史文化保护的制度体系经过以下几个发展阶段。

起步阶段，是对"单点"的文物个体保护，主要规定是 1961 年提出的《文物保护管理暂行条例》，该条例针对重点文物单位建立了保护制度。

完善阶段，是对"面域"的文化整体保护，其标志性的制度是 1982 年提出的"历史文化名城制度"和"历史文化保护区制度"。其中，"历史文化保护区制度"在 2002 年废止后又补充了"历史文化名村制度"和"历史文化名镇制度"，意味着整体性保护制度迈向完善和成熟。

体系阶段，是对"系统"的文化全面保护，2002 年全国人大对《文物保护法》做了较大规模的修改，其中有 14 条直接涉及历史文化名城保护的条款，授权国务院制定具体措施；2008 年国务院将关于历史文化名城、名村、名镇保护的三项制度合一，形成了《历史文化名城名镇名村保护条例》，对申报审批、保护规划、保护措施、法律责任进行了详细的规定；同在 2008 年，《城乡规划法》颁布，明确了历史文化保护的相关内容，促进了历史文化保护的法制化进程。随着各类管理办法和规范等部门规章的颁布和实行，历史文化保护的法律体系逐渐成型（表 3-3）。

我国历史文化保护相关法律法规 表 3-3

类型	名称
宪法	《宪法》 第二十二条 国家保护名胜古迹、珍贵文物和其他重要历史文化遗产
法律	《文物保护法》 《非物质文化遗产法》 《城乡规划法》

类型	名称
行政法规	《历史文化名城名镇名村保护条例》 《文物保护法实施条例》 《长城保护条例》 《博物馆条例》
部门规章	《城市紫线管理办法》 《历史文化名城保护规划规范》 《文物保护单位保护管理办法》 《历史文化名城保护规划编制要求》 《历史文化街区保护管理办法》 《历史文化名镇名村保护管理办法》 《国家历史文化名城保护专项资金管理办法》 《国务院关于加强文化遗产保护的通知》
地方法规	国务院关于同意列为历史文化名城的批复 各地方保护条例

党的十八大以来，以习近平同志为核心的党中央高度重视文化传承和遗产保护，相关法律法规逐步完善，全社会保护意识显著增强，保护综合效益日益显现，一大批古城、古镇、古村落得到真实完整保护，为世界遗产贡献了更多中国文化资源。同时也要看到，我国历史文化名城名镇保护工作发展不平衡不充分的问题仍然比较突出，存在重物质遗产、轻非物质遗产，重经济价值、轻精神价值等倾向，大拆大建、拆真建假、拆旧建新、拆小建大、过度开发等问题仍比较普遍。

（2）空间规划中的历史文化保护与传承

1）文物保护

《中华人民共和国文物保护法》是我国关于历史文化保护最重要的法律，规定了文物保护的范围、程序和基本要求，其具体的制度要求如下：

保护范围方面。在中华人民共和国境内，下列文物受国家保护。具有历史、艺术、科学价值的古文化遗址、古墓葬、古建筑、石窟寺和石刻、壁画；与重大历史事件、革命运动或者著名人物有关的以及具有重要纪念意义、教育意义或者史料价值的近代现代重要史迹、实物、代表性建筑；历史上各时代珍贵的艺术品、工艺美术品；历史上各时代重要的文献资料以及具有历史、艺术、科学价值的手稿和图书资料等；反映历史上各时代、各民族社会制度、社会生产、社会生活的代表性实物。

文保单位确定方面。国务院文物行政部门在省级、市、县级文物保护单位中，选择具有重大历史、艺术、科学价值的确定为全国重点文物保护单位，或者直接确定为全国重点文物保护单位，报国务院核定公布。省级文物保护单位，由省、自治区、直辖市人民政府核定公布，并报国务院备案。市级和县级文物保护单位，分别由设区的市、自治州和县级人民政府核定公布，并报省、自治区、直辖市人民政府备案。尚未核定公布为文物保护单位的不可移动文物，由县级人民政府文物行政部门予以登记并公布。

文保城镇村确定方面。保存文物特别丰富并且具有重大历史价值或者革命纪念意义的城市，由国务院核定公布为历史文化名城。保存文物特别丰富并且具有重大历史价值或者革命纪念意义的城镇、街道、村庄，由省、自治区、直辖市人民政府核定公布为历史文化街区、村镇，并报国务院备案。

城乡规划方面。村镇所在地的县级以上地方人民政府应当组织编制专门的历史文化名城和历史文化街区、村镇保护规划，并纳入城市总体规划。历史文化名城和历史文化街区、村镇的保护办法，由国务院制定。各级人民政府制定城乡建设规划，应当根据文物保护的需要，事先由城乡建设规划部门会同文物行政部门商定对本行政区域内各级文物保护单位的保护措施，并纳入规划。根据保护文物的实际需要，经省、自治区、直辖市人民政府批准，可以在文物保护单位的周围划出一定的建设控制地带，并予以公布。

开发建设方面。文物保护单位的保护范围内不得进行其他建设工程或者爆破、钻探、挖掘等作业。在文物保护单位的建设控制地带内进行建设工程，不得破坏文物保护单位的历史风貌；工程设计方案应当根据文物保护单位的级别，经相应的文物行政部门同意后，报城乡建设规划部门批准。在文物保护单位的保护范围和建设控制地带内，不得建设污染文物保护单位及其环境的设施，不得进行可能影响文物保护单位安全及其环境的活动。对已有的污染文物保护单位及其环境的设施，应当限期治理。

2）空间视角下的非物质文化遗产保护

根据《中华人民共和国非物质文化遗产保护法》，非物质文化遗产，是指各族人民世代相传并视为其文化遗产组成部分的各种传统文化表现形式，以及与传统文化表现形式相关的实物和场所。国家对非物质文化遗产采取认定、记录、建档等措施予以保存，对体现中华民族优秀传统文化，具有历史、文学、艺术、科学价值的非物质文化遗产采取传承、传播等措施予以保护。

在空间规划视角下，一些非物质文化遗产具有特定地域集中、特定地理环境孵化的特点。因此，在建设过程中，对非物质文化遗产代表性项目集中、特色鲜明、形式和内涵保持完整的特定区域，当地文化主管部门可以制定专项保护规划，报经本级人民政府批准后，实行区域性整体保护。确定对非物质文化遗产实行区域性整体保护，应当尊重当地居民的意愿，并保护属于非物质文化遗产组成部分的实物和场所，避免遭受破坏。实行区域性整体保护涉及非物质文化遗产集中地村镇或者街区空间规划的，应当由当地空间规划主管部门依据相关法规制定专项保护规划。

3）保护城市历史文化风貌

《中华人民共和国城乡规划法》规定，旧城区的改建，应当保护历史文化遗产和传统风貌，合理确定拆迁和建设规模，有计划地对危房集中、基础设施落后等地段进行改建。历史文化名城、名镇、名村的保护以及受保护建筑物的维护和使用，应当遵守有关法律、行政法规和国务院的规定。

中共中央《关于进一步加强城市规划建设管理工作的若干意见》中明确要求：有序实施城市修补和有机更新，以解决老城区环境品质下降、空间秩序混乱、历史文化遗产损毁等问题，促进建筑物、街道立面、天际线、色彩和环境更加协调、优美。通过维护加固老建筑、改造利用旧厂房、完善基础设施等措施，恢复老城区功能和活力。加强文化遗产保护传承和合理利用，保护古遗址、古建筑、近现代历史建筑，更好地延续历史文脉，展现城市风貌。

2. 公共文化服务体系建设

（1）公共文化服务体系

《中共中央关于构建社会主义和谐社会若干重大问题的决定》提出："加强公益性文化设施建设，鼓励社会力量捐助和兴办公益性文化事业，加快建立覆盖全社会的公共文化服务体系。"

在新的形势下，构建现代公共文化服务体系，是保障和改善民生的重要举措，是全面深化文化体制改革、促进文化事业繁荣发展的必然要求，是弘扬社会主义核心价值观、建设社会主义文化强国的重大任务。建设公共文化服务体系，对于建设和谐文化、构建社会主义和谐社会具有重要的意义。

项目	内容	标准
基本服务项目	读书看报	1. 公共图书馆（室）、文化馆（站）和村（社区）（村指行政村，下同）综合文化服务中心（含农家书屋）等配备图书、报刊和电子书刊，并免费提供借阅服务。 2. 在城镇主要街道、公共场所、居民小区等人流密集地点设置阅报栏或电子阅报屏，提供时政、"三农"、科普、文化、生活等方面的信息服务
	收听广播	3. 为全民提供突发事件应急广播服务。 4. 通过直播卫星提供不少于 17 套广播节目，通过无线模拟提供不少于 6 套广播节目，通过数字音频提供不少于 15 套广播节目
	观看电视	5. 通过直播卫星提供 25 套电视节目，通过地面数字电视提供不少于 15 套电视节目，未完成无线数字化转换的地区，提供不少于 5 套电视节目
	观赏电影	6. 为农村群众提供数字电影放映服务，其中每年国产新片（院线上映不超过 2 年）比例不少于 1/3。 7. 为中小学生每学期提供 2 部爱国主义教育影片
	送地方戏	8. 根据群众实际需求，采取政府采购等方式，为农村乡镇每年送戏曲等文艺演出
	设施开放	9. 公共图书馆、文化馆（站）、公共博物馆（非文物建筑及遗址）、公共美术馆等公共文化设施免费开放，基本服务项目健全。 10. 未成年人、老年人、现役军人、残疾人和低收入人群参观文物建筑及遗址博物馆实行门票减免，文化遗产日免费参观
	文体活动	11. 城乡居民依托村（社区）综合文化服务中心、文体广场、公园、健身路径等公共设施就近方便参加各类文体活动。 12. 各级文化馆（站）等开展文化艺术知识普及和培训，培养群众健康向上的文艺爱好
硬件设施	文化设施	13. 县级以上（含县级，下同）在辖区内设立公共图书馆、文化馆，乡镇（街道）设置综合文化站，按照国家颁布的建设标准等进行规划建设。 14. 公共博物馆、公共美术馆依据有关标准进行规划建设。 15. 结合基层公共服务综合设施建设，整合闲置中小学校等资源，在村（社区）统筹建设综合文化服务中心，因地制宜配置文体器材
	广电设施	16. 县级以上设立广播电视播出机构和广播电视发射（监测）台，按照广播电视工程建设标准等进行建设
	体育设施	17. 县级以上设立公共体育场；乡镇（街道）和村（社区）配置群众体育活动器材设备，或纳入基层综合文化设施整合设置
	流动设施	18. 根据基层实际，为每个县配备用于图书借阅、文艺演出、电影放映等服务的流动文化车，开展流动文化服务
	辅助设施	19. 各级公共文化设施为残疾人配备无障碍设施，有条件的配备安全检查设备
人员配备	人员编制	20. 县级以上公共文化机构按照职能和当地人力资源社会保障、编办等部门核定的编制数配齐工作人员。 21. 乡镇综合文化站每站配备有编制人员 1~2 人，规模较大的乡镇适当增加；村（社区）公共服务中心设有由政府购买的公益文化岗位
	业务培训	22. 县级以上公共文化机构从业人员每年参加脱产培训时间不少于 15d，乡镇（街道）和村（社区）文化专兼职人员每年参加集中培训时间不少于 5d

（2）公共文化服务规划与建设

1）规划建设的基本原则

根据《中华人民共和国公共文化服务保障法》要求，国务院发展和改革行政主管部门应当会同国务院文化行政主管部门、体育行政主管部门，将全国公共文化体育设施的建设纳入国民经济和社会发展计划。县级以上地方人民政府应当将公共文化设施建设纳入本级城乡规划，根据国家基本公共文化服务指导标准、省级基本公共文化服务实施标准，结合当地经济社会发展水平、人口状况、环境条件、文化特色，合理确定公共文化设施的种类、数量、规模以及布局，形成场馆服务、流动服务和数字服务相结合的公共文化设施网络。

公共文化服务规划决策过程的主要依据是中共中央办公厅、国务院办公厅印发的《关于加快构建现代公共文化服务体系的意见》，该《意见》指出：一是要坚持政府主导，从基本国情出发，认真研究人民群众的精神文化需求，因地制宜，科学规划，分类指导，按照一定标准推动实现基本公共文化服务均等化，切实保障人民群众基本文化权益，促进实现社会公平。二是要坚持社会参与，简政放权，减少行政审批项目，引入市场机制，激发各类社会主体参与公共文化服务的积极性，提供多样化的产品和服务，增强发展活力，积极培育和引导群众文化消费需求。

2）公共文化设施用地保障

根据《中华人民共和国公共文化服务保障法》，公共文化设施的选址，应当征求公众意见，符合公共文化设施的功能和特点，有利于发挥其作用。公共文化设施的建设用地，应当符合土地利用总体规划和城乡规划，并依照法定程序审批。任何单位和个人不得侵占公共文化设施建设用地或者擅自改变其用途。因特殊情况需要调整公共文化设施建设用地的，应当重新确定建设用地。调整后的公共文化设施建设用地不得少于原有面积。新建、改建、扩建居民住宅区，应当按照有关规定、标准，规划和建设配套的公共文化设施。

公共文化体育设施建设用地的选址，应当符合人口集中、交通便利的原则。公共文化体育设施的设计，应当符合实用、安全、科学、美观等要求，并采取无障碍措施，方便残疾人使用。具体设计规范由国务院建设行政主管部门会同国务院文化行政主管部门、体育行政主管部门制定。

3）公共文化服务均等化

中共中央办公厅、国务院办公厅印发《关于加快构建现代公共文化服务体系的意见》要求促进城乡基本公共文化服务均等化。把城乡基本公共文化服务均等化纳入国民经济和社会发展总体规划及城乡规划。

具体内容措施包括：

根据城镇化发展趋势和城乡常住人口变化，统筹城乡公共文化设施布局、服务提供、队伍建设、资金保障，均衡配置公共文化资源。整合利用闲置学校等现有城乡公共设施，依托城乡社区综合服务设施，加强城市社区和农村文化设施建设。

拓展重大文化惠民项目服务"三农"内容。加大对农村民间文化艺术的扶持力度，推进"三农"出版物出版发行、广播电视涉农节目制作和农村题材文艺作品创作。完善农家书屋出版物补充更新工作。统筹推进农村地区广播电视用户接收设备配备工作，鼓励建设农村广播电视维修服务网点。大力开展流动服务和数字服务，打通公共文化服务"最后一公里"。

建立公共文化服务城乡联动机制。以县级文化馆、图书馆为中心推进总分馆制建设，加强对农家书屋的统筹管理，实现农村、城市社区公共文化服务资源整合和互联互通。推进城乡"结对子、种文化"，加强城市对农村文化建设的帮扶，形成常态化工作机制。

3. 社会主义精神文明建设

（1）社会主义精神文明建设的含义

社会主义精神文明建设主要包括思想道德建设和教育科学文化建设两个方面，是中国特色社会主义的重要特征，是实现"两个一百年"奋斗目标、实现中华民族伟大复兴中国梦的重要内容和重要保证。精神文明建设以培育和践行社会主义核心价值观为根本，通过教育引导、舆论宣传、文化熏陶、实践养成、制度保障等，使社会主义核心价值观内化为人们的坚定信念、外化为人们的自觉行动。

近年来，国家深入开展精神文明创新活动，并在《关于深化群众性精神文明创建活动的指导意见》中提出深入开展创建文明城市、文明村镇、文明单位、文明家庭、文明校园等五类活动。各类创建活动坚持创建为民惠民，不断扩大覆盖面，增强实效性，有力推动社会文明进步，提升城乡居民的获得感和幸福感。在规划建设中，应该合理贯彻落实，在空间规划、实施保障中予以落实。

专栏 3-3　精神文明创建工程

文明城市创建：每三年评选表彰一届全国文明城市，每年组织对部分全国文明城市和提名城市进行暗访督查和测评考核。扩大县级文明城市创建活动覆盖面。与规划相关要求如下：

——规划合理，公共建筑、雕塑、广告牌、垃圾桶等造型美观实用，与居住环境相和谐，能给人以美的享受；

——街道整洁卫生，无乱张贴（包括"牛皮癣"）现象；

——公园、绿地、广场等公共场所气氛祥和。

文明村镇创建：推进美丽乡村建设示范工程，深化文明村镇创建活动。"十三五"末全国县级及以上文明村和乡镇占比达到 50% 以上。

文明单位创建：每三年评选表彰一届全国文明单位，在各行各业特别是窗口单位选树一批创建标兵。

文明家庭创建：开展创建全国文明家庭、"五好家庭"、星级文明户和寻找"最美家庭"等活动。加强家庭家风建设，开展党员干部家庭建设专题教育。

文明校园创建：健全工作机制，开展文明校园创建活动，提高师生道德和文明礼仪水平，增强民主法治观念，改善校园文化环境。

（2）精神文明建设与空间规划

1）文明城市

文明城市创建工作中，多项内容与空间规划相关，主要包括：贯彻落实以人为核心的新型城镇化战略，加强市民文明素质教育引导，着力提高城市规划建设管理水平，保护城市历史文化和特色风貌，打造美丽整洁的生活环境、规范有序的社会秩序、便捷高效的公共服务，提升市民综合素质、城市文明程度和群众生活质量，推进建设宜居宜业、富有活力、各具特色、文明和谐的现代化城市。

2）文明村镇

文明村镇创建要以美丽乡村建设为主题，突出抓好乡风民风、人居环境和文化生活建设。其中，最重要的是践行"绿水青山就是金山银山"的绿色发展理念，包括：顺应农村群众的新期待，以农村群众的获得感为标准；加强村容村貌整治和农村环境保护，全面推进农村垃圾污水治理工作，守护绿水青山。大力发展休闲农业和乡村旅游，拓展农业多种功能，促进农民就业增收。推动公共服务设施向农村延伸，城市现代文明向农村辐射，促进城乡发展一体化。

3）文明阵地

规划建设文化阵地要与经济社会发展水平相适应，加快图书馆、博物馆、科技馆、文化馆、美术馆、革命历史纪念馆等文化设施建设，继续推动公共文化设施向社会免费开放，切实提高使用效率。以综合性、适用性为原则，大力推进城乡基层宣传文化阵地建设，完善村（社区）公共文化服务中心，推进乡村学校少年宫建设。加快公共数字文化建设，用互联网等新技术手段满足基层文化需要和群众文化需求。

（四）社会制度

"学有所教、劳有所得、老有所养、病有所医、困有所帮、住有所居、文体有获、残有所助"是公民的基本权利，社会制度就是政府保障全民基本权利的制度性安排。我国的基本社会制度围绕从出生到死亡各个阶段和不同领域，以教育、就业创业、社会保险、医疗卫生、社会服务、住房保障、文化等领域的基本公共服务清单为核心[1]。其中，文化制度已在上节讨论、不再赘述，社会保险与空间规划关系不大也不予论述，本节将从教育、就业创业、医疗卫生、住房保障、社会治理五个方面展开。

从制度框架看，我国基本公共服务制度以促进城乡、区域、人群基本公共服务均等化为主线，以各领域重点任务、保障措施为依托，以统筹协调、财力保障、人才建设、多元供给、监督评估等五大实施机制为支撑（图 3-1）。

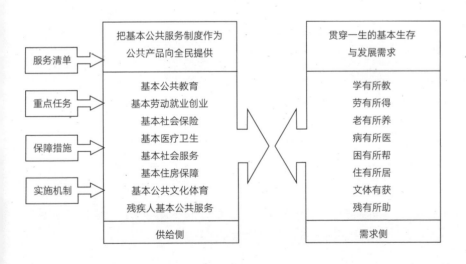

图 3-1 国家基本公共服务制度框架[2]

---

1. 国务院《"十三五"推进基本公共服务均等化规划》（国发〔2017〕9 号）。
2. 资料来源：国务院《"十三五"推进基本公共服务均等化规划》（国发〔2017〕9 号）。

1. 教育

（1）教育体制

《中华人民共和国教育法》中，国务院和地方各级人民政府根据分级管理、分工负责的原则，领导和管理教育工作。

中等及中等以下教育在国务院领导下，由地方人民政府管理。高等教育由国务院和省、自治区、直辖市人民政府管理。国务院教育行政部门主管全国教育工作，统筹规划、协调管理全国的教育事业。

在教育专项规划方面，国家制定教育发展规划，并举办学校及其他教育机构。国家鼓励企业事业组织、社会团体、其他社会组织及公民个人依法举办学校及其他教育机构。

在教育资源配置方面，《中华人民共和国义务教育法》规定：国务院和县级以上地方人民政府应当合理配置教育资源，促进义务教育均衡发展，改善薄弱学校的办学条件，并采取措施，保障农村地区、民族地区实施义务教育，保障家庭经济困难的和残疾的适龄儿童、少年接受义务教育。国家组织和鼓励经济发达地区支援经济欠发达地区实施义务教育。

（2）教育制度改革与空间规划

1）全国层面：保障教育发展均衡

针对发展不平衡、不充分的矛盾，加大对中西部和民族、边远、贫困地区的倾斜力度。优化学校布局，强化义务教育投入，加大对"三区三州"[1]倾斜支持力度。全面改善贫困地区义务教育薄弱学校基本办学条件工作，优先支持"三区三州"，确保所有义务教育学校如期达到"20条底线要求"。加强"三区三州"乡村小规模学校和乡镇寄宿制学校的建设和管理，提高农村教育质量。继续实施农村义务教育学生营养改善计划，不断扩大地方试点范围。

2）区域层面：聚焦服务国家重大战略

持续支持部分地方高校转型发展，落实中西部高等教育振兴计划，以部省合建高校为引领，支持中西部高等教育发展，加快培养服务区域和产业发展的高水平、应用型人才，更好服务区域协调发展战略，支持推进共建"一带一路"教育行动，优化教育对外开放布局。完善高校预算拨款制

---

1. "三区"是指西藏、新疆南疆四地州和四省藏区，"三州"是指甘肃的临夏回族自治州、四川的凉山彝族自治州和云南的怒江傈僳族自治州。

度，统筹推进一流大学和一流学科建设，加强一流本科教育，推动实现高等教育内涵式发展，培养造就一大批适应国家经济社会发展需要的高层次、卓越拔尖人才。

3）城乡层面：合理配置教育资源

针对"乡村弱、城镇挤"问题，建立城乡统一、重在农村的义务教育经费保障机制。统筹推进县域内城乡义务教育一体化改革发展，推进建设标准、教师编制标准、生均公用经费基准定额、基本装备配置标准统一和"两免一补"政策城乡全覆盖，基本实现县域校际资源均衡配置，扩大优质教育资源覆盖面，提高乡村学校和教学点办学水平。落实县域内义务教育公办学校校长、教师交流轮岗制度。保障符合条件的进城务工人员随迁子女在公办学校或通过政府购买服务在民办学校就学。加强国家通用语言文字教育基础薄弱地区双语教育。加强学校体育和美育教育。

"十三五"国家基本公共服务清单 　　　　表 3-5

序号	服务项目	服务对象	服务指导标准	支出责任	牵头负责单位
1	免费义务教育	义务教育学生	对城乡义务教育学生免除学杂费，免费提供教科书；统一城乡义务教育学校生均公用经费基准定额	中央和地方财政按比例分担	财政部、教育部
2	农村义务教育学生营养改善	贫困地区农村义务教育学生	在集中连片特困地区开展国家试点，中央财政为试点地区学生提供每生每年 800 元的营养膳食补助，鼓励各地因地制宜开展地方试点	国家试点县学生营养膳食补助所需资金由中央财政承担；地方试点县学生营养膳食补助所需资金由地方财政承担，中央财政给予奖励性补助	教育部、财政部
3	寄宿生生活补助	义务教育家庭经济困难寄宿学生	小学生每生每年 1000 元，初中生每生每年 1250 元	中央和地方财政按 5：5 比例共同分担	财政部、教育部
4	普惠性学前教育资助	经县级以上教育行政部门审批设立的普惠性幼儿园在园家庭经济困难儿童、孤儿和残疾儿童	减免保育教育费，补助伙食费，具体资助方式和资助标准由省级人民政府结合本地实际自行制定	地方人民政府负责，中央财政予以奖补。按照"地方先行，中央补助"的原则开展相关工作	财政部、教育部

序号	服务项目	服务对象	服务指导标准	支出责任	牵头负责单位
5	中等职业教育国家助学金	中等职业学校全日制正式学籍一、二年级在校涉农专业学生和非涉农专业家庭经济困难学生；六盘山区等11个集中连片特困地区和西藏、四省藏区、新疆南疆四地州中等职业学校农村（不含县城）学生	国家助学金每生每年2000元，中央财政按区域确定家庭经济困难学生比例，西部地区按在校学生的20%确定，中部地区按在校学生的15%确定，东部地区按在校学生的10%确定	中央和地方财政按比例分担：西部地区（不分生源地）以及中部、东部地区（生源地为西部的），中央与地方分担比例为8:2；对中部地区（生源地不是西部的）以及东部地区生源地为中部的，中央与地方分担比例为6:4；东部地区（生源地不是西部、中部的）分担比例由省（市）确定	财政部、教育部、人力资源社会保障部
6	中等职业教育免除学杂费	公办中等职业学校全日制正式学籍一、二、三年级在校生中所有农村（含县镇）学生，城市涉农专业学生和家庭经济困难学生（艺术类相关表演专业学生除外），符合条件的民办职业学校学生	按各省（区、市）人民政府及其价格、财政主管部门确定的学费标准免除学杂费。公办中等职业学校，中央财政统一按平均每生每年2000元标准，与地方按比例分担免除学杂费补助资金。符合条件的民办职业学校学生参照当地同类型、同专业公办学校免除学杂费标准予以补助	中央和地方财政按比例分担：西部地区（不分生源地）以及中部、东部地区（生源地为西部的），中央与地方分担比例为8:2；对中部地区（生源地不是西部的）以及东部地区生源地为中部的，中央与地方分担比例为6:4；东部地区（生源地不是西部、中部的）分担比例由省（市）确定	财政部、教育部、人力资源社会保障部
7	普通高中国家助学金	普通高中在校生中的家庭经济困难学生	国家助学金平均资助标准为每生每年2000元，具体标准由各地结合实际分档确定	中央和地方财政按比例分担：西部地区中央与地方分担比例为8:2；中部地区分担比例为6:4；东部地区除直辖市外，按照财力状况分省确定	财政部、教育部
8	免除普通高中建档立卡等家庭经济困难学生学杂费	公办普通高中建档立卡等家庭经济困难在校学生（含非建档立卡的家庭经济困难残疾学生、农村低保家庭学生、农村特困救助供养学生），符合条件的民办普通高中学生	按各省（区、市）人民政府及其价格、财政主管部门确定的学费标准免除学杂费（不含住宿费）。中央财政逐省（区、市）核定免学杂费财政补助标准。符合条件的民办学校学生参照当地同类型公办学校免除学杂费标准予以补助	中央和地方财政按比例分担：西部地区中央与地方分担比例为8:2；中部地区分担比例为6:4；东部地区除直辖市外，按照财力状况分省确定	财政部、教育部

2. 就业创业

（1）现行就业服务体系

就业创业公共服务体系是我国新型城镇化的重要内容，推动新型城镇化健康发展离不开就业转移与人口集聚相统一。《中华人民共和国就业促进法》总则首先表明：国家把扩大就业放在经济社会发展的突出位置，实施积极的就业政策，坚持劳动者自主择业、市场调节就业、政府促进就业的方针，多渠道扩大就业。依据《就业促进法》，目前我国的就业服务体系的着力点在县城，其主要内容包括三个层级：

1）国务院建立全国促进就业工作协调机制，研究就业工作中的重大问题，协调推动全国的促进就业工作。国务院劳动行政部门具体负责全国的促进就业工作。国家支持区域经济发展，鼓励区域协作，统筹协调不同地区就业的均衡增长。国家支持民族地区发展经济，扩大就业。国家实行城乡统筹的就业政策，建立健全城乡劳动者平等就业的制度，引导农业富余劳动力有序转移就业。

2）省、自治区、直辖市人民政府根据促进就业工作的需要，建立促进就业工作协调机制，协调解决本行政区域就业工作中的重大问题。

3）县级以上人民政府把扩大就业作为经济和社会发展的重要目标，纳入国民经济和社会发展规划，并制定促进就业的中长期规划和年度工作计划。县级以上人民政府通过发展经济和调整产业结构、规范人力资源市场、完善就业服务、加强职业教育和培训、提供就业援助等措施，创造就业条件，扩大就业。县级以上地方人民政府推进小城镇建设和加快县域经济发展，引导农业富余劳动力就地就近转移就业；在制定小城镇规划时，将本地区农业富余劳动力转移就业作为重要内容。县级以上地方人民政府引导农业富余劳动力有序向城市异地转移就业；劳动力输出地和输入地人民政府应当互相配合，改善农村劳动者进城就业的环境和条件。县级以上人民政府有关部门按照各自的职责分工，共同做好促进就业工作。

（2）就业创业与空间规划

目前我国空间规划过程中主要涉及就业创业的政策内容包括：调整产业空间供给和优化产业布局，促进经济转型升级；提高空间品质，改善营商环境；优化空间联系与场所活力，增强创业就业能级；完善就业培训空间的配给，扩大就业容量。

1）优化城市产业结构，匹配空间格局与要素禀赋

根据空间资源环境承载能力、要素禀赋和比较优势，培育发展各具特色的城乡产业体系。主要制度包括：改造提升传统产业，淘汰落后产能，壮大先进制造业和节能环保、新一代信息技术、生物、新能源、新材料、新能源汽车等战略性新兴产业。适应制造业转型升级要求，推动生产性服务业专业化、市场化、社会化发展，引导生产性服务业在中心城市、制造业密集区域集聚；适应居民消费需求多样化，提升生活性服务业水平，扩大服务供给，提高服务质量，推动特大城市和大城市形成以服务经济为主的产业结构。强化城市间专业化分工协作，增强中小城市产业承接能力，构建大中小城市和小城镇特色鲜明、优势互补的产业发展格局。

2）增强城市创新能力，集聚创新空间与推动空间创新

创新空间是城市创新要素的载体，推动创新空间集聚和空间创新能提高城市创新能力。主要制度包括：加强知识产权运用和保护，健全技术创新激励机制。推动高等学校提高创新人才培养能力，加快现代职业教育体系建设，系统构建从中职、高职、本科层次职业教育到专业学位研究生教育的技术技能人才培养通道，推进中高职衔接和职普沟通。引导部分地方本科高等学校转型发展为应用技术类型高校。试行普通高校、高职院校、成人高校之间的学分转换，为学生多样化成才提供选择。

3）营造良好城乡环境，提高空间品质

空间品质提高直接作用于城市活力提升，为创业、就业提供良好环境。主要制度包括：发挥城市创业平台作用，充分利用城市规模经济产生的专业化分工效应，放宽政府管制，降低交易成本，激发创业活力。完善扶持创业的优惠政策，形成政府激励创业、社会支持创业、劳动者勇于创业新机制。运用财政支持、税费减免、创业投资引导、政策性金融服务、小额贷款担保等手段，为中小企业特别是创业型企业发展提供良好的经营环境，促进以创业带动就业。促进以高校毕业生为重点的青年就业和农村转移劳动力、城镇困难人员、退役军人就业。结合产业升级开发更多适合高校毕业生的就业岗位，实行激励高校毕业生自主创业政策，实施离校未就业高校毕业生就业促进计划。合理引导高校毕业生就业流向，鼓励其到中小城市创业就业。

序号	服务项目	服务对象	服务指导标准	支出责任	牵头负责单位
1	基本公共就业服务	有就业需求的劳动年龄人口	提供就业政策法规咨询、职业供求信息、市场工资指导价位信息和职业培训信息、职业指导和职业介绍、就业登记和失业登记、流动人员人事档案管理等服务	国务院有关部门所属人才中介服务机构开展流动人员人事档案管理所需经费由中央财政予以补助，其余由地方人民政府负责	人力资源社会保障部
2	创业服务	有创业需求的劳动者	提供项目选择、开业指导、融资对接、岗位信息等服务，对符合政策规定的创业者提供创业担保贷款扶持	地方人民政府负责	人力资源社会保障部、财政部、人民银行
3	就业援助	零就业家庭和符合条件的就业困难人员	提供政策咨询、职业指导、岗位信息等服务，使城镇有就业能力的零就业家庭至少一人就业	地方人民政府负责	人力资源社会保障部
4	就业见习服务	离校一年内未就业高校毕业生	组织有意愿的离校未就业毕业生参加就业见习；指导见习单位和见习人员签订见习协议，安排带教老师，为见习人员办理人身意外保险；见习单位和地方人民政府为见习人员提供基本生活补助。对见习期满留用率达到50%以上的见习单位，适当提高见习补贴标准	见习人员基本生活补助所需资金由见习单位和地方人民政府分担	人力资源社会保障部、财政部
5	大中城市联合招聘服务	有求职愿望的高校毕业生和青年人才以及有招聘需求的各类用人单位	提供大中城市联动、线上线下融合的招聘服务，方便服务对象登录用人单位需求库和求职简历库；提供职业能力测试和评估、简历（岗位）筛查和需求分析、预就业创业体验、双向定制推荐岗位（人才）信息、就业创业指导、实用基础课程培训等就业服务	地方人民政府负责。	人力资源社会保障部
6	职业技能培训和技能鉴定	城乡各类有就业创业、提升岗位技能要求和培训愿望的劳动者	贫困家庭子女、毕业年度高校毕业生、城乡未继续升学的应届初高中毕业生、农村转移就业劳动者、城镇登记失业人员，以及符合条件的企业在职职工可按规定享受职业培训补贴；按规定给予参加劳动预备制培训的农村学员和城市低保家庭学员一定生活费补贴；符合条件人员享受职业技能鉴定补贴	地方人民政府负责，国家给予适当补助	人力资源社会保障部、财政部

序号	服务项目	服务对象	服务指导标准	支出责任	牵头负责单位
7	"12333"人力资源和社会保障服务热线电话咨询	所有单位和个人	提供就业、社会保障、劳动关系、人事制度、人才建设、工资收入分配等方面的政策咨询及信息查询服务。人工服务为 5×8 小时，自助语音服务为 7×24 小时，综合接通率达到80%以上	地方人民政府负责	人力资源社会保障部
8	劳动关系协调	用人单位和与之建立劳动关系的劳动者	提供劳动关系政策咨询、劳动用工指导、获得劳动合同和集体合同示范文本、劳动纠纷调解、集体协商指导等服务，推动企业劳动合同签订率达到90%以上	地方人民政府负责	人力资源社会保障部
9	劳动人事争议调解仲裁	存在劳动人事关系的用人单位和劳动者	提供劳动人事争议调解和仲裁服务，推动劳动人事争议调解成功率达到60%以上，仲裁案件结案率达到90%以上	地方人民政府负责	人力资源社会保障部
10	劳动保障监察	各类用人单位和劳动者	提供法律咨询和执法维权服务	地方人民政府负责	人力资源社会保障部

3. 医疗卫生

（1）医疗卫生公共服务运行体系

健康是促进人的全面发展的必然要求，是经济社会发展的基础条件。实现国民健康长寿，是国家富强、民族振兴的重要标志，也是全国各族人民的共同愿望。改革开放以来，我国健康领域改革发展取得显著成就：城乡环境面貌明显改善，全民健身运动蓬勃发展，医疗卫生服务体系日益健全，人民健康水平和身体素质持续提高。同时，我国医疗卫生领域也面临以下问题：优质医疗资源总量不足、结构不合理、分布不均衡，仍面临基层人才缺乏等问题。

未来，空间规划应全面落实有关区域卫生规划和医疗机构设置规划，依据常住人口规模、"以人为本"视角下的服务半径等合理配置医疗卫生资源，助推形成协调可持续的医疗卫生体系。

（2）健康中国与空间规划

党的十九大报告中提出"实施健康中国战略"。对于空间规划而言，医疗卫生领域关系最为紧密的是医院、卫生站、医疗物资储备等医疗服务资源配置、健康人居环境规划建设两个方面。具体的，在最新出台的《医疗卫生改革方案》《健康中国2030》等文件中，在医疗资源空间布局、医院多层级体系构建、城乡环境治理、健康城镇建设、高质量人居环境营造等方面，做了以下具体规定。

1）医疗卫生服务体系建设

完善医疗卫生服务体系，全面建成体系完整、分工明确、功能互补、密切协作、运行高效的整合型医疗卫生服务体系。依托现有机构，建设一批引领国内、具有全球影响力的国家级医学中心，建设一批区域医学中心和国家临床重点专科群，推进京津冀、长江经济带等区域医疗卫生协同发展，带动医疗服务区域发展和整体水平提升。加强康复、老年病、长期护理、慢性病管理、安宁疗护等接续性医疗机构建设。实施健康惠民项目，积极推行癌症高危人群评估和临床筛查工作，通过早诊早治提高癌症患者的生存率和生活质量。实施健康扶贫工程，加大对中西部贫困地区医疗卫生机构建设支持力度，提升服务能力，保障贫困人口健康。到2030年，15分钟基本医疗卫生服务圈基本形成，每千常住人口注册护士数达到4.7人。

推进基本公共卫生服务均等化，使城乡居民享有均等化的基本公共卫生服务，做好流动人口基本公共卫生计生服务均等化工作。县和市域内基本医疗卫生资源按常住人口和服务半径合理布局，实现人人享有均等化的基本医疗卫生服务；省级及以上分区域统筹配置，整合推进区域医疗资源共享，基本实现优质医疗卫生资源配置均衡化，省域内人人享有均质化的危急重症、疑难病症诊疗和专科医疗服务。

2）优质城乡卫生环境建设

加强城乡环境卫生综合整治，持续推进城乡环境卫生整洁行动，完善城乡环境卫生基础设施和长效机制，统筹治理城乡环境卫生问题。加大农村人居环境治理力度，全面加强农村垃圾治理，实施农村生活污水治理工

中国特色空间规划的基础分析与转型逻辑

程，大力推广清洁能源。

深入开展大气、水、土壤等污染防治，以提高环境质量为核心，推进联防联控和流域共治，实行环境质量目标考核，实施最严格的环境保护制度，切实解决影响广大人民群众健康的突出环境问题。深入推进产业园区、新城、新区等开发建设规划环评，严格建设项目环评审批，强化源头预防。深化区域大气污染联防联控，建立常态化区域协作机制。完善重度及以上污染天气的区域联合预警机制。全面实施城市空气质量达标管理，促进全国城市环境空气质量明显改善。推进饮用水水源地安全达标建设。强化地下水管理和保护，推进地下水超采区治理与污染综合防治。开展国家土壤环境质量监测网络建设，建立建设用地土壤环境质量调查评估制度，开展土壤污染治理与修复。以耕地为重点，实施农用地分类管理。全面加强农业面源污染防治，有效保护生态系统和遗传多样性。加强噪声污染防控。

3）打造健康城市与健康村镇

建设健康城市和健康村镇，把健康城市和健康村镇建设作为推进健康中国建设的重要抓手，保障与健康相关的公共设施用地需求，完善相关公共设施体系、布局和标准，把健康融入城乡规划、建设、治理的全过程，促进城市与人民健康协调发展。针对当地居民主要健康问题，编制实施健康城市、健康村镇发展规划（表3-7）。

"十三五"国家基本公共服务清单（基本医疗卫生）　　　　表3-7

序号	服务项目	服务对象	服务指导标准	支出责任	牵头负责单位
1	居民健康档案	城乡居民	为辖区常住人口建立统一、规范的居民电子健康档案，建档率逐步达到90%	地方人民政府负责，中央财政适当补助	国家卫生计生委
2	健康教育	城乡居民	提供健康教育、健康咨询等服务	地方人民政府负责，中央财政适当补助	国家卫生计生委
3	预防接种	0～6岁儿童及其他重点人群	在重点地区，对重点人群进行针对性接种国家免疫规划疫苗。以乡镇（街道）为单位，适龄儿童免疫规划疫苗接种率逐步达到90%以上	地方人民政府负责，中央财政适当补助	国家卫生计生委

序号	服务项目	服务对象	服务指导标准	支出责任	牵头负责单位
4	传染病及突发公共卫生事件报告和处理	法定传染病病人、疑似病人、密切接触者和突发公共卫生事件伤病员及相关人群	就诊的传染病例和疑似病例以及突发公共卫生事件伤病员及时得到发现、登记、报告、处理,提供传染病防治和突发公共卫生事件防范知识宣传和咨询服务。传染病报告率和报告及时率均达到95%,突发公共卫生事件相关信息报告率达到100%	地方人民政府负责,中央财政适当补助	国家卫生计生委
5	儿童健康管理	0~6岁儿童	提供新生儿访视、儿童保健系统管理、体格检查、儿童营养与喂养指导、生长发育监测及评价和健康指导等服务。0~6岁儿童健康管理率逐步达到90%	地方人民政府负责,中央财政适当补助	国家卫生计生委
6	孕产妇健康管理	孕产妇	提供孕期保健、产后访视及健康指导服务。孕产妇系统管理率逐步达到90%以上	地方人民政府负责,中央财政适当补助	国家卫生计生委
7	老年人健康管理	65岁及以上老年人	提供生活方式和健康状况评估、体格检查、辅助检查和健康指导等健康管理服务。65岁及以上老年人健康管理率逐步达到70%	地方人民政府负责,中央财政适当补助	国家卫生计生委
8	慢性病患者管理	原发性高血压患者和Ⅱ型糖尿病患者	提供登记管理、健康指导、定期随访和体格检查服务。全国计划管理高血压患者约1亿人,糖尿病患者约3500万人	地方人民政府负责,中央财政适当补助	国家卫生计生委
9	严重精神障碍患者管理	严重精神障碍患者	提供登记管理、随访指导服务。在册患者管理率和精神分裂症治疗率逐步均达到80%以上	地方人民政府负责,中央财政适当补助	国家卫生计生委
10	卫生计生监督协管	城乡居民	提供食品安全信息报告、饮用水卫生安全巡查、学校卫生服务、非法行医和非法采供血信息报告等服务。逐步覆盖90%以上的乡镇	地方人民政府负责,中央财政适当补助	国家卫生计生委
11	结核病患者健康管理	辖区内确诊的肺结核患者	提供肺结核筛查及推介转诊、入户随访、督导服药、结果评估等服务。结核病患者健康管理服务率逐步达到90%	地方人民政府负责,中央财政适当补助	国家卫生计生委
12	中医药健康管理	65岁以上老人、0~3岁儿童	通过基本公共卫生服务项目为65岁以上老人提供中医体质辨识和中医保健指导服务,为0~3岁儿童提供中医调养服务。目标人群覆盖率逐步达到65%	地方人民政府负责,中央财政适当补助	国家卫生计生委、国家中医药局

中国特色空间规划的基础分析与转型逻辑

序号	服务项目	服务对象	服务指导标准	支出责任	牵头负责单位
13	艾滋病病毒感染者和病人随访管理	艾滋病病毒感染者和病人	在医疗卫生机构指导下,为艾滋病病毒感染者和病人提供随访服务。感染者和病人规范管理率逐步达到90%	地方人民政府负责,中央财政适当补助	国家卫生计生委、国家中医药局
14	社区艾滋病高危行为人群干预	艾滋病性传播高危行为人群	为艾滋病性传播高危行为人群提供综合干预措施。干预措施覆盖率逐步达到90%	地方人民政府负责,中央财政适当补助	国家卫生计生委
15	免费孕前优生健康检查	农村计划怀孕夫妇	提供健康教育、健康检查、风险评估和咨询指导等孕前优生服务。目标人群覆盖率逐步达到80%	中央和地方财政按比例分担	国家卫生计生委
16	基本药物制度	城乡居民	政府办基层医疗卫生机构全部实行基本药物零差率销售,按规定纳入基本医疗保险药品报销目录,逐步提高实际报销水平	地方人民政府负责,中央财政适当补助	国家卫生计生委
17	计划生育技术指导咨询	育龄人群	提供计划生育技术指导咨询服务、计划生育相关的临床医疗服务、符合条件的再生育技术服务和计划生育宣传服务	农村避孕节育技术服务经费由地方财政保障,中央财政对西部困难地区给予补助	国家卫生计生委、财政部
18	农村部分计划生育家庭奖励扶助	年满60周岁、只生育一个子女或两个女孩的农村计划生育家庭夫妇	发放一定数额的奖励扶助金,并根据经济社会发展水平实行奖励扶助标准动态调整	中央和地方财政按比例共同负担	国家卫生计生委、财政部
19	计划生育家庭特别扶助	符合条件的独生子女伤残、死亡的父母及节育手术并发症三级以上人员	根据不同情况,给予适当扶助,并根据经济社会发展水平实行特别扶助标准动态调整	中央和地方财政按比例共同负担	国家卫生计生委、财政部
20	食品药品安全保障	城乡居民	对供应城乡居民的食品药品开展监督检查,及时发现并消除风险。对药品医疗器械实施风险分类管理,提高对高风险对象的监管强度	中央和地方人民政府分类负责	食品药品监管总局

4．住房保障

（1）住房保障现行制度情况

当前国家致力于建立健全基本住房保障制度，加大保障性安居工程建设力度，加快解决城镇居民基本住房问题和农村困难群众住房安全问题，更好保障"住有所居"。建立市场配置和政府保障相结合的住房制度，推动形成总量基本平衡、结构基本合理、房价与消费能力基本适应的住房供需格局，有效保障城镇常住人口的合理住房需求。我国现行的城镇住房保障体系主要包括以下三类（图3-2）：

1）公共租赁住房

公共租赁住房主要针对城镇低收入、中等偏下收入住房困难家庭，新就业无房职工，城镇稳定就业外来务工人员，是指以政府为主体，通过建设以租金补贴为主、实物配租和租金减免为辅的方式，向符合城镇居民最低生活保障标准且住房困难的家庭提供的非产权且具有社会保障性质的住房。

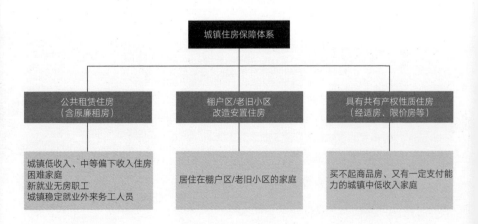

2）棚户区/老旧小区改造安置住房

棚户区改造安置住房事实上就是安置房，面向居住在棚户区且面临改造的家庭提供，是因城市改造动迁而为居民建造的具有部分商品房属性的保障性住房。这种安置房具有商品房的属性，房屋产权属于个人所有，但在所有权转让方面有 3 ~ 5 年之内不能上市交易的强制性规定。

3）具有共有产权性质住房

共有产权住房面向的是买不起商品房，但又有一定支付能力的城镇中低收入家庭，属于具有社会保障性质的商品住宅。地方政府通过让渡部分土地出让收益，以较低的价格配售给符合条件的保障对象家庭；由保障对象家庭与地方政府签订合同，约定双方的产权份额以及保障房将来上市交易的条件，以及所得价款的分配份额，而房屋产权可由政府和市民按一定比例持有。

（2） 住房保障具体制度

1）健全住房供应体系

加快构建以政府为主提供基本保障、以市场为主满足多层次需求的住房供应体系。对城镇低收入和中等偏下收入住房困难家庭，实行租售并举、以租为主，提供保障性安居工程住房，满足基本住房需求。稳定增加商品住房供应，大力发展二手房市场和住房租赁市场，推进住房供应主体多元化，满足市场多样化住房需求。

2）健全保障性住房制度

建立各级财政保障性住房稳定投入机制，扩大保障性住房有效供给。完善租赁补贴制度，推进廉租住房、公共租赁住房并轨运行。制定公平合理、公开透明的保障性住房配租政策和监管程序，严格准入和退出制度，提高保障性住房物业管理、服务水平和运营效率。

3）拓宽住房保障渠道

采取廉租住房、公共租赁住房、租赁补贴等多种方式改善农民工居住条件。完善商品房配建保障性住房政策，鼓励社会资本参与建设。农民工集中的开发区和产业园区可以建设单元型或宿舍型公共租赁住房，农民工数量较多的企业可以在符合规定标准的用地范围内建设农民工集体宿舍。审慎探索由集体经济组织利用农村集体建设用地建设公共租赁住房。把进城落户农民完全纳入城镇住房保障体系。

图 3-2 我国城镇住房保障体系

4）健全房地产市场调控长效机制

调整完善住房、土地、财税、金融等方面政策，共同构建房地产市场调控长效机制。各城市要编制城市住房发展规划，确定住房建设总量、结构和布局。确保住房用地稳定供应，完善住房用地供应机制，保障性住房用地应保尽保，优先安排政策性商品住房用地，合理增加普通商品住房用地，严格控制大户型高档商品住房用地。实行差别化的住房税收、信贷政策，支持合理自住需求，抑制投机投资需求。依法规范市场秩序，健全法律法规体系，加大市场监管力度。建立以土地为基础的不动产统一登记制度，实现全国住房信息联网，推进部门信息共享。

"十三五"国家基本公共服务清单（住房保障）　　　表3-8

序号	服务项目	服务对象	服务指导标准	支出责任	牵头负责单位
1	公共租赁住房	符合条件的城镇低收入住房困难家庭、城镇中等偏下收入住房困难家庭、新就业无房职工、城镇稳定就业的外来务工人员	实行实物保障与货币补贴并举，并逐步加大租赁补贴发放力度	市、县级人民政府负责，引导社会资金投入，省级人民政府给予资金支持，中央财政给予资金补助	住房和城乡建设部、财政部
2	城镇棚户区住房改造	符合条件的城镇居民	实物安置和货币补偿相结合，具体标准由市、县级人民政府确定（有国家标准的，执行国家标准）。全国开工改造包括城市危房、城中村在内的各类棚户区住房2000万套	政府给予适当补助，企业安排一定的资金，住户承担一部分住房改善费用	住房和城乡建设部、财政部
3	农村危房改造	居住在危房中的建档立卡贫困户、分散供养特困人员、低保户、贫困残疾人家庭等贫困农户	支持符合条件的贫困农户改造危房，各省份确定不同地区、不同类型、不同档次的省级分类补助标准，中央财政给予适当补助，基本完成存量危房改造任务。地震设防地区结合危房改造，统筹开展农房抗震改造	地方人民政府负责，中央财政安排补助资金、地方财政给予资金支持、个人自筹等相结合	住房和城乡建设部、财政部

5. 社会治理

（1）社会治理的制度保障

1）顶层设计：新中国第五个现代化

党的十八大报告提出了第五个现代化目标——治理体系与治理能力现代化。这是在市场力量、公民社会力量不断成长，对政府的行为空间、行为方式构成挑战的背景下提出来的，具有鲜明的时代特征。全球治理委员会给"治理"下的权威定义是：治理是或公或私的个人和机构经营管理相同事务的诸多方式的总和。它是使相互冲突或不同的利益得以调和并且采取联合行动的持续过程。治理包括有权迫使人们服从的正式机构和规章制度，以及种种非正式安排。而凡此种种，均由人民和机构同意（或者认为符合他们的利益后）授予其权力。[1]

在新的历史时期，我国的社会主要矛盾发生了历史性变化，这个变化是党制定正确路线方针政策的基本依据，也是推进社会治理创新、打造共建共治共享社会治理格局、加强社会文明建设的现实依据。

党的十九大报告提出"打造共建共治共享的社会治理格局"，具体要求如下：加强社会治理制度建设，完善党委领导、政府负责、社会协同、公众参与、法治保障的社会治理体制，提高社会治理社会化、法治化、智能化、专业化水平。加强预防和化解社会矛盾机制建设，正确处理人民内部矛盾。树立安全发展理念，弘扬生命至上、安全第一的思想，健全公共安全体系，完善安全生产责任制，坚决遏制重大安全事故，提升防灾减灾救灾能力。加快社会治安防控体系建设，依法打击和惩治黄赌毒黑拐骗等违法犯罪活动，保护人民人身权、财产权、人格权。加强社会心理服务体系建设，培育自尊自信、理性平和、积极向上的社会心态。加强社区治理体系建设，推动社会治理重心向基层下移，发挥社会组织作用，实现政府治理和社会调节、居民自治良性互动。

2）基本路径：贯彻党的群众路线

习近平总书记在 2019 年 1 月中央政法工作会议上指出，要贯彻好党的群众路线，坚持社会治理为了人民，善于把党的优良传统和新技术新手段结合起来，创新组织群众、发动群众的机制，创新为民谋利、为民办事、

---

1. 全球治理委员会. 我们的全球伙伴关系 [M]. 牛津：牛津大学出版社，1995：2 – 3。

为民解忧的机制，让群众的聪明才智成为社会治理创新的不竭源泉。要加大关系群众切身利益的重点领域执法司法力度，让天更蓝、水更清、空气更清新、食品更安全、交通更顺畅、社会更和谐有序。

要善于把党的领导和我国社会主义制度优势转化为社会治理效能，完善党委领导、政府负责、社会协同、公众参与、法治保障的社会治理体制，打造共建共治共享的社会治理格局。要创新完善平安建设工作协调机制，统筹好政法系统和相关部门的资源力量，形成问题联治、工作联动、平安联创的良好局面。各地区各部门主要负责同志要落实好平安建设领导责任制，履行好维护一方稳定、守护一方平安的政治责任。要深入推进社区治理创新，构建富有活力和效率的新型基层社会治理体系。

（2）空间规划与三层级城市治理

空间规划作为一项公共政策，本质上也是一种空间治理活动。有学者甚至提出"空间即社会"的论断（列斐伏尔）。但无论如何定义，空间确实是各类资源、各方利益的载体，在实际工作中，空间规划要同时面对政府、市场、社会公众乃至无数利益相关个体；要平衡长远与眼前、效益与公平、局部与综合、个体与群体等诸多矛盾；要统筹政治、经济、社会、生态、技术等关系。在社会治理的角度，我们可以认为：空间规划是社会各利益群体展开竞争博弈、谈判协调的平台。就城市治理而言，可以分为三个层面：战略层、发展层、运行层。空间规划与城市治理的三个层级关系如下：

1）战略治理

战略层是对长远、全局有重大影响的治理层级，范围涉及发展总目标、核心发展路径以及重大政策措施等方面。宏观层面的空间规划确定城市在10～20年乃至更长时间的城市性质、发展目标、功能定位、发展规模和发展结构，并依据目标设定不同的发展路径，属于城市战略治理范畴。

2）发展治理

城市发展治理是指城市经济、社会、环境等各领域各部门发展的管理，服从于空间规划的管理，是空间规划实施的手段和过程，也是城市运行治理的直接服务目标，起着承上启下的作用。

3）运行治理

城市运行治理是城市的基础性管理，涉及管理流程、管理方式、管理绩效等领域内容，服务并服从于城市战略管理和城市发展治理，为城市全体合法企业、组织、家庭和个人经济社会活动的高效、有序进行，提供城市建设公平的公共设施、公共服务、公共空间和环境保障。

（五）生态制度

生态文明建设是党的十八大创新性提出的"五位一体"建设内容之一。为加快推进生态文明建设，加快建立系统完整的生态文明制度体系，增强生态文明体制改革的系统性、整体性、协同性，国家出台了《生态文明体制改革总体方案》等系列政策文件，旗帜鲜明地指出：生态文明建设不仅影响经济持续健康发展，也关系政治和社会建设，必须放在突出地位，融入经济建设、政治建设、文化建设、社会建设各方面和全过程。

《生态文明体制改革总体方案》对空间规划制度体系的构建是基础性的，《方案》提出了以下制度建设目标：到 2020 年，构建起由自然资源资产产权制度、国土空间开发保护制度、空间规划体系、资源总量管理和全面节约制度、资源有偿使用和生态补偿制度、环境治理体系、环境治理和生态保护市场体系、生态文明绩效评价考核和责任追究制度等三项体系和五项制度，构成产权清晰、多元参与、激励约束并重、系统完整的生态文明制度体系。

本小结将重点介绍自然资源资产产权制度、国土空间开发保护制度、资源总量管理和全面节约制度、资源有偿使用和生态补偿制度、生态文明绩效评价考核和责任追究制度等五项制度的内容。

1．自然资源资产产权制度

针对自然资源资产产权管理，目前主要文件为《自然资源统一确权登记办法（试行）》(2016)，其总则第二条为：国家建立自然资源统一确权登记制度，自然资源确权登记坚持资源公有、物权法定和统一确权登记的原则。在我国所有制的基础上，对水流、森林、山岭、草原、荒地、滩涂以及探明储量的矿产资源等自然资源的所有权统一进行确权登记，界定全部国土空间各类自然资源资产的所有权主体，划清全民所有和集体所有之间的边界。具体来看，可以分为以下几个具体制度。

（1）自然资源资产的所有权制度和使用权制度

所有权方面：对全民所有的自然资源资产，按照不同资源种类和在生态、经济、国防等方面的重要程度，研究实行中央和地方政府分级代理行使所有权职责的体制，实现效率和公平相统一。分清全民所有中央政府直接行使所有权、全民所有地方政府行使所有权的资源清单和空间范围。中央政府主要对石油天然气、贵重稀有矿产资源、重点国有林区、大江大河大湖和跨境河流、生态功能重要的湿地草原、海域滩涂、珍稀野生动植物种和部分国家公园等直接行使所有权。

使用权方面：建立权责明确的自然资源产权体系。制定权利清单，明确各类自然资源产权主体权利。处理好所有权与使用权的关系，创新自然资源全民所有权和集体所有权的实现形式，除生态功能重要的外，可推动所有权和使用权相分离，明确占有、使用、收益、处分等权利归属关系和权责，适度扩大使用权的出让、转让、出租、抵押、担保、入股等权能。明确国有农场、林场和牧场土地所有者与使用者权能。全面建立覆盖各类全民所有自然资源资产的有偿出让制度，严禁无偿或低价出让。统筹规划，加强自然资源资产交易平台建设。

（2）自然资源资产登记制度

县级以上人民政府按照不同自然资源种类和在生态、经济、国防等方面的重要程度以及相对完整的生态功能、集中连片等原则，组织相关资源管理部门划分自然资源登记单元，国家公园、自然保护区、水流等可以单独作为登记单元。自然资源登记单元具有唯一编码。自然资源登记单元边界应当与不动产登记的物权权属边界做好衔接。

（3）国家公园、自然保护区、湿地、水流等自然资源登记制度

以国家公园、自然保护区、湿地、水流作为独立自然资源登记单元的，由登记机构分别会同国家公园管理机构或行业主管部门，自然保护区管理机构或行业主管部门，湿地管理机构、水利、农业等部门，水行政主管部门制定工作方案。具体要求如表3-9所示。

空间类型	负责部门	依据	要求
国家公园	登记机构会同国家公园管理机构或行业主管部门	土地利用现状调查（自然资源调查）成果、国家公园审批资料划定登记单元界线，收集整理用途管制、生态保护红线、公共管制及特殊保护规定或政策性文件	开展登记单元内各类自然资源的调查，通过确权登记明确各类自然资源的种类、面积和所有权性质
自然保护区	登记机构会同自然保护区管理机构或行业主管部门	土地利用现状调查（自然资源调查）成果、自然保护区审批资料划定登记单元界线，收集整理用途管制、生态保护红线、公共管制及特殊保护规定或政策性文件	
湿地	登记机构会同湿地管理机构、水利、农业等部门	土地利用现状调查（自然资源调查）成果，参考湿地普查或调查成果，对国际重要湿地、国家重要湿地、湿地自然保护区划定登记单元界线，收集整理用途管制、生态保护红线、公共管制及特殊保护规定或政策性文件	开展登记单元内各类自然资源的调查
水流	登记机构会同水行政主管部门	土地利用现状调查（自然资源调查）成果、水利普查、河道岸线和水资源调查成果划定登记单元界线，收集整理用途管制、生态保护红线、公共管制及特殊保护规定或政策性文件	

专栏 3-4　自然资源登记簿示例

封面：

_____省（区、市）_____市（区）_____县（市、区）

自然资源登记簿

自然资源登记单元号：_____

登记机构：_____

登记表:

自然资源登记信息

单位: □平方公里 □公顷 /□亿立方米

自然资源登记单元号							
所有权人				所有权代表行使主体			
自然状况	坐落			所有权代表行使内容			
	总面积			总数量			
	类 型	类 别	面 积		数 量		质 量
	空间坐标、位置说明或者四至描述						
公共管制	用途管制要求						
	生态红线要求						
	特殊保护要求						
登记时间				登簿人			
变化情况	变化原因	变化内容		登记时间		登簿人	

附图:

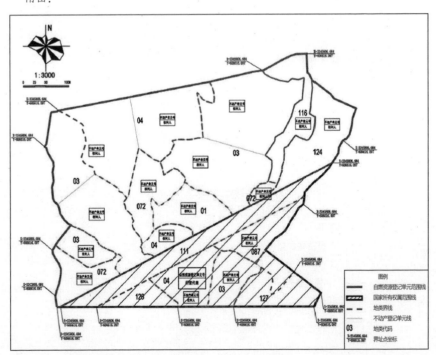

中国特色空间规划的基础分析与转型逻辑

不动产权相关信息：

不动产权利关联信息			
自然资源登记单元号：			
不动产单元号	不动产权利		权利人
	集体土地所有权	国有土地上的用益物权	
登记时间		登簿人	
附　记			

专栏3-5　自然资源统一确权登记试点情况

2016年11月，中央全面深化改革领导小组第29次会议审议通过《自然资源统一确权登记办法（试行）》（以下简称《办法》）和试点方案，决定在吉林等12个省份开展为期一年的试点，要求以不动产登记为基础，依照规范内容和程序进行统一登记，坚持资源公有、物权法定和统一确权登记的原则，对水流、森林、山岭、草原、荒地、滩涂以及探明储量的矿产资源等自然资源的所有权统一进行确权登记，形成归属清晰、权责明确、监管有效的自然资源产权制度。

经过一年多的探索，自然资源统一确权登记试点取得积极进展。截至2018年底，12个省份、32个试点区域共划定自然资源登记单元1191个，确权登记总面积186727平方公里，并重点探索了国家公园、湿地、水流、探明储量矿产资源等确权登记试点。各试点地区以不动产登记为基础，以划清全民所有和集体所有之间的边界，划清全民所有、不同层级政府行使所有权的边界，划清不同集体所有者的边界，划清不同类型自然资源的边界等"四个边界"为核心任务，以支撑山水林田湖草整体保护、系统修复、综合治理为目标，按要求完成了资源权属调查、登记单元划定，确权登记、数据库建设等主体工作，探索出了一套行之有效的自然资源统一确权登记工作流程、技术方法和标准规范。

2．国土空间开发保护制度

《生态文明体制改革总体方案》中对国土空间开发保护制度的具体要求是：完善主体功能区制度、健全国土空间用途管制制度、建立国家公园体制、完善自然资源监管体制。2017年，为健全国土空间用途管制制度，促进生态文明建设，国土资源部会同发展改革委、财政部、环境保护部、住房城乡建设部、水利部、农业部、国家林业局、国家海洋局、国家测绘地信局等9个部门，研究制定《自然生态空间用途管制办法（试行）》。该办法涵盖了需要保护和合理利用的森林、草原、湿地、河流、湖泊、滩涂、岸线、海洋、荒地、荒漠、戈壁、冰川、高山冻原、无居民海岛等多种国土空间类型。

（1）国土空间用途管制制度

国土空间用途管制制度将开发强度指标分解到各县级行政区，作为约

中国特色空间规划的基础分析与转型逻辑

束性指标，控制建设用地总量。将用途管制扩大到所有自然生态空间，划定并严守生态红线，严禁任意改变用途，防止不合理开发建设活动造成生态破坏。完善覆盖全部国土空间的监测系统，动态监测国土空间变化（表 3-10）。

我国目前各类国土空间用途管制制度 表 3-10

空间类型	耕地	森林	草原	荒漠	湿地	水域	海洋
原部门	国土	林业	农业	林业	林业	水利、农业、交通、能源	海洋
规划依据	土地利用规划	林地保护利用规划	草原保护建设利用规划	无	湿地保护工程规划	水资源规划、水功能区划、防洪规划	海洋功能区划
管制手段：审批＋督察	建设用地预审、农用地转用审批、基本农田保护管理	建设占林审批，生态公益林管理，天然林保护、森林保护、森林公园、森林和野生动植物栖息地类自然保护区管理	草蓄平衡、草原禁牧和休牧	沙地封禁保护区、沙漠公园管理	湿地公园，湿地类自然保护区管理	饮用水源地保护区、水产种植资源保护区管理，禁渔区和禁渔期管理，水利风景名胜区管理、河道管理	海域审批（海域使用确权发证）
	土地督察、土地利用动态监管	森林资源监督检查、林地调查和动态监测	—	—		涉河建设项目审批、河湖日常巡查责任制、河湖管理动态监	海域使用监督检查
经济手段：付费＋补偿	土地有偿使用	国有林场森林资源有偿使用	—			水费、水权交易	海域使用金
	耕地开垦费、征地补偿安置	森林植被恢复费、林地征收补偿安置、森林生态效益补偿基金				占用水域补偿	海域征收补偿安置

国土空间规划若要发挥应有的管控和引领发展两方面作用，离不开对刚性和弹性两方面的制度设计。

刚性管控部分：在系统开展资源环境承载能力和国土空间开发适宜性评价的基础上，确定城镇、农业、生态空间，划定生态保护红线，永久基本农田、城镇开发边界，科学合理编制空间规划，作为生态空间用途管制的依据。对生态空间依法实行区域准入和用途转用许可制度，严格控制各类开发利用活动对生态空间的占用和扰动，严禁不符合功能定位的各类开发活动，严禁任意改变用途，严格禁止任何单位和个人擅自占用和改变用地性质。

弹性管治部分：生态空间与城镇空间、农业空间的相互转化利用，应按照资源环境承载能力和国土空间开发适宜性评价，根据功能变化状况，依法由有批准权的人民政府进行修改调整。

（2）建立国家公园体制

中共中央办公厅、国务院办公厅于 2017 年 9 月 26 日印发并实施《建立国家公园体制总体方案》，旨在加强对重要生态系统的保护，推进自然资源科学保护和合理利用，促进人与自然和谐共生，推进美丽中国建设。根据《建立国家公园体制总体方案》，国家公园是指由国家批准设立并主导管理，边界清晰，以保护具有国家代表性的大面积自然生态系统为主要目的，实现自然资源科学保护和合理利用的特定陆地或海洋区域。

国家公园"统一事权、分级管理"的体制总体上分为四块内容：第一，建立统一管理机构，实现"一个保护地、一套机构、一块牌子"。第二，分级行使所有权，划分中央政府、省级政府的自然资源资产使用权行使范围，划清全民所有和集体所有之间、集体所有者之间的边界。第三，构建协同管理机制，合理划分中央和地方事权。第四，建立健全监管机制，加强监管、技术、标准、评估体系建设，健全监督机制。

（3）完善自然资源监管体制

《生态文明体制改革总体方案》提出：将分散在各部门的有关用途管制职责，逐步统一到一个部门，统一行使所有国土空间的用途管制职责。未来，将以全国一盘棋的信息化平台为依托，健全国土资源调查评价和动态监测体制机制，建立国土空间变化监测体系，完善调查监测指标和网络，对空间规划实施情况进行全面监测和评估。

3．资源总量管理和全面节约制度

为构建覆盖全面、科学规范、管理严格的资源总量管理和全面节约制度，着力解决资源使用浪费严重、利用效率不高等问题，近年来我国政府先后出台《国务院关于实行最严格水资源管理制度的意见》(2012)、《国家林业局关于加强国有林场森林资源管理保障国有林场改革顺利进行的意见》(2012)、《国土资源部关于进一步推进依法行政实现国土资源管理法治化的意见》(2016)、《关于进一步治理整顿矿产资源管理秩序的意见》(2016)等系列法规，对耕地资源、矿产资源、水资源资源总量管理制度进行了较严格的规定，综合《生态文明制度总体改革方案》，具体实施措施如下：

（1）耕地保护制度和土地节约集约利用制度

完善基本农田保护制度，划定永久基本农田红线，按照面积不减少、质量不下降、用途不改变的要求，将基本农田落地到户、上图入库，实行严格保护，除法律规定的国家重点建设项目选址确实无法避让外，其他任何建设不得占用。加强耕地质量等级评定与监测，强化耕地质量保护与提升建设。完善耕地占补平衡制度，对新增建设用地占用耕地规模实行总量控制，严格实行耕地占一补一、先补后占、占优补优。实施建设用地总量控制和减量化管理，建立节约集约用地激励和约束机制，调整结构，盘活存量，合理安排土地利用年度计划。

（2）水资源管理制度

按照节水优先、空间均衡、系统治理、两手发力的方针，健全用水总量控制制度，保障水安全。加快制定主要江河流域水量分配方案，加强省级统筹，完善省市县三级取用水总量控制指标体系。建立健全节约集约用水机制，促进水资源使用结构调整和优化配置。完善规划和建设项目水资源论证制度。主要运用价格和税收手段，逐步建立农业灌溉用水量控制和定额管理、高耗水工业企业计划用水和定额管理制度。在严重缺水地区建立用水定额准入门槛，严格控制高耗水项目建设。加强水产品产地保护和环境修复，控制水产养殖，构建水生动植物保护机制。完善水功能区监督管理，建立促进非常规水源利用制度。

（3）能源消费总量管理和节约制度

坚持节约优先，强化能耗强度控制，健全节能目标责任制和奖励制。进一步完善能源统计制度。健全重点用能单位节能管理制度，探索实行节能自愿承诺机制。完善节能标准体系，及时更新用能产品能效、高耗能行业能耗限额、建筑物能效等标准。合理确定全国能源消费总量目标，并分解落实到省级行政区和重点用能单位。健全节能低碳产品和技术装备推广机制，定期发布技术目录。强化节能评估审查和节能监察。加强对可再生能源发展的扶持，逐步取消对化石能源的普遍性补贴。逐步建立全国碳排放总量控制制度和分解落实机制，建立增加森林、草原、湿地、海洋碳汇的有效机制，加强应对气候变化国际合作。

（4）天然林保护制度

将所有天然林纳入保护范围。建立国家用材林储备制度。逐步推进国有林区政企分开，完善以购买服务为主的国有林场公益林管护机制。完善集体林权制度，稳定承包权，拓展经营权能，健全林权抵押贷款和流转制度。

（5）草原保护制度

稳定和完善草原承包经营制度，实现草原承包地块、面积、合同、证书"四到户"，规范草原经营权流转。实行基本草原保护制度，确保基本草原面积不减少、质量不下降、用途不改变。健全草原生态保护补奖机制，实施禁牧休牧、划区轮牧和草畜平衡等制度。加强对草原征用使用审核审批的监管，严格控制草原非牧使用。

（6）湿地保护制度

将所有湿地纳入保护范围，禁止擅自征用占用国际重要湿地、国家重要湿地和湿地自然保护区。确定各类湿地功能，规范保护利用行为，建立湿地生态修复机制。

（7）沙化土地封禁保护制度

将暂不具备治理条件的连片沙化土地划为沙化土地封禁保护区。建立严格保护制度，加强封禁和管护基础设施建设，加强沙化土地治理，增加植被，合理发展沙产业，完善以购买服务为主的管护机制，探索开发与治理结合新机制。

（8）海洋资源开发保护制度

实施海洋主体功能区制度，确定近海海域海

岛主体功能，引导、控制和规范各类用海用岛行为。实行围填海总量控制制度，对围填海面积实行约束性指标管理。建立自然岸线保有率控制制度。完善海洋渔业资源总量管理制度，严格执行休渔禁渔制度，推行近海捕捞限额管理，控制近海和滩涂养殖规模。健全海洋督察制度。

（9）矿产资源开发利用管理制度

建立矿产资源开发利用水平调查评估制度，加强矿产资源查明登记和有偿计时占用登记管理。建立矿产资源集约开发机制，提高矿区企业集中度，鼓励规模化开发。完善重要矿产资源开采回采率、选矿回收率、综合利用率等国家标准。健全鼓励提高矿产资源利用水平的经济政策。建立矿山企业高效和综合利用信息公示制度，建立矿业权人"黑名单"制度。完善重要矿产资源回收利用的产业化扶持机制。完善矿山地质环境保护和土地复垦制度。

（10）资源循环利用制度

建立健全资源产出率统计体系。实行生产者责任延伸制度，推动生产者落实废弃产品回收处理等责任。建立种养业废弃物资源化利用制度，实现种养业有机结合、循环发展。加快建立垃圾强制分类制度。制定再生资源回收目录，对复合包装物、电池、农膜等低值废弃物实行强制回收。加快制定资源分类回收利用标准。建立资源再生产品和原料推广使用制度，相关原材料消耗企业要使用一定比例的资源再生产品。完善限制一次性用品使用制度。落实并完善资源综合利用和促进循环经济发展的税收政策。制定循环经济技术目录，实行政府优先采购、贷款贴息等政策。

4．资源有偿使用和生态补偿制度

（1）总体要求

《生态文明体制改革总体方案》提出：构建反映市场供求和资源稀缺程度、体现自然价值和代际补偿的资源有偿使用和生态补偿制度，着力解决自然资源及其产品价格偏低、生产开发成本低于社会成本、保护生态得不到合理回报等问题。2016 年，经党中央、国务院同意，国务院办公厅《关于健全生态保护补偿机制的意见》提出阶段性目标如下：到 2020 年，实现森林、草原、湿地、荒漠、海洋、水流、耕地等重点领域和禁止开发区域、重点生态功能区等重要区域生态保护补偿全覆盖，补偿水平与经济社会发展状况相适应，跨地区、跨流域补偿试点示范取得明显进展，多元化补偿机制初步建立，基本建立符合我国国情的生态保护补偿制度体系，促进形成绿色生产方式和生活方式。

（2）不同自然资源类型的生态补偿机制

探索建立多元化补偿机制，逐步增加对重点生态功能区转移支付，完善生态保护成效与资金分配挂钩的激励约束机制。制定横向生态补偿机制办法，以地方补偿为主，中央财政给予支持。

1）耕地

完善耕地保护补偿制度。建立以绿色生态为导向的农业生态治理补贴制度，对在地下水漏斗区、重金属污染区、生态严重退化地区实施耕地轮作休耕的农民给予资金补助。扩大新一轮退耕还林还草规模，逐步将 25 度以上陡坡地退出基本农田，纳入退耕还林还草补助范围。研究制定鼓励引导农民施用有机肥料和低毒生物农药的补助政策。

2）森林

健全国家和地方公益林补偿标准动态调整机制。完善以政府购买服务为主的公益林管护机制。合理安排停止天然林商业性采伐补助奖励资金。

3）草原

扩大退牧还草工程实施范围，适时研究提高补助标准，逐步加大对人工饲草地和牲畜棚圈建设的支持力度。实施新一轮草原生态保护补助奖励政策，根据牧区发展和中央财力状况，合理提高禁牧补助和草畜平衡奖励标准。充实草原管护公益岗位。

4）湿地

稳步推进退耕还湿试点，适时扩大试点范

围。探索建立湿地生态效益补偿制度，率先在国家级湿地自然保护区、国际重要湿地、国家重要湿地开展补偿试点。

5）水流

在江河源头区、集中式饮用水水源地、重要河流敏感河段和水生态修复治理区、水产种质资源保护区、水土流失重点预防和重点治理区、大江大河重要蓄滞洪区以及具有重要饮用水源或重要生态功能的湖泊，全面开展生态保护补偿，适当提高补偿标准。加大水土保持生态效益补偿资金筹集力度。

6）荒漠

开展沙化土地封禁保护试点，将生态保护补偿作为试点重要内容。加强沙区资源和生态系统保护，完善以政府购买服务为主的管护机制。研究制定鼓励社会力量参与防沙治沙的政策措施，切实保障相关权益。

7）海洋

完善捕捞渔民转产转业补助政策，提高转产转业补助标准。继续执行海洋伏季休渔渔民低保制度。健全增殖放流和水产养殖生态环境修复补助政策。研究建立国家级海洋自然保护区、海洋特别保护区生态保护补偿制度。

5．生态文明绩效考核与责任追究制度

（1）顶层制度设计

为构建充分反映资源消耗、环境损害和生态效益的生态文明绩效评价考核和责任追究制度，着力解决发展绩效评价不全面、责任落实不到位、损害责任追究缺失等问题。中共中央办公厅、国务院办公厅先后印发了《国务院办公厅关于印发编制自然资源资产负债表试点方案的通知》(2015)、《生态文明建设目标评价考核办法》(2017)、《生态环境损害赔偿

制度改革方案》(2016)、《党政领导干部生态环境损害责任追究办法（试行）》等系列法规。

2015 年，国务院办公厅印发《编制自然资源资产负债表试点方案》，其主要目的为指导试点地区探索形成可复制可推广的编表经验，但总体而言，自然资源资产负债表编制尚处于探索过程中，试点内容包括：根据自然资源保护和管控的现实需要，先行核算具有重要生态功能的自然资源。我国自然资源资产负债表的核算内容主要包括土地资源、林木资源和水资源。土地资源资产负债表主要包括耕地、林地、草地等土地利用情况，耕地和草地质量等级分布及其变化情况。林木资源资产负债表包括天然林、人工林、其他林木的蓄积量和单位面积蓄积量。水资源资产负债表包括地表水、地下水资源情况，水资源质量等级分布及其变化情况。

2016 年，中共中央办公厅、国务院办公厅印发了《生态文明建设目标评价考核办法》。生态文明绩效目标考核内容主要包括国民经济和社会发展规划纲要中确定的资源环境约束性指标，以及党中央、国务院部署的生态文明建设重大目标任务完成情况，突出公众的获得感。考核目标体系由国家发展改革委、环境保护部会同有关部门制定，可以根据国民经济和社会发展规划纲要以及生态文明建设进展情况作相应调整。有关部门应当根据国家生态文明建设的总体要求，结合各地区经济社会发展水平、资源环境禀赋等因素，将考核目标科学合理分解落实到各省、自治区、直辖市。

2017 年颁布的《党政领导干部生态环境损害责任追究办法（试行）》要求实行生态环境损害责任终身追究制。对违背科学发展要求、造成生态环境和资源严重破坏的，责任人不论是否已调离、提拔或者退休，都必须严格追责。政府负有生态环境和资源保护监管职责的工作部门、纪检监察机关、组织（人事）部门对发现本办法规定的追责情形应当调查而未调查，应当移送而未移送，应当追责而未追责的，追究有关责任人员的责任。

（2）具体制度

1）资源环境承载能力监测预警机制

研究制定资源环境承载能力监测预警指标体系和技术方法，建立资源环境监测预警数据库和信息技术平台，定期编制资源环境承载能力监测预警报告，对资源消耗和环境容量超过或接近承载能力的地区，实行预警提醒和限制性措施。

2）编制自然资源资产负债表

制定自然资源资产负债表编制指南，构建水资源、土地资源、森林资源等的资产和负债核算方法，建立实物量核算账户，明确分类标准和统计规范，定期评估自然资源资产变化状况。在市县层面开展自然资源资产负债表编制试点，核算主要自然资源实物量账户并公布核算结果。

3）对领导干部实行自然资源资产离任审计

编制自然资源资产负债表和合理考虑客观自然因素基础上，积极探索领导干部自然资源资产离任审计的目标、内容、方法和评价指标体系。以领导干部任期内辖区自然资源资产变化状况为基础，通过审计，客观评价领导干部履行自然资源资产管理责任情况，依法界定领导干部应当承担的责任，加强审计结果运用。

4）生态环境损害责任终身追究制

实行地方党委和政府领导成员生态文明建设一岗双责制。以自然资源资产离任审计结果和生态环境损害情况为依据，明确对地方党委和政府领导班子主要负责人、有关领导人员、部门负责人的追责情形和认定程序。区分情节轻重，对造成生态环境损害的，予以诫勉、责令公开道歉、组织处理或党纪政纪处分，对构成犯罪的依法追究刑事责任。对领导干部离任后出现重大生态环境损害并认定其需要承担责任的，实行终身追责。建立国家环境保护督察制度。

二、"央地互动"的中国特色社会主义制度的纵向运行结构

（一） 中央与地方关系

中央与地方关系是指国家体制中纵向上权力与资源配置的基本关系。《宪法》对中央和地方国家机关之间的职权划分表述内容为："遵循在中央的统一领导下，充分发挥地方的主动性、积极性原则"，有着鲜明的中央集

权特征，但从实际情况看，中央与地方关系呈现出更为复杂的形态。

中国幅员面积辽阔、人口众多，自古就是一个大国，而最能体现大国治理特色的就是中央和地方政府之间的关系。一般而言，国家越大，中央政府通过地方政府治理社会的依赖性就越强，地方制度自然对国家治理成效的影响就越大。因此，央地关系历来就是中国国家治理的重要议题。

1. 理论综述

当前，央地关系呈现出"复杂且灵活的动态调整"特征，可视为是求"充分发挥中央地方两个积极性"的探索过程，并表现出以下三个颇具中国特色的基本特点：一是渐进式的集（分）权，体现了政策调整的适应性；二是有选择的集（分）权，体现了不同政策的异质性；三是差异化的集（分）权，体现了政策工具的多样性。理论界试图从委托—代理理论，法制、分权、财政关系，以及经济学领域的博弈论等视角寻求解决我国中央与地方之间的关系问题。

（1）委托—代理框架下的央地关系理论

在中国央地之间的上下层级关系中，作为上级的中央政府是主导性的、第一位的，作为下级的地方政府则是派生性的、第二位的。静态地看，中央和地方都是同一个政府组织的组成部分，但从发生过程上看，政府组织的原型是中央政府，地方政府则是由中央政府产生、受中央政府委派、代表中央政府来管理国家的一部分。地方政府的职权来自中央政府，其目标亦须服务于中央政府的目标。中央与地方的这种关系，可被视为"委托—代理"的关系。其中，中央是国家治理的"委托方"，地方则是"代理方"。地方运用中央授予的权威来实现中央规定的任务，中央则赋予地方相应的权益。

中国特色空间规划的基础分析与转型逻辑

委托—代理模型强调，由于委托方和代理方之间的信息不对称和目标存在客观差异，组织设计的关键在于激励机制的安排，使得代理方与委托方的目标保持一致，而采取与组织目标一致的行动。该框架下，中国央地关系可视为同一个组织上下不同层级的关系。央地关系制度设计的基本任务是解决央地之间的委托代理问题，制度的基本内容包括中央对地方的绩效监控和中央与地方之间的权责和分配。中央的绩效监控能力决定着权责和分配的趋向。中国央地关系两千余年的发展过程，可以说是一个权责和分配随着中央绩效监控能力变化而相应变化的过程，其中体现出大国治理的制度逻辑。

委托—代理理论对有关中国政府的研究工作产生了深刻的影响。例如，Walder 特别强调，中国政府内部的激励设计是中国乡镇企业成功的关键所在，因为基层政府对其管辖区中的企业有着实际所有权，因此有着更多的激励去监管和提高当地企业的绩效[1]。戴慕珍认为，在中国改革过程中，中央和地方之间税收分成的财政政策，为地方政府推动其管辖区内的经济发展提供了强有力的激励[2]。周黎安提出，中央政府采用了锦标赛式激励设计来推动地方政府间相互竞争、追求 GDP 增长的行为[3]。其他一些学者也采用这一理论思路和激励机制来解释政府行为，或者关注激励机制不当使用所导致的问题。

---

1. 魏昂德, 胡松华, 张霞, 那丽芳. 革命、改革和地位传承: 1949—1996 年的中国城市 (上) [J]. 国外理论动态,2011(07): 71-75。
   魏昂德, 胡松华, 张霞, 那丽芳. 革命、改革和地位传承: 1949—1996 年的中国城市 (上) [J]. 国外理论动态,2011(08): 39-49+56。
2. 戴慕珍、甘阳、崔之元. 中国地方政府公司化的制度化基础 [M]. 香港: 牛津大学出版社,1997。
3. 周黎安. 中国地方官员的晋升锦标赛模式研究 [J]. 经济研究,2007(07): 36-50。

（2） 地方治理视角下的央地关系理论

改革开放以来，中国各级政府间的总体趋势是权力从相对集权的高层政府向低层级政府的垂直权力分散，同时也伴随着同层级政府某一权力部门向其他部门的水平转移，最终结果体现为权力和决策的多层级性和交叉特征。治理理论下中央与地方关系的变革，是中央通过向地方不断分权，释放地方和社会的活力，促进地方和社会的自主性、独立性不断发展的过程，这一过程主要涉及分权化理论。

罗伯特·贝内特认为，分权化分为两个层面：一是权力在政府内部平行或者垂直移动的过程，是政府间权力、利益关系的调整；二是不同层级的政府部门在公共管理和公共服务中将权力和责任向市场、公民社会转移的过程，是政府、市场、公民社会间权力和利益关系的调整[1]。

改革开放以来，随着党政、政企、政社的分开以及基层民众自治的实施，我国政治、经济、社会领域的权力格局同时在三个维度展开：

一是中央向地方分权，改变了传统公共行政的权力结构和运作模式，使得集中化的权力逐步下移和分散，调动了地方政府发展经济的积极性。在这个过程中，权力主体和行为主体趋于多样化，地方组织在新的框架中得到了更多自主管理的权力，其利益和权力在重新分配中得到加强，其作用和影响力也随之扩大。伴随着政府间关系的不断调整，地方政府在公共安全、地方规划、教育、社会保障、环境保护等若干公共事务和公共服务领域，获得了更多的政策决定权和管理责任（事权），增强其自主管理的能力。这为当代地方治理的发展奠定了制度平台。

二是政府向企业分权，企业实行自主管理的法人结构，成为自主经营、自负盈亏、自我管理、自我发展的个体，经济领域开始逐步向市场化转变。

三是政府向社会分权，为民间社会力量的释放提供了广阔的空间，社会领域相对的自治空间得到了拓展，公众民主权利意识逐步觉醒，为地方治理提供了社会基础。

（3） 特色财政联邦主义视角下的央地关系理论

钱颖一等人率先用"财政联邦主义理论"（market-preserving federalism）解释了中国特色的分权化改革，将中央向地方的财政分权视同

---

1. 孙柏瑛.当代地方治理——面向 21 世纪的挑战 [M]. 中国人民大学出版社，2004: 139,140。

政府向市场的分权，认为这是中国市场化改革的重要组成部分，形成了"维护市场的经济联邦制"，造就了经济的高速增长。基于政治集权—经济分权框架下的财政激励，是理解中国政府治理的核心。钱颖一等人同时指出，改革开放后的地方分权重构了央地权力关系，在赋予地方政府处理辖区内经济社会事务管理权限的同时，实现了对中央政府的权力制约。[1]

"中国特色发展型财政联邦主义"使得地方政府积极推动了转型与增长，张军等人在研究中国的大规模基础设施时发现，中国分权模式的成功在于它实现了"向上负责"的政治体制与财政分权的结合。依托该体制，中央政府的治理策略是"标尺竞争"，即将地方的经济发展关键指标，设计为可度量、可考核的标尺，用来取代以前更习惯使用的对地方政府的政治说教，从而激励地方官员为比拼"政绩"展开激烈的横向竞争，从而引申出了部分学者的观点：在中国经济成长中，地方政府更多扮演的其实是"企业家"角色，即后文提到的"城市经营型政府"。[2]

（4） 博弈论视角下的央地关系理论

博弈论，是研究决策主体在给定信息结构下如何决策，以最大化自己的效用，以及不同决策主体之间决策的均衡。现阶段市场经济作用下，地方政府虽作为中央政府的下级机构，但由于代表着当地的经济利益，且发挥的作用越来越大，形成了一定博弈关系。中央与地方的利益关系构成了两者之间关系的核心内容。

博弈论是学界从经济学角度研究央地关系最为常用的理论与分析工具之一。学界主要通过博弈论进行央地关系分析，或者通过博弈论这一研究范式在央地关系中的分析来反思这一研究方法本身。诸如有学者提出"只在行政和经济权限的划分上做文章，不仅达不到真正调动地方积极性的目的，反而会使中央和地方的关系陷入'一放就乱，一收就死'的怪圈"。有的学者则通过分析传统"零和博弈"视角下央地财政关系的研究范式，提出"应当超越'零和博弈'的视角，运用一种'非零和博弈'的解释范式克服旧有模式中所展现的央地关系的集权与分权的'循环论'，并能够寻找、解释央地关系中所具有的'发展性'"。

1. Jin, H.H., Qian, Y.Y. and Weingast, "Regional Decentralization and Fiscal Incentives: Federalism, Chinese Style"[J].Journal of Public Economics, 2005, 89(9-10), 1719-1742。
2. 王世磊，张军. 中国地方官员为什么要改善基础设施？——一个关于官员激励机制的模型[J]. 经济学（季刊），2008(02)：383-398。

2．央地关系的四个维度

新中国成立以来，中央与地方关系也始终处于动态调整之中。对七十年中国央地关系的变迁进行梳理，从中可以发现立法权、财权、事权和人事权构成了中央与地方关系调整的四个主要维度。[1]

（1）立法权：不断下放

1978 年之前，中国一直实行中央完全集权的立法模式。1954 年的《宪法》确立了新中国的一级立体体制，即全国人民代表大会是行使国家立法权的唯一机关；直到 1979 年《地方各级人民代表大会和地方各级人民政府组织法》审议通过后，中国的立法模式才变更为二级立法体制，全国人大和"省级人民政府所在地的市和经国务院批准的较大的市"人大均拥有立法权限。

2000 年，为了规范立法活动、健全国家立法制度，中国制定并颁布了《中华人民共和国立法法》，并从诸多方面界定了中央和地方的立法权限划分：确立了全国人大及其常委会的专属立法事项；明确了地方人大及其常委会制定地方性法规时必须遵循的"不抵触"原则；框定了地方政府规章的立法权限范围，包括执行性地方政府规章、创制性地方政府规章两个方面。

2015 年，随着立法权配置的不断下放趋势，中国就以修正案的形式对《立法法》中的有关内容进行了修改。修订内容中，中国有权制定政府规章的地方政府由"省级人民政府所在地的市和经国务院批准的较大的市"进一步扩大到"设区的市"，并明确了设区的市可以对"城乡建设与管理、环境保护、历史文化保护等方面的事项"制定地方性法规。可以预想，通过"空间规划—地方立法"的途径，各地方将形成一系列特殊的管理单元及其管理办法，这将是中国特色空间规划的又一新特征。

专栏 3-6 《北京市城乡规划条例》（2019 年 3 月 29 日修订通过）

3 月 29 日，北京市十五届人大常委会第十二次会议上审议通过修订后的《北京市城乡规划条例》，条例将于 2019 年 4 月 28 日起正式施行。根据该《条例》，北京市城市总规实施情况将每年体检，建设工程规划许可证 7

---

1. 朱旭峰，吴冠生 . 中国特色的央地关系：演变与特点 [J]. 中共浙江省委党校学报，2018。

日内核发。损害公众利益的违法建设，将不得使用市政公用服务。执法机关需全程记录拆违过程，阻碍拆违将受到行政处罚，强制拆除费用将由违建当事人承担，违建当事人可被依法列入失信被执行人名单。

该条例建立了全域管控、分层分级、多规合一的规划编制体系。其中要求，各类城乡规划应当在上层次城乡规划的基础上编制，在城市总体规划的基础上编制分区规划和首都功能核心区、城市副中心的控制性详细规划；在分区规划的基础上编制控制性详细规划以及乡、镇域规划；在乡、镇域规划的基础上编制村庄规划。

依照条例，除了城市总体规划由市人民政府组织编制外，首都功能核心区、城市副中心的控制性详细规划也由市人民政府组织编制。分区规划和首都功能核心区以外的中心城区、新城的控制性详细规划，由所在区人民政府会同市规划自然资源主管部门组织编制。城市总体规划、首都功能核心区和城市副中心的控制性详细规划均需要报党中央、国务院批准。

（2）财权：逐步上收

财权是指某一级政府所拥有的财政管理权限，包括财政收入权和支出权，财政支出权与政府事权直接相关，因此此节主要以财政收入权为讨论对象，而事权将在下节展开讨论。

改革开放以来，中央与地方财政关系经历了从高度集中的统收统支到"分灶吃饭"、包干制，再到分税制财政体制的变化，财政事权和支出责任划分逐渐明确，特别是 1994 年实施的分税制改革，初步构建了中国特色社会主义制度下中央与地方财政事权和支出责任划分的体系框架，为我国建立现代财政制度奠定了良好基础。[1]

税收是一国财政收入的主要来源，实行分税制来划分中央和地方的收入，是许多国家在中央和地方之间配置财权的普遍做法。

我国第一轮分税制改革始于 20 世纪 90 年代。为了提升中央政府的财政汲取和分配能力，国务院于 1993 年颁布《国务院关于实行分税制财政管理体制的决定》，根据事权与财权相结合的原则，按税种划分中央与地方的收入。将维护国家权益、实施宏观调控所需的税种划为中央税；将同经

---

1. 国务院关于推进中央与地方财政事权和支出责任划分改革的指导意见。

济发展直接相关的主要税种划为中央与地方共享税；将适合地方征管的税种划为地方税，并充实地方税税种，增加地方税收收入。

实行分税制后，中央政府对财政的汲取能力大大增强，"财权上收"的特点比较明显。但是与此同时，地方的财政支出任务依旧繁重，如何在有限的财政收入情况下寻找丰富的资本支持，就成了每个地方政府迫切需要解决的难题。在这种背景下，通过土地有偿使用制度获取的土地出让金成为重要选择；全国上下土地财政的发展模式开始兴盛。

进入 21 世纪，我国又多次对税种或分成比例进行调整。2002 年中国开始实行所得税收入分享改革，将过去作为地方税的企业所得税与个人所得税变为共享税。2014 年 6 月，审议通过《深化财税体制改革总体方案》，提出调整中央和地方关系，重点是"合理划分各级政府间事权与支出责任，建立事权和支出责任相适应的制度"。2016 年 5 月起，全国全面推开营业税改增值税，同时为了基本维持中央与地方之间原有的财力结构，原本 75：25 的中央和地方增值税的分配比例调整为了 50：50。

2018 年 3 月，国务院机构改革方案提请十三届全国人大一次会议审议。方案提出：国务院将改革国税地税征管体制，将省级和省级以下的国税地税机构合并。目前，我国的国地税征收分级入库的情况如表 3-11 所示，值得注意的是环境保护税、耕地占用税、房产税、城镇土地使用税、土地增值税等五项直接与空间规划相关的税收，目前全部纳入省级财政。

2018 年中央与地方国地税分级次入库情况表　　　　　　　　表 3-11

序号	税种	细分	中央（%）	省级（%）	区县（%）
1	增值税	海关代征	100		
		非海关代征	50	50	
2	关税		100		
3	车辆购置税		100		
4	消费税		100		
5	个人所得税		60	15	25

中国特色空间规划的基础分析与转型逻辑

序号	税种	细分	中央（%）	省级（%）	区县（%）
6	企业所得税	中央企业、地方银行和外资银行及非银行金融企业，铁道部门、各银行总行、各保险总公司等缴纳部分	100		
		其他企业缴纳	60	15	25
7	资源税	海洋石油企业缴纳	100		
		非海洋石油企业缴纳		100	
8	城市维护建设税	中央企业、地方银行和外资银行及非银行金融企业，铁道部门、各银行总行、各保险总公司等缴纳部分	100		
		其他企业缴纳		100	
9	印花税	证券交易印花税	94	6	
		其他印花税		100	
10	环境保护税			100	
11	耕地占用税			100	
12	房产税			100	
13	城镇土地使用税			100	
14	土地增值税			100	
15	教育费附加			100	
16	地方教育费附加	市区		10	90
		县级			100
17	契税			100	
18	车船使用税			100	
19	地方水利建设基金			50	50
20	营业税	中央企业、地方银行和外资银行及非银行金融企业，铁道部门、各银行总行、各保险总公司等缴纳部分	100		
		其他企业缴纳		80	20

（3） 事权：逐渐协调

事权指的是政府管理社会公共事务的权力和提供公共服务的职责，国家级公共服务的供给与管理属于中央政府权责，地域性和地方性的公共服务属于地方政府权责。依据宪法，除外交、国防等少数事权明确属于中央外，各级政府的职责并没有明确的界限。因此，我国政府在纵向间职能、职责和机构设置上的高度统一、一致，对各项事权的管理也存在齐抓共管的特征。在此背景之下，我国央地之间的事权划分在相当长一段时间内以文件形式的行政命令为主[1]，一些领域的事权频繁上收下放。

随着 20 世纪 90 年代分税制改革，央地的事权调整开始更多地通过财税体制改革完成，并在财政支出责任上显现出来。在 1993 年《国务院关于实行分税制财政管理体制的决定》中规定，"中央财政主要承担国家安全、外交和中央国家机关运转所需经费，调整国民经济结构、协调地区发展、实施宏观调控所必需的支出以及由中央直接管理的事业发展支出"，"地方财政主要承担本地区政权机关运转所需支出以及本地区经济、事业发展所需支出"。可以看出，这仅仅是框定了央地的事权范围而没有细化到具体事项，央地事权的划分还是模糊的。

1994 年分税制改革后的一段时间里，地方政府为解决事权与财权不匹配的矛盾，纷纷采用出让土地的方式获取发展资金，但由于各地发展冲动较强，导致侵占耕地、侵占生态用地、系列社会矛盾冲突等问题频发。从根上出发，明确中央与地方之间支出责任，越来越成为一项重要的改革议题。

2016 年 8 月，国务院发布了《关于推进中央与地方财政事权和支出责任划分改革的指导意见》，认为"现行的中央与地方财政事权和支出责任划分还不同程度存在不清晰、不合理、不规范等问题"，正式将中央与地方财权事权与支出责任划分提上日程。按照"权责清晰、财力协调、区域均衡的中央和地方财政关系"的精神，该《指导意见》提出中央与地方财政事权划分建议如下：

1） 中央财政事权：国防、外交、国家安全、出入境管理、国防公路、国界河湖治理、全国性重大传染病防治、全国性大通道、全国性战略性自

---

1. 朱旭峰, 吴冠生. 中国特色的央地关系：演变与特点 [J]. 中共浙江省委党校学报, 2018-02-02。

172
中国特色空间规划的基础分析与转型逻辑

然资源使用和保护等基本公共服务。

2）地方财政事权：社会治安、市政交通、农村公路、城乡社区事务等受益范围地域性强、信息较为复杂且主要与当地居民密切相关的基本公共服务。

3）共同财政事权：义务教育、高等教育、科技研发、公共文化、基本养老保险、基本医疗和公共卫生、城乡居民基本医疗保险、就业、粮食安全、跨省（区、市）重大基础设施项目建设和环境保护与治理等体现中央战略意图、跨省（区、市）且具有地域管理信息优势的基本公共服务。

按照这种发展趋势，我国将建立起一套财权和事权更加匹配的财税事权制度：在宏观调控、市场规则制定、资源优化配置等领域的权责更多向中央政府倾斜，涉及与地方居民密切相关的公共服务事权则主要依靠地方。对于空间规划而言，既要有"一级政府、一级事权、一本规划"的思维，也要有跨部门、跨地域、跨区域的规划事权思维。按照决策、执行、管理、监督的事权划分方法，本书尝试对中央、省级、市县级和县级以下政府的事权进行优化配置，形成优化配置框架如表 3-12 所示。

不同层级政府空间规划类权责配置优化框架　　　　表 3-12

权责配置		中央政府	省级政府	市县级政府	县级以下
宏观调控 （空间规划指标管控、跨区域基础设施、空间单元名录管理）	责任	√			
	权力	D/S	M/S	E	E
市场规制 （产权规则、交易规则、补偿规则等）	责任	√	√		
	权力	D/S	D/M/S	E	E
资源配置 （历史文化资源、重要生态保护区、全国性战略性自然资源等）	责任	√	√		
	权力	D/S	D/M/S	E/M	E
市政交通 （省内设施、城乡设施等）	责任			√	
	权力	D/S	D/E/M/S	D/E/M/S	E/M
教育	义务教育	责任	√	√	√	√
		权力	D/S	D/E/M/S	D/E/M	E/M

权责配置			中央政府	省级政府	市县级政府	县级以下
教育	高等教育	责任	√	√		
		权力	D/S	E/M/S	E/M	
医疗卫生		责任	√	√	√	
		权力	D/S	D/E/M/S	E/M	E
科技研发		责任	√	√	√	
		权力	D/S	E/M/S	E/M	E/M
公共文化		责任			√	√
		权力		D/S	D/E/M/S	E/M
住房和社区发展		责任			√	√
		权力		D/S	D/E/M	E
环境保护		责任	√	√	√	
		权力	D/S	D/E/M/S	E/M	E

注：决策—D，执行—E，管理—M，监督—S。

（4）人事权：层级分明、高度集中

人事权的核心是干部任免权，具体包括干部选拔、任用、考核、交流、培训、工资、福利、调配、升降、退职、退休、离休、回避、申诉、控告、监督等内容。我国的干部人事制度是在中国共产党管理干部的根本原则下建立起来的，党中央和党的组织系统在官员的任命和管理中居于绝对领导地位。

根据中国共产党《党政领导干部选拔任用工作条例》（2019年3月修订版），在选拔任用"中共中央、全国人大常委会、国务院、全国政协、中央纪律检查委员会工作部门领导成员或者机关内设机构担任领导职务的人员，国家监察委员会、最高人民法院、最高人民检察院领导成员（不含正职）和内设机构担任领导职务的人员；县级以上地方各级党委、人大常委会、政府、政协、纪委监委、法院、检察院及其工作部门领导成员或者机关内

设机构担任领导职务的人员；上列工作部门内设机构担任领导职务的人员"时，均适用该条例；选拔任用"乡（镇、街道）的党政领导干部"和"中国人民解放军和中国人民武装警察部队领导干部"则根据本条例的原则作出规定。也就是说，我国所有的党政领导干部，都是由各级党委按照干部管理权限，经过法定程序进行任命的。

在党管干部体制下，央地的人事权在纵向上呈现出三个比较鲜明的特征，具有鲜明的中国特色。第一，垂直管理、下管一级，即本级党政领导干部须报经上级组织（人事）部门同意。第二，标准考核、压力传导，即从中央到地方采取自上而下的监督和考核办法，按照一定的考核指标进行考察。第三，异地任职、央地转任，即中央政府可以通过对党政干部的调任、转任进行岗位调整，以实现对地方人事权的管控。

3．地方政府行为模式的变迁

在治理体系和治理能力现代化的语境下，我国地方政府的主要行为模式正在从"城市经营型政府"向"社会治理型政府"转变。"城市经营型政府"与"社会治理型政府"，主要存在四点不同：

第一，目标路径不同。城市经营型政府"以地为纲"，目标是通过扩容城市空间促进经济增长；社会治理型政府"以人文本"，目标是通过在空间落实人民权利清单促进人的全面发展。

第二，参与主体不同，城市经营型政府依靠管理型政府单一主体，运用权力形成的权威对各类要素进行配置；社会治理型政府依靠多元主体，政府与市场、社会通过对话协商来达成一致，然后共同行动。

第三，央地政府关系不同，城市经营型政府围绕中央政府的核心考核指标（GDP 为主）进行行为选择；社会治理型政府一方面落实中央政府考核指标，另一方面考察地方居民的满意程度，综合进行行为选择。

第四，政府间关系不同，城市经营型政府表现出"地区间晋升竞标赛"式的竞争形态；社会治理型政府则以"共同优化区域品质"的竞合形态为主。

（1）城市经营型政府阶段

1987 年 12 月 1 日，深圳通过拍卖工业用地拿到了城市建设的第一桶金，由此开启了从小渔村到国际都市的蜕变。没有土地出让这关键一步，今天在世界地图上甚至都不会找到深圳。深圳的发展是之后中国高速城镇化的缩影,是中国城镇化模式的先声。此后,我国高速的城市扩张,无论是京津冀、珠三角、长三角,还是成渝、海西,走的都是这样一条道路。也正是这条路,拉开了中国与其他发展中国家经济发展的差距,拉开了中国城市空间快速扩张的序幕。

在前一阶段,中国经济发展的模式可以概括为:地方政府通过出让土地获得资本,积累资本后进行基础设施建设,进而吸引企业入驻,最后通过企业振兴经济。这条道路不能说是必然,但是确实是快速推进城市发展的出路。随着财权上收、事权进一步下放,地方政府发展压力陡增的同时,也迫使地方政府演变成为一个个竞争实体,采取城市经营的思路谋求发展。

"城市经营型政府"通过对基础设施建设、公共服务供给两种主要手段,使城乡建设空间整体拓展成为可能(图3-3)。

1)纵向央地关系

地方政府总体上延续了"代理人"的角色。中央政府从1995年开始建立了以"工作实绩"尤其以GDP增长率为核心的干部政绩考核体制,扮演了"指挥棒"的作用,极大地激励着地方政府领导人不遗余力地去推进地方经济的发展,追求GDP增长率,以实现政治升迁的目的。

这一阶段,空间规划的主动权基本掌握在地方政府。由地方政府直接推动和组织编制,编制过程、编制时间、编制单位和编制内容也基本受政府掌控。这一阶段层出不穷的概念规划、战略规划等非法定规划,往往在中央还未批准地方法定规划的间隙中,获得了大量的发展空间。

2)横向城市关系

政府间为晋升而"积极竞争"和"消极合作",以竞争为主、合作为辅,选择对自己有利的方面进行合作,而在对自己不利的合作上表现出抵触。一方面,由于决定城市政府官员升迁的核心是经济增长,因此引发地方政府以招商引资和GDP增长为重点的激烈竞争,形成了"晋升锦标赛";另一方面,市场化改革削弱了地方政府对生产要素的控制能力,国际化强化了大都市区和城市群在国际经济竞争中的作用,这些因素又增强了城市间进行合作的客观需求。但总体而言,在晋升锦标赛压力下,城市间的关系呈现出"积极竞争、消极合作"的局面。

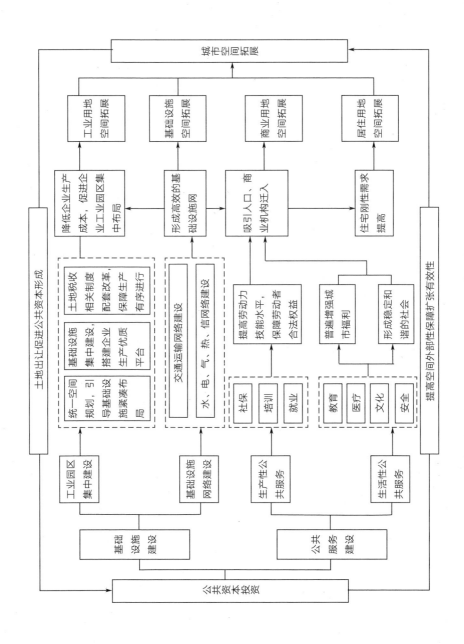

图 3-3 我国城市空间拓展的基本逻辑

177

（2）社会治理型政府阶段

社会治理型政府阶段，总体特征是更加扁平化、更加网络化、更加多中心化，治理主体之间也更加平等，会更加兼顾多种群体的利益。城市管理的权威来自政府权力，城市治理的权威来自社会共识。有学者认为，我国治理型政府导向自 2008 年全球金融危机以后兴起，城市政府因控制的资源大幅下降而不得不积极寻求与企业和社会进行合作。具体来看，从企业经营型政府到社会治理型政府，其主要不同如表 3-13 所示。

1）纵向央地关系

这一阶段，我国央地关系上出现了一些新变化：一是中央政府上收了部分事权，如通过新设立的全面深化改革领导小组强化了对改革的领导权，通过新设立的国家安全委员会整合了维护社会稳定的各种力量，还加强了中央对全国性事务和区域性事务的管理权限和支出责任，以强化中央政府的宏观调控作用；二是中央在上收和加强部分权力的同时，弱化了 GDP 在地方政府实绩考核中的权重，并进一步下放了部分权力，减少中央政府对微观事务的管理和对各类项目的审批，进一步发挥地方政府在本地经济社会发展中的调控作用。

2）横向城市关系

步入后工业化时代，人才替代资本成为了城市兴旺的基本要素。城市间的竞争也从争夺资本转向吸引人才，城市间竞争力的核心从落地项目转向留住人才。对于人才而言，用脚投票的原则依旧有效，城市品质、基础设施水平、经济发展环境、公共服务水平等构成了吸引力本身。当前和未来城市的竞争将是"品质之争"，"城市生活质量"将成为决定创新型城市建设成败的关键。加上区域一体化的发展态势，城市间必然在基础设施互联互通、公共服务异地共享、生态环境整体优化等方面寻求积极的合作。

（二）公共政策过程

公共政策一般指涵盖法律法规相关管理部门提出的法令、条例、计划、措施、规划或项目等，是公共权力机关经由政治过程所选择和制定的为解决

	城市经营型政府	社会治理型政府
目标	经济增长	人的全面发展
路径模式	地的城镇化	人的城镇化
体制机制	以城市为核心，满足市场发展	城乡互动协调发展，实现全面发展
空间治理	粗放式管理	政策与空间有效衔接
发展特征	规模扩张、空间扩容	质量提升、空间集约
动力机制	不完善的市场经济体制	逐步完善的社会主义市场经济体制
评价标准	经济增长数量（单一指标）	城市发展质量（综合指标）
参与主体	管理型政府单一主体	多元主体
政府角色	管理型政府	服务型政府
社会角色	被动参与、社会冲突	公众参与、协商共治
结构特征	金字塔形	扁平化、网络化
纵向央地关系	单一按上级政府要求办事	综合考虑上级政府要求和百姓需求
横向城市关系	晋升竞标赛	竞争与合作共存

公共问题、达成公共目标、以实现公共利益的方案，其作用是规范和指导有关机构、团体或个人的行动，其表达形式包括法律法规、行政规定或命令、政府规划等。

政府规章是公共政策的主要形式，是政府为解决城市公共问题，由政府在法律基础上制定的一个有目的、有明确方向、有权威性的活动过程，是一项含有目标价值与策略的大型计划，是政府选择作为或不作为的过程。公共政策有利于政府组织和推动城市中涉及经济、社会、文化等领域发展；实质是政府代表了公共权力，对社会资源自上而下地再分配，目的是在协调和管理社会利益关系时维护公共利益并达到利益平衡的行为准则。

自政策科学产生以来，哈罗德拉斯韦尔和戴维伊斯顿等人提出的政策过程的阶段模型，一直是最经典也是迄今为止最有影响力的政策分析框架，它将政策过程分为制定（政策议程与政策形成）、执行（政策采纳与政策实施）、评估、调整（终结）四大阶段（图3-4）。

1. 政策决策环节

政策决策又称为政策形成、政策制定或政策规划，是公共政策过程的第一阶段，其过程包括政策问题界定、构建政策议程、政策方案规划、政策合法化等环节。

（1）政策问题界定

所谓政策问题，是指通过公共活动能得以实现的未实现的需要、价值或改进的机会。该环节主要工作包括思考问题、勾勒问题边界、寻求事实依据、列举目的和目标、明确政策范围、显示潜在损益、重新审视问题表述等方面。

（2）构建政策议程

政策议程建立的目的就是构建政策问题。政策问题的构建毫无疑问是整个政策分析过程中最重要的活动，是居于中心的指导系统和定向机制，需要政策制定者或分析人员连续、反复地探讨问题的本质所在。否则，一旦没界定真正的政策问题，就会出现方向性的错误，整个政策活动的失败在所难免。社会问题进入政策议程的主要途径大概有九种：政治领袖、政治组织、代议制、选举制、行政人员、利益集团、专家学者、大众传播媒介、危机和突发事件。

（3）政策方案规划

方案规划指的是对政策问题的分析研究并提出相应的解决办法或方案的活动过程，也就是决策者为处理政策问题而制定相应的解决方法、对策和措施的过程，具体涉及确定目标、拟订方案、预测方案后果、抉择方案的目的。科学高效的政策方案规划可以有效提高政策的民众认可度和现实可行性，从而避免方案流于形式。

（4）政策形成与合法化

所谓政策形成与合法化，是指法定主体为使政策方案获得合法地位而依照法定权限和程序所实施的一系列审查、通过、批准、签署和颁布政策的行为过程。在政策合法化过程中还涉及政策主体的权限问题。政策合法化是政策制定过程的把关环节，其过程主要包括提出政策议案、法制工作

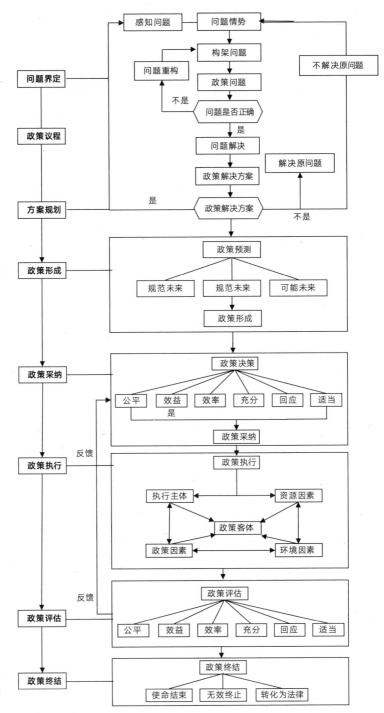

图 3-4 政策过程示意图

机构审议政策议案、领导决策会议表决和通过政策议案、行政首长签署公布政策。

（5）我国政策决策过程

在我国，重大公共政策是由中国共产党领导组织和参与的，并且在政府决策过程中处于领导核心地位。这就产生了独具特色的中国政府决策模式：党、政、人大三位一体并以党为核心的重大公共政策的决策模式。

公共利益是我国重大公共政策制定的逻辑起点，广泛的公民参与是保证我国重大公共政策公正性和科学性的基石和保障。这是由我国的国体、政体、国情综合决定的。在我国，重大公共政策的制定除了分配社会价值的基本功能外，更重要的在于利益增进功能和社会整合功能。为此我国公共政策制定坚持"实事求是，一切从实际出发"以及"从群众中来，到群众中去"的原则。可以把它理解为我国政策制定过程是从群众到领导、从民主到集中、从个别到一般的过程。这决定了我国重大公共政策制定过程"没有调查就没有发言权"的特点，即调查到研究再到决策的过程，是运用蹲点调查、解剖麻雀的方法概括出的一般结论的过程。这一过程充分体现了我国是人民当家作主的社会主义国家，以及中国共产党坚持以人为本的治国理念。

随着社会群体民主意识和政治参与程度的加深，在政策制定过程中，公民参与的程度和范围都有较大发展。但基于我国特殊的行政体制及传统政治文化的影响，我国公共政策制定过程中还存在着公众参与的部分缺失。在我国重大公共政策制定的过程中，智囊团、科研机构、大众传媒、广大人民等在参与公共政策过程中主要以输出型参与为主，并且与政党和政府的要求相一致。

2．政策执行环节

政策执行是指在政策制定完成之后，将政策由理论变为现实的过程。詹姆斯·E·安德森把政策执行理解为："政策执行主体动用各种人力、组织、程序和技术等，把已经采纳的政策付诸实践，以达到政策或项目的目标。"政策执行的概念中包含了以下几点含义：（1）政策执行是一个活动过程；（2）政策执行是通过各种资源及手段的利用才得以实现的；（3）政策执行的目标就是将政策观念形态的内容转化为实际效果。

从系统发生论的观点出发，政策系统运行的实质是政策主体、政策客体与政策环境相互作用的过程。其中，政策主体指直接或间接地参与政策制定、执行、评估和监控的个人、团体或组织，包括官方主体 (立法机关、行政机关等)、非官方主体 (利益团体、公民等)；政策客体指政策所发生作用的对象，包括政策所要处理的社会问题 (事) 和所要发生作用的社会成员 (人)；政策环境指影响政策产生、存在和发展的一切因素的总和，包括社会经济状况、制度或体制条件、政治文化、国际环境等。

（1） 政策主体

团体或组织是公共政策执行的载体，而在我国政策执行组织是一种典型的自上而下的执行体制，这种执行体制主要牵涉到权力划分的问题，它包括两个层面。从纵向上来看，它表现为上级组织和下级组织以及同级组织内部上下级之间的权力划分问题，在我国主要体现为上文所表述的央地关系问题；从横向上来看，主要表现为执行权力在不同组织之间以及同组织内部不同部门之间的协调问题。在我国，最重要的政策主体是作为政策执行者的干部。

（2） 政策客体

政策客体包括两个方面：事物与人群。执行政策就是要改变政策客体系统的现有状态，或是将政策客体的现有状态向人们期望的符合社会发展目标的理想状态转变。

作为政策客体的"事物"，主要指政策需要处理的社会问题，是政策所要调节的、妨碍着特定公众群体的利益实现的对象；作为政策客体的"人群"，是公共政策直接作用与影响的公众群体。政策目标群体系统中既存在具有相同利益的个人组合的统计群体，它不是一种实体性存在，只具有统计上的意义；也存在由于利益相同而产生出来的相互联系的临时性团体，这是一种实体性群体。

（3） 执行环境

制度环境从广义而言包括影响政策执行的一切制度因素，狭义上，它是指间接对政策执行造成影响的制度因素，包括了政治制度、经济制度、文化制度、法律制度等，在我国政治制度和法律制度对公共政策执行产生了主要影响。公共政策执行效果与我国政治制度环境有着密切联系，执政党的最高宗旨以及政府的某一时期的任务和目标等直接影响政策的实施。

我国人民当家作主的国家政体已经建立，但是人民当家作主的民主政治制度建设还不完善。这将降低目标群体对政策的认同感，影响他们参与公共政策执行的积极性，并进而影响公共政策的有效执行。

广义上制度环境的考察实际上包括了正式制度和非正式制度。正式制度通过明确的形式规定，并依靠国家的强制和监督保证实施，如各种成文的宪法、法律、法规、政策、规章等。非正式制度是人们在长期的社会生活中逐步形成的非正式约束，它是人们在长期交往中无意识形成的，具有持久的生命力，是对人的行为不成文的规定，与宪法、法律等成文的正式制度是相对的，这其中包括风俗习惯、伦理道德、文化传统、价值观念及意识形态等。

政策执行过程中，往往注重正式制度环境建设，而忽视了非正式制度及其约束作用，引发了引进国外先进政策后执行过程中"水土不服"的现象。在非正式制度中，意识形态处于核心地位，两千年来，中央集权制度以及儒家思想长期占据中国传统政治、文化、经济主流，一方面"民本"思想有助于政策执行过程中"以人为本"观念的落实，但也使得"官本位"思想、"形象工程"等深入渗透了当前我国政治环境。"乡土中国"当中的社会关系网络同样是制度环境的重要组成部分，在中国，个人通过血缘、熟人等资源共同构成了广泛的社会关系网，这个网络也成了成员之间交流感情、实现利益的工具和手段。在政策执行过程中，某些执行者为攫取更多资源，往往置政策大局于不顾，严重地破坏了政策的整体性，但当政策对执行者有利时，他们同样会利用社会关系网络，推动政策的顺利开展，以维护他们自身的利益。总之，意识形态、社会关系网络等非正式制度因素是一把双刃剑，只有在政策执行过程中，充分认识制度环境作用，对症下药，才有利于政策执行的顺利开展。

（4）我国政策执行的客观现实

在处理纵向的央地关系方面，我国主要协调集权与分权的有效平衡，中央权力过大，地方缺乏主动权，则不能因时、因地制宜，政策执行缺乏主动性和创造性；若地方权力过大，地方就拥有较大自主裁量权，有可能削弱中央对政策执行的控制力。在计划经济体制下，中央高度集权，地方缺乏自主权。改革开放后，我国在中央和地方的权力划分方面作了几次重大调整和改变，重新确立中央和地方的关系，有力推进了分权化改革，促进了"城市经营型地方政府"的产生，虽然地方拥有较大的自主权更利于地方根据中央的政策因地制宜，更适合地方的具体情况，但从长远看，地方由于受自身利益的驱动，极易混淆中央和地方政策的界限，把中央的资源当地方的资源，任意分配，"创造性地发挥中央政策"，搞土政策、搞地方保护主义，导致中央的许多宏观调控政策难以落实。总之，中央和地方的关系如果处理不好，会导致中央许多的政策在地方执行过程中出现障碍，公共政策也得不到有效执行，其根本原因在于中央与地方权力划分缺乏制度化保障和明确细致的法律制度依据，法律制度的不清晰，也意味着中央和地方的权力范围不清晰，最终只能导致地方千方百计地扩大权力，国家宏观的公共政策的有效执行也就无从谈起。

而在公共政策执行过程的横向关系方面，最突出地表现为党政不分和政府各职能部门之间的职责不清。党政不分，以党代政，忽视了国家政府的职能，把坚持党的领导看作是党要管理国家的一切事务，使有些政府职能部门形同虚设，进一步造成政府的行政管理上机构重叠和职能交叉，尤其在公共政策的执行过程中，主体不清，职责不明，缺乏沟通和协调，政府各行政机构之间的职责不清必然导致政府机构膨胀、部门林立，效率极其低下，也影响公共政策的有效执行。

在我国，任何政策的执行最终都离不开作为政策执行者的干部，但干部管理体制的用人制度和执行者责任追究制度等并不十分完善。从20世纪80年代开始，我国对干部管理体制进行了一些探索，中央下放了部分权力，尤其在干部人事任免权方面，干部管理权限改为下管一级，而不是中央直管两级。这种干部管理权限的下放从一定程度上增加了干部任用的自主性，增强了地方领导的工作权威和积极性，提高了干部管理工作的效率，具有时代的进步性，而随着改革的深入和事业的推进，这些制度、机制显现出许多滞后和缺陷。由于地方领导管理权限过大，又缺乏必要的配套监督和责任机制，势必会出现地方根据自己的特定利益需要，做出"上有政策、下有对策"的举动，使中央的政策不能较好贯彻。

执行者素质行为较大程度上决定了公共政策能否有效执行，而我国干部管理制度中长期存在着下级服从上级，只对上级负责的状况，为了提高领导干部的执行水平，规范其自身行为，必须重视建立政策执行者的责任制，使在政策执行中出现的执行不力的责任落实到具体的政策执行者身上，以避免公共政策执行的失败。而我国现行的公共政策执行体制中责任追究制度很不完善，在公共政策执行中缺乏必要的监督，考核不明确，并且考核结果缺乏配套的赏罚措施而导致政策执行中的种种阻碍行为难以得到有效制止和及时纠正。

3．政策评估环节

政策评估是公共政策运行的重要阶段，公共政策评估是政策过程的一个重要环节，它有助于完善政策系统，提高政策质量，进而提升政策绩效，是公共管理工作和公共政策不断走向专业化、科学化和讲求公共实效的标志。加强公共政策评估，对于检验公共政策效果，决定公共政策的存废都具有十分重要的意义。

政策评估是决定政策走向的依据。一项政策的制定往往是决策者依据有限信息，凭借有关技术和方法对未来情况所作的判断，基于政策制定以及执行状况的不确定性，必须根据对实时状况的评估决定该项政策延续、修改或是废止。政策评估也是改善执行不力，提高行政效率的重要保障。

（1）评估的对象

一般认为，政策评估是指依据一定的标准、程序和方法，对公共政策的效率、效益和价值进行测量、评价的过程，主旨在于获取公共政策实行的相关信息，以作为政策维持、调整、终结、创新的依据。有关政策评估的对象，学术界存在部分争议，其焦点在于政策评估究竟是以政策结果还是以政策方案作为评估对象。但总体上来说政策评估的意义在于：政策评估是检验政策效益和效果的基本途径。一项政策正确与否，只能以实践作为唯一的检验标准。而政策评估就是在大

186

量收集政策实际执行效果和效益信息基础上，运用科学方法分析判断政策是否实现了预期目标以及评估政策所产生的效益。

（2） 评估的一般标准

评估的标准主要包括：效益、效率、充分、公平、回应和适当，但是这些应该都是方向性的标准，对其中任何一个标准的评估都需要在其下建立相应的细化指标，对于不同标准的评估可能会运用到多种不同的评估方法。

效益：某一特定方案能否实现所期望的行动结果，即目标。

效率：产生特定水平的效益所需要付出的努力的数量。用最低的成本实现最大的效益的政策最有效率。

充分性：特定效益满足引起问题的需要、价值或机会的程度，大多数充足性政策都是使效益与成本之比最大的政策。

公平：效果与努力在社会不同群体中的分配，其与法律和社会理性密切相关。公平的政策是指效果（如服务的数量或货币化的收益）或者努力（如货币成本）被公平公正地分配。其是有关"分配的正义"的问题。

回应性：政策满足特定群体的需要、偏好或价值观的程度，这说明一项政策有可能满足了效益、效率、充分性和公平之后，仍然不能对可能从政策中获益的某个特定群体的实际需要作出回应。

适当性：指一项计划的目标的价值和支持这些目标的前提是否站得住脚。适当性标准在逻辑上先于效益、效率、充分性、公平性和回应性标准。是更高一个层次的标准，可以称作元标准。

（3） 我国政策评估特点

当前中国政策过程的一个显著特点是行政的双轨结构功能系统，即从中央到地方的各级党委与各级人民政府。在最高层次设有中共中央政策研究室、国务院发展研究中心、国务院国际问题研究中心，在各级地方党委和政府设有政策研究室。在中央一级政策过程比较规范，这些机构能实现其职能。而地方上，公共政策的研究机构参差不齐，这些机构在政策过程中，能否发挥作用及其发挥作用的大小完全取决于领导者的个人素质。由于没有建立在科学基础上的专门组织进行政策评估，决策者的个人偏好过分占据主导地位，缺乏必要的深入调查，公开咨询，事中和事后的评估工作。

政策执行不力与行政效率不高是一直困扰我国政府的两大难题,其重要原因之一即缺少有效的政策评估机制以监督、保证政策被正确贯彻实施。缺乏正确的政策评估取向,官方评估工作主观随意性极大,评价目的是消极的,评价动机也不甚妥当。尤其在我国地方政府工作过程中,"压力型政府"及"晋升锦标赛"的存在,使得政策评估多盲目追求绩效,而背离了实事求是的原则;乃至借评估使效果不佳、绩效不良的政策合理化,以掩盖政策举措失当甚至无能;借评估以推卸自己应负的责任或将责任推给他人等。由于上述不良动机的存在,也就不可能真正有效地发挥评估的效能。而在专家评估过程中,专家学者一旦缺乏深入实际参与政策过程,进行政策评估时不可避免地倾向于用价值判断代替事实分析,用定性分析取代定量结论。此外,真正的公众参与公共政策评估过程反而流于形式,基于我国政治生活中的人治现象普遍存在,群众评估能否发挥作用在较大程度上往往取决于决策者个人素质。

4. 政策终结

政策终结表明一个政策过程最后的归宿。要么成功达到预先设定目标而完成使命,由于这种政策具有其特殊性和针对性,虽然成功,但不具备移植和推广的可能,只能退出政策舞台;要么是没有达到目标而失效,政策终止,政策行动者需建立一个新的政策过程以解决未能解决的问题;要么政策成功并且具备指导意义而上升为法律。

我国政策系统对规划实施有着实质性的影响。一方面,要对各类政策的制定、执行内容及其对规划实施的影响情况作深入分析,这就需要运用、借鉴一系列有关政策科学的理论成果,比如政策的属性、形式、系统构成、执行过程等。另一方面,规划本身所具有的公共政策属性已日益强烈地表现出来,规划实施政策过程的各阶段之间有其内在的、完整的逻辑关系过程，合理的政策必须有合理的过程给以支持。

5. 公共政策过程视角下的空间规划

公共政策过程理论是理解我国空间规划现状问题、问题症结的重要视角，对完善作为公共政策的空间规划具有很强的指导意义。本书以主体功能区规划、全国土地利用规划、国家新型城镇化规划、全国城镇体系规划、全国生态保护与建设规划为对象，通过公共政策理论进行剖析，总结了以下问题和产生问题的主要原因（表 3-14）。

各类空间规划的特色较为明显，但是不足也相对突出，这与发展背景有关，大部分规划还未走出"部门规划"的基本定位，还未成为国家治理能力体系的组成部分，具体归纳起来主要有以下六点原因：一是对规划的治理本质认知不系

我国主要空间规划类型特色与不足 表 3-14

规划类型	特色	不足
主体功能区规划	□ 实行分类管理的公共政策方式 □ 明晰了区域政策和绩效考核评价两部分内容	■ 分区单一，对复合功能体现不足 ■ 纵向传导性不强，没能够精确落地
全国土地利用规划	□ 紧密围绕国土资源管理主要矛盾 □ 重体制机制建设，涉及面广	■ 应对未来不确定性有待加强 ■ 空间导向不强，应用性有待加强 ■ 全面性不足
国家新型城镇化规划	□ 战略性较强 □ 突出重点领域和关键环节	■ 应对未来的不确定性有待加强；空间导向不强 ■ 缺少空间具体指引，精准性不够
全国城镇体系规划	□ 主线较为清晰 □ 突出构建支撑国力进步的全国城镇体系	■ 城镇融合考虑不够充分 ■ 缺失陆海统筹内容 ■ 传导机制不够健全
全国生态保护与建设规划	□ 部门色彩较浓 □ 管理分区以自然本底为基础	■ 全面性不够 ■ 传导性不强

统，没有从现代化治理的角度开展规划的工作；二是对规划主体的考虑不周全，没有打通国家—省级—市县—乡镇完整的横、纵向政策链条；三是规划体系不健全，对空间范围、空间类型没有实现全覆盖，规划实施被部门事权切割；四是规划管控内容不精确，主控要素不明、涵盖不全，对弹性和刚性的要素判断不准确；五是实施政策不完备，缺乏有效的政策工具和管理手段；六是规划调整体制不适用，没有实现实时监督、多元主题监督，大多规划调整是在向市场力量妥协。

如今，空间规划将面临三大转型：从政府主导的公共政策到生态文明制度本身；从面向物质空间的工程技术到现代化治理体系的组成部分；从经济发展的重要供给环节到完善中国特色社会主义制度的重要抓手。公共政策过程视角下，空间规划的转型将围绕五个方面展开（图3-5）。

中国特色空间规划的基础分析与转型逻辑

新机制、新政策、新体系设计

纵向：国—省—市—区规划明确事权划分；自上而下与多方参与

横向：将相关部门纳入实施主体；明确规划实施职责

纵向：建立国土空间规划层级传导与协调机制，加强对下位规划的指导，加强对专项规划的管控

横向：建立国土空间规划分期实施机制，加强近期建设项目的统筹作用

以建设量管控为规划实施抓手

以年度空间计划为引导实施手段和协同工具

配套政策：土地政策、产业政策、城镇开发边界政策、自然资源政策……

推进关键性内容清单化立法

规划实施监测体检评估机制

规划实施考核机制与监督问责机制

事权对应的空间规划动态调整机制

现状与问题

实施主体：自然资源为规划实施部门
问题：纵向事权不对应；横向体系单一

实施政策：通过编制详细规划(控规)实施空间规划
问题：纵向上，缺乏内容传导与号机制，宏观规划与监管脱节；横向上，缺乏时序传导号机制，不利于引导项目实施

实施手段：多审核一、多证合一，以一书三证进行规划管理
问题：强制性工具，属被动式管理，缺乏主动引导规划实施的具体抓手和配套工具

实施效果评估：五年一次规划实施评估
问题：缺乏实时监测，及监督机制

政策调整：较长时间才可以调整或更新编规划
问题：缺乏公共政策的动态调整调整机制

规划主体（政策主体）
规划体系（政策本体）
规划实施（政策执行）
规划评估（政策评价）
规划调整（政策调整）

多元结构的政策主体 → 纵向体系 / 横向体系

公共政策问题
公共政策制定 → 确定公共政策目标 / 设计公共政策方案 / 评估公共政策方案 / 选定公共政策方案 / 设计执行

公共政策执行 → 行政手段 / 法律手段 / 技术手段 / 经济手段；主动式 / 被动式

公共政策评估 → 政策系统与政策过程的评估 / 政策效果与效率的评估

公共政策延续与调整 → 调整 / 继续 / 终结

反馈

图 3-5 公共政策过程视角下的空间规划转型

第四章

中国特色
空间规划
的价值基
础

IV

价值是关于主客体之间关系的内容，是客体属性之于主体的有用性，体现的是一种以主体为尺度的客观性主客关系。价值观是人们对于价值的基本观点，是认识、对待和处理价值问题的基本态度和方法，表现为价值取向、追求，凝结为一定的价值目标，或是约束某种行为的价值尺度。[1] 社会文明是人们在生产和生活过程中创造的，是价值观的现实基础。一定的生产方式和社会文明之中，包含着历史和文化的因素，它们赋予价值观以历史和文化特征，因而是价值观基础中的重要内容。

　　特有的空间结构和形态是社会文明的产物，也是一定价值观下的产物，而空间的演变也影响价值观的走向。例如，优先小汽车出行的城市道路网络是效率至上价值观的体现，而严重的汽车拥堵问题又引发人们反思效率至上价值观的优劣，由此也形成了一组循环上升的主客体关系。

　　空间规划作为当前社会文明的组成部分，是一定价值观的空间投射，探讨空间规划的价值观建设，对新时期空间规划改革的创新路径具有重要的指导意义。我国由工业文明步入生态文明，除了表现为经济增长速度放缓以外，空间资源配置的价值观也随之转变，由经济增长主义下的保护与发展相对立，转向保护与发展协调共生。[2] 未来，坚持中国特色社会主义道路、坚持解放和发展社会生产力、坚持以人民为中心、坚持全局观念、坚持战略引领、坚持法治思维等价值导向等"六个坚持"将成为新时期空间规划改革的价值体系本源，持续指导空间规划体系的优化与创新。

一、坚持中国特色社会主义道路

　　中国特色社会主义是改革开放以来党的全部理论和实践的主题。[3] 以党的十一届三中全会为

1. 陈宪章, 宁玉民. 对价值观基础的阐释 [J]. 北京青年政治学院学报, 2002(04): 9-14。
2. 高洁, 刘畅. 伦理与秩序——空间规划改革的价值导向思考 [J]. 城市发展研究, 2018（2）：1-7。
3. 习近平：高举中国特色社会主义伟大旗帜 为决胜全面小康社会实现中国梦而奋斗 [N]. 人民网·人民日报, 2017. http://cpc.people.com.cn/n1/2017/0728/c64094-29433645.html .

标志，中国实行改革开放已经整整 40 年了。这 40 年，是中国共产党带领中国人民高举改革开放旗帜、成功开创并坚持和发展中国特色社会主义的 40 年，是中华民族沿着中国特色社会主义道路迎来从站起来到富起来再到强起来伟大跨越的 40 年。[1] 习近平总书记在庆祝改革开放 40 周年大会上强调指出："40 年的实践充分证明，党的十一届三中全会以来我们党团结带领全国各族人民开辟的中国特色社会主义道路、理论、制度、文化是完全正确的"。40 年的成功实践雄辩证明同时也深刻启示我们，面向未来，在改革开放的前进道路上，我们必须牢固树立中国特色社会主义道路自信、理论自信、制度自信、文化自信，确保党和国家事业始终沿着正确方向胜利前进。

空间规划已经成为生态文明制度的一部分，其作为中国特色社会主义道路的组成部分，必须坚持中国特色社会主义道路，坚持马克思主义的指导思想，坚持和加强党的全面领导，坚持充分发挥社会主义制度优越性。

（一） 坚持马克思主义指导

马克思主义是人类社会思想发展史上的优秀成果，具有跨时空的真理性、科学性。马克思主义的一系列基本原理，深刻揭示了自然界、人类社会、人类思维发展的普遍规律。2016 年，习近平总书记在哲学社会科学工作座谈会上的讲话中就明确指出：坚持以马克思主义为指导，是当代中国哲学社会科学区别于其他哲学社会科学的根本标志，必须旗帜鲜明加以坚持。2017 年 5 月，中共中央印发的《关于加快构建中国特色哲学社会科学

---

1. 何毅亭. 四十年改革开放与中国特色社会主义 [N/OL]. 学习时报, 2018. http://theory.people.com.cn/n1/2018/1207/c40531-30448320.html.

的意见》指出，要坚持马克思主义在哲学社会科学领域的指导地位。空间规划是哲学社会科学的组成部分，也必须坚持马克思主义，这是中国特色空间规划的重要特征，具体体现在四个方面。

第一，坚持马克思主义价值观。空间规划在本质上是规范的而非实证的。[1]所谓"规范的"，是指事物应当怎样，而不论这种应当是否具有必然性，更多带有马克思主义赋予的价值判断。

第二，坚守马克思主义的基本立场。人民立场是马克思主义的基本立场，空间规划应当坚持以人民为中心，从公共利益出发，立足最广大人民的根本利益，着力构建宜居宜业、生活富足、生态优美、文明和谐的空间布局，满足人民群众对美好生活的向往。

第三，坚持马克思主义的基本观点。马克思主义是关于自然、社会和人类思维规律的科学认识，是对自然界规律和人类社会实践经验的科学总结。要善于运用辩证唯物主义和历史唯物主义，用世界物质统一性、联系和发展、对立统一、质量互变等观点分析问题，正确把握社会基本矛盾，深刻认识人类社会发展规律、社会主义建设规律，并以此指导空间规划的理论和实践。

第四，坚持马克思主义的基本方法。马克思主义既是世界观，也是方法论。恩格斯指出："马克思的整个世界观不是教义，而是方法。它提供的不是现成的教条，而是进一步研究的出发点和供这种研究使用的方法。"在空间规划中坚持马克思主义的基本方法，就是要坚持两点论和重点论的统一，坚持从实际出发、实事求是，坚持具体问题具体分析，打破教条思维和本本主义，立足我国国情和时代变化，推动空间规划与时俱进，不断满足新的需要。

（二） 坚持党的领导

中国特色社会主义最本质的特征是中国共产党领导，中国特色社会主义制度的最大优势是中国共产党领导，这是党的十八大以来以习近平同志为核心的党中央关于中国共产党历史地位的两

---

1. 孙施文. 现代城市规划理论 [M]. 北京: 中国建筑工业出版社, 2007: 421。

个全新论断。[1]这两个科学论断深刻揭示了党的领导与中国特色社会主义的关系，反映了以习近平同志为核心的党中央对共产党执政规律、社会主义建设规律、人类社会发展规律认识的深化。《中共中央关于修改宪法部分内容的建议》提出将其充实进宪法总纲第一条第二款，这是深入贯彻党的十九大精神和习近平新时代中国特色社会主义思想、推进宪法完善发展的重要举措。中国共产党是中国特色社会主义事业领导核心，担负着治国理政重任，担负着团结带领人民全面建成小康社会、推进社会主义现代化、实现中华民族伟大复兴中国梦的重任。

长期以来，我国国土空间在高速发展诉求和增长价值引领下，面临着"多规"衔接复杂、部门协调困难、规划立法薄弱等难题。十八大后，中央提出"建立国家空间规划体系"以来，全国统一、相互衔接、分级管理的国土空间规划体系将成为国家治理的重要工具之一。面对新时期、新形势、新任务，必须坚持党在空间规划中的领导作用。

第一，坚持党在空间规划中总揽全局、统领各方的作用。加强党对空间规划相关部门的领导，发挥党统揽全局、协调各方的优势，把握发展大局、确定发展方向、制定发展战略，统筹各方面工作、协调各方面利益、理顺重大关系，整合规划资源、调动各方力量、形成规划合力。

第二，坚持党的领导贯穿到规划立项、规划编制、衔接协调、公众参与、审查审批、实施管理、评估修编的全过程。坚持在党的领导下，保持空间规划的权威性、严肃性和连续性，坚持一本规划一张蓝图持之以恒加以落实，防止换一届领导改一次规划。

第三，坚持党在党政干部考核中的监督作用。依据《城乡规划法》《国家新型城镇化规划 (2014—2020 年)》《中共中央关于制定国民经济和社会发展第十三个五年规划的建议》的相关要求，应加强党以规划强制性要素为重点监督内容，将空间规划实施情况纳入地方党政领导干部考核和离任审计。

---

1. 丁薛祥 . 党的领导是中国特色社会主义最本质的特征和最大优势 [N/OL]. 红旗文稿，2017（1）.http://theory.people.com.cn/n1/2017/0111/c143844-29015507.html.

（三）坚持社会主义制度

中国特色社会主义制度是空间规划的制度基础和根本保障。习近平总书记在庆祝中国共产党成立 95 周年大会上的讲话指出，"中国特色社会主义制度是当代中国发展进步的根本制度保障，是具有鲜明中国特色、明显制度优势、强大自我完善能力的先进制度"。

当前，空间规划的编制与审批、实施与管控、评估与维护、监督与评估等工作程序和内容，在遵循中国特色社会主义根本政治制度、基本政治制度、基本经济制度的前提下，依据中国特色社会主义法律体系开展。未来，伴随治理体系和治理能力的现代化建设，空间规划更离不开新时代中国特色社会主义制度体系深化改革和逐步完善，以及与产业、土地、财政、金融、税收、项目等相关配套制度的整体协同和联动，以顺应新时期的治理要求。

坚持社会主义政治制度，包括人民代表大会制度、政治协商制度、民族区域自治制度、群众自治制度，严格落实人大对规划的审议，发挥政治协商在规划中的作用，保障民族地区根据当地经济社会发展需要对规划的自主管理权，广泛听取基层群众意见等。

坚持社会主义经济制度，规划编制和执行过程中严格切合我国所有制制度，不得改变所有权，鼓励和引导非公有制企业及非公有制经济主体参与规划过程等。

坚持社会主义文化制度，在规划中充分考虑公共文化设施建设需要，保障公共文化服务均等化，保护历史文化古迹和特色文化风貌，提高城乡文明程度。

坚持社会主义社会制度，在规划布局中落实教育、医疗、卫生、养老、健身、住房等民生保障的要求，努力创造舒适的居住环境，提高人民群众生活质量。

二、坚持解放和发展社会生产力

坚持解放和发展社会生产力是中国特色社会主义的根本任务。生产力决定生产关系，生产关系适应生产力发展，是马克思主义揭示的人类社会的发展规律。生产力标准是唯物史观的根本原则，也是其优于唯心史观的首要标志。解放和发展社会生产力是解决社会基本矛盾的根本手段，是促进社会进步的根本动力。改革开放以来，中国共产党始终不渝地坚持解放和发展社会生产力，不断满足人民群众日益增长的物质文化需要，为实现人民幸福、人的全面自由发展奠定了坚实的基础。[1] 生产力和生产关系矛盾规律一直指导着我国社会主义经济建设，是新时代中国特色社会主义经济建设的理论源泉。[2]

空间规划是调整和优化生产关系的重要手段，解放和发展生产力也是空间规划的重要任务。当前，空间已不仅仅是物质生产的平台和容器，其本身已经进入了生产领域，已成为一种生产资料，具有使用价值及交换价值，加入了经济发展的过程；空间同时也进入了社会领域，是调节社会矛盾的重要抓手，优质的空间品质对于缓和社会冲突具有明显的促进作用；空间还在生态领域发挥重要作用，具有生态属性和生态改善的功能。总体而言，空间规划是调整和优化空间供给的重要手段，是国家对社会经济生态的治理工具，是保证综合效益的"集体供给"，是减轻资本活动对社会体制消极作用的有效抓手。[3] 空间规划应合理配置空间要素，推动创新要素集聚，改革空间规划及治理体系，从而全面促进改进生产关系以适应生产力发展。

（一）合理配置空间要素

空间规划是配置资源的一种重要方式，通过对国家土地和空间使用配置的调控，对建设和发展中的市场行为进行干预，从而保障国土空间的有序发展。空间规划应做好政府宏观调控要素配置的重要方式和有效工具，通过对空间的用途管制和开发权控制，推进土地、资金、人才等要素资源有序流动，以适应市场发展演变及其需求变化，调动各方积极性，实现可持续发展。

在国家层面，空间规划应成为统筹国土空间开发、保护、整治的总体

1. 徐浩然，唐爱军. 解放和发展社会生产力 [N/OL]. 人民网·中国共产党新闻网，2016.http://dangjian.people.com.cn/n1/2016/1026/c117092-28809612.html。
2. 浙江省中国特色社会主义理论研究中心浙江大学基地. 从生产力与生产关系视角深刻理解新时代我国社会主要矛盾 [EB]. http://www.ce.cn/xwzx/gnsz/gdxw/201801/27/t20180127_27932569.shtml，2018。
3. 高鉴国. 城市规划的社会政治功能——西方马克思主义城市规划理论研究 [J]. 国外城市规划，2003(2): 31-33。

部署，建立协调有序的国土开发保护格局的重要路径，通过严守生态保护红线，坚持山水林田湖草整体保护、系统修复、区域统筹、综合治理，并完善自然保护地管理、跨省域补充耕地国家统筹管理，以及生态保护补偿等体制机制建设，实现国家空间资源的全局统筹和开发管控。

在区域层面，空间规划应成为"一带一路"建设、京津冀协同发展、长三角一体化发展、长江经济带建设、粤港澳大湾区建设等重大战略的重要引领；空间规划应成为统筹发达地区和欠发达地区共同发展的有效抓手，加快补齐基础设施、公共服务、生态环境、产业发展等短板，引导资源枯竭地区、产业衰退地区、生态严重退化地区积极探索特色转型发展，促进发达地区与欠发达地区区域联动格局的形成。[1]

在城乡层面，空间规划应成为促进新型城镇化和乡村振兴实现双轮驱动的重要支撑，坚持工业反哺农业、城市支持农村和多予少取放活方针，加大统筹城乡发展力度，增强农村发展活力，促进城乡区域间要素自由流动，逐步缩小城乡差距，促进城镇化和乡村产业、人才、文化、生态和组织振兴的协调推进。[2]

在城市内部层面，空间规划应成为以存量土地更新利用，空间品质提升为重点，实现城市内不同区域协调发展的关键突破，在城市更新、工业企业改造、土地利用效率提高、公共服务配置均等化等过程中实现升级和技术创新。

（二） 推动创新要素集聚

党的十八大明确提出"科技创新是提高社会生产力和综合国力的战略支撑，必须摆在国家发展全局的核心位置。"强调要坚持走中国特色自主创新道路、实施创新驱动发展战略，进而对城市创新空间的规划建设提出了新的要求。党的

1.《中共中央 国务院关于建立更加有效的区域协调发展新机制的意见》。
2. 根据《国家新型城镇化规划（2014～2020）》和《国家乡村振兴战略规划（2018～2022）》整理。

中国特色空间规划的基础分析与转型逻辑

十九大吹响了加快建设创新型国家的强劲号角。习近平总书记反复强调指出"实施创新驱动发展战略决定着中华民族前途命运""科技创新是提高社会生产力和综合国力的战略支撑，必须摆在国家发展全局的核心位置"。[1]党中央、国务院高度重视创新工作，把创新放到新发展理念之首，制定出台了《国家创新驱动发展战略纲要》，并印发《关于深化体制机制改革加快实施创新驱动发展战略的若干意见》《关于强化实施创新驱动发展战略进一步推进大众创业万众创新深入发展的意见》等一系列重大配套举措。

空间规划应落实创新驱动发展战略。一方面，空间规划应遵循需求导向、人才为先、遵循规律、全面创新的总体思路，结合政策推进、品牌建立、文化培育和环境营造实现创新空间营造，创新规划技术和方式方法，强调市场主导原则，促进人才、资本、技术、知识的有序自由流动，进而全面激发创新活力。另一方面，空间规划应统筹"创新空间单元"和"区域空间协同"，围绕产业集群的创新行为和创业生态网络的互动需要，充分考虑企业、科研院所、高等学校的创新需求，预留创新空间，进行创新空间组织。

（三） 兼顾效率与公平的治理体系

空间规划是衡量国家治理体系和治理能力现代化的一把尺子，是保障国家空间竞争力、可持续发展的载体平台，是维护国家空间安全格局和公平治理格局的重要工具。当前，国家空间格局变迁正处于关键拐点期，国

---

1. 王再新、王智.形成实施创新驱动发展的合力 [N/OL]. 光明日报, 2018.http://theory.people.cn/n1/2018/0808/c40531-30215523.html。

家空间治理体系处于转型变革时期，国家空间规划类型处于整合创新时期，构建适应生态文明建设、促进"五位一体"战略实施的国家空间规划新体系，具有战略意义。[1]

主要矛盾变化要求改革空间规划及治理体系。党的十九大报告指出，新时代我国社会主要矛盾是人民日益增长的美好生活需要和不平衡不充分的发展之间的矛盾，深刻反映了我国生产关系的变化。如今，站在发展对立面的已经不再是"落后的生产力"，而是导致发展不平衡不充分的各类障碍，我们所追求的也不再是更高的物质生产，而是美好生活。空间规划应确立全面深化改革，改革束缚生产力发展的体制机制障碍，打破利益藩篱，释放活力，在继续推动发展的基础上，着重解决发展不平衡的结构性问题和发展不充分的规模性问题，提升发展质量和效益。

加快改革空间规划及治理体系。长期以来，我国的空间规划体系庞杂、种类繁多，存在着空间资源浪费、管理成本增加等一系列问题，原有的空间规划虽然竭尽所能地发挥各自对生产要素和空间协调的作用，终因体制、机制和部门利益等原因收效甚微，由于我国持续高速的经济增长衍生的一系列"资源—环境—生态"问题日益凸显，转型发展和可持续发展的资源与环境压力日益加剧，盲目投资和低水平总量扩张与社会事业发展滞后的矛盾日益尖锐，区域和空间协调发展面临日益严峻的挑战。[2]在国家机构改革的时代背景下，空间规划体系重构势在必行。

改革空间规划及治理体系。依据《关于建立国土空间规划体系并监督实施的若干意见》，将主体功能区规划、土地利用规划、城乡规划等空间规划融合为统一的国土空间规划，实现"多规合一"，是党中央做出的重大决策部署。要科学布局生产空间、生活空间、生态空间，体现战略性、提高科学性、加强协调性、强化规划权威，改进规划审批，健全用途管制，监督规划实施，强化国土空间规划对各专项规划的指导约束作用。空间规划治理应从重技术，向技术、政策、实施、管理四位一体转变，从偏静态蓝图式规划治理，向全规划周期评估、检讨、维护、调整、修订的动态调适过程转变。[3]

---

1. 俞滨洋，曹传新.论国家空间规划体系的构建 [J]. 城市与区域规划研究，2017（4）：11-16。
2. 顾朝林.论我国空间规划的过程和趋势 [J]. 城市与区域规划研究，2018(3)：12-16。
3. 王晓东.对当前空间规划治理体系和治理能力建设的若干思考 [EB].2018. http://gh.xm.gov.cn/dtxx/zjsj/zjlt/201812/t20181228_2198025.htm 。

中国特色空间规划的基础分析与转型逻辑

三、坚持以人民为中心

人民是历史的创造者，以人民为中心是中国特色社会主义事业的根本立场。党的十九大报告提出："人民是历史的创造者，是决定党和国家前途命运的根本力量。必须坚持人民主体地位，坚持立党为公、执政为民，践行全心全意为人民服务的根本宗旨，把党的群众路线贯彻到治国理政全部活动之中，把人民对美好生活的向往作为奋斗目标，依靠人民创造历史伟业。"人民群众是中国共产党的力量源泉，人民立场是中国共产党的根本政治立场。习近平总书记在第十三届全国人民代表大会第一次会议指出，"必须牢记我们的共和国是中华人民共和国，始终要把人民放在心中最高的位置，始终全心全意为人民服务，始终为人民利益和幸福而努力工作"。

空间规划应始终坚持以人民为中心，把"以人民为中心"作为规划目标的出发点和落脚点，贯穿到编制、实施、评估、修改的全过程中，重视保障和改善民生，提升公共服务水平，促进社会和谐，追求生态宜居，充分发挥人民的主体作用，不断满足人民群众对美好生活的新期待。

（一）落实生态文明建设

良好的生态环境，可持续发展的和谐人居环境是最大的公共品；通过空间规划落实生态文明理念，就是以人民为中心的最好体现。生态文明建设是中国特色社会主义事业的重要内容。2015年4月出台了《中共中央国务院关于加快推进生态文明建设的意见》，提出"加快推进生态文明建设是加快转变经济发展方式、提高发展质量和效益的内在要求，是坚持以人为本、促进社会和谐的必然选择，是全面建成小康社会、实现中华民族伟大复兴中国梦的时代抉择，是积极应对气候变化、维护全球生态安全的重大举措"。2018年5月，习近平总书记在全国生态环保大会上强调："生态环境是关系党的使命宗旨的重大政治问题，也是关系民生的重大社会问题"。

空间规划应全面落实生态文明建设要求。2015 年 9 月，中央下发《生态文明体制改革总体方案》，明确了空间规划是国家空间发展的指南，要整合各类具有空间性质的规划、编制统一的空间规划、实现规划全覆盖，编制国家、省和市县三级规划，建立统一规范的空间规划编制机制，并提出了生态文明体制改革要求下未来空间规划体系的建设方向。不同于现存各类具有空间性质的规划，空间规划的提出应体现"尊重自然、顺应自然和保护自然"的生态文明理念，通过推进绿色城镇化、加快美丽乡村建设、加强海洋资源科学开发和生态环境保护，保护和修复自然生态系统、推进污染防治，进而健全空间规划体系，实现科学合理布局和整治生产空间、生活空间、生态空间的生态文明建设要求。[1]

（二） 维护社会和谐稳定

社会和谐是中国特色社会主义的本质属性，是我们党不懈追求的社会理想。社会稳定是改革发展的前提，没有和谐稳定的社会环境，一切改革发展都无从谈起，再好的规划和方案都难以实现。必须保持清醒头脑，始终牢记和谐稳定是根本大局的道理，着力提升维护社会和谐稳定的能力和水平，为经济社会持续健康发展创造良好环境。习近平同志在十九大报告中提出"打造共建共治共享的社会治理格局"。并提出了加强社会治理制度建设、预防和化解社会矛盾机制建设、加强社区治理体系建设等具体要求。

空间规划应以促进形成共建共治共享的社会治理格局为目标，维护社会和谐稳定。在规划制定中，空间规划应协调城乡空间布局，改善人居环境，促进城乡经济社会全面协调可持续发展，

1.《中共中央 国务院关于加快推进生态文明建设的意见》。

从区域全局或长远考虑，协调分散个体使用者的利益，使之服从整体利益、长远利益，注重统筹兼顾多方利益，关注突出问题，缓解社会矛盾；规划执行中，空间规划应重点关注并解决居民高度关注的突出问题，注重保障群众合法权益，及时缓解不同阶层、不同群体之间的矛盾纠纷；规划评估中，空间规划应广泛听取社会各界意见，及时调整完善。

（三） 发挥人民主体作用

倡导共享发展理念，坚持人民主体地位。党的十八大报告提出："必须坚持人民主体地位。"牢牢把握这一基本要求，对于充分调动人民群众的积极性、主动性、创造性，为中国特色社会主义提供最广泛最可靠最牢固的群众基础和力量源泉，具有重要意义。在中央全面依法治国委员会第一次会议上，习近平总书记就全面依法治国的指导思想、发展道路、工作布局、重点任务做出总体部署，并强调坚持人民主体地位的重要性，强调要保证人民依法享有广泛的权利和自由，承担应尽的义务，维护社会公平正义，促进共同富裕。[1]

空间规划应充分发挥人民的主体作用，尊重人民首创精神。在空间规划的编制、执行过程中，充分征求人民群众意见，保障人民群众的知情权、参与权、监督权，推进协商民主广泛、多层、制度化发展，广纳群言、广集民智，增进共识、增强合力。在空间规划的评估、修改过程中，应将人民满意度作为最终的评价标准，并建立健全权力运行制约和监督机制，推进空间规划评估、修改过程运行的公开化、规范化，让人民监督权力，让权力在阳光下运行，确保权力行使的过程成为为人民服务、对人民负责、受人民监督的过程。尊重人民群众的首创精神，及时将人民群众的有益探索吸收进空间规划实践中。

---

1. 《中共中央关于全面推进依法治国若干重大问题的决定》。

（四） 提升空间供给水平

近年来，我国普遍存在空间产品供给跟不上人民对美好生活需要的步伐，供给不足（如优质公共空间）和供给过剩（如低端住宅空间）问题并存、供给不均（如城乡差异）和供给不公（如服务设施）问题共存，"良好生态环境"这种具有最普惠民生福祉属性的空间的供给能力是逐渐下降的。

空间规划作为对空间公共资源分配的公共政策，应服务于人民，提升政府空间供给能力和水平。一方面，空间规划应满足社会民生导向型公共服务需求，包括：教育、医疗、文化、体育等领域，在以人为本的视角下，通过合理设置公共部门辐射半径，促进实现基本公共服务均等化发展目标；另一方面，空间规划也应满足发展导向型公共服务需求，建设服务型政府，提高公共服务部门信息化程度，推动"互联网 + 政务"体系的搭建，旨在实现公共服务品质化发展目标，构筑发展中的人力资源和资本吸引，助力发展提质升级。

四、坚持全局观念

坚持树立全局观念是贯穿中国共产党理论和实践创新全过程和各方面的重要思想方法。习近平总书记系列重要讲话中多次强调，"不谋全局者，不足以谋一域"，要有普遍联系的观点和系统思维的方法，全面地而不是片面地看问题，统筹谋划涉及党和国家事业的各个方面、各个层次、各个要素；就是要有整体观念和战略思维方法，加强顶层设计，从整体上把握和推进我们的事业；就是要有大局观、大局意识，识大局、顾大体，不要因本位主义、局部利益，损害全局和整体利益。[1]

空间规划要坚持树立全局观念的思想方法和工作方法，以公共利益为导向，充分体现"大空间"概念，全面落实"多规合一"和"多方参与"，既要坚持全面系统的观点，又要抓住空间规划体系改革的关键，以重要领域和关键环节的突破带动全局。

（一） 坚持公共利益导向

公共利益是空间规划的基本理念和核心价值观。[2-3] 空间规划作为确定空间未来发展、合理布局和综合安排各项工程建设的综合部署，以及区域的发展蓝图，通过制定公共政策、行使公权力来应对市场经济下的社会共同问题，从而实现社会公共利益的最大化。[4] 空间规划工作实际上就是围绕着利益平衡点问题展开的，利益的获得主要取决于对空间的所有权和使用权、收益权。空间规划要捍卫公共利益，就是要界定土地利用价值转移过程中的利益关系，既保护各种组织和个人应该获取的利益，又保障共同的利益。

空间规划应严格秉承公共利益有限、践行公共利益导向的价值观。空间规划中公共利益的表现形式有以下几个方面：首先，空间规划法律、

1. 孙业礼. 观大势. 谋全局——习近平总书记系列重要讲话蕴含的一个重要思想和工作方法 [N/OL]. 北京日报, 2017.http://theory.people.com.cn/n1/2017/0227/c40531-29109972.html。
2. 赵民, 雷诚. 论城市规划的公共政策导向与依法行政 [J]. 城市规划, 2007(6): 21-27。
3. 石楠. 试论城市规划中的公共利益 [J]. 城市规划, 2004(6): 20-31。
4. 乔艺波. 演进的价值观：城市规划实践中公共利益的流变——基于历史比较的视野 [J]. 城市规划, 2018（1）：67-73。

法规通过建立土地资源合理配置秩序保证城乡经济、社会、环境协调发展，维护城乡发展和建设秩序；其次，空间规划作为政府与市场博弈的工具，来承担维护公共利益的责任，提供公共物品；最后，空间规划在资源配置、开发条件、实施控制等必须以公平为首要目标，通过土地、公共服务设施、基础设施、环境资源再分配等手段，把利益向弱势群体倾斜，来实现社会公平的公共利益目标。[1]

正如前文说言，优质的生态环境和人居环境是最大的公共品，随着我国经济进入新常态，经济发展不能再延续以往粗放低效的传统模式，必须重视发展的质量，要守住"绿水青山"，让人民群众有更多"获得感"，实现社会的包容性发展。因此在新的社会背景下，空间规划被赋予了全新的重要作用，成为国家治理体系和治理能力现代化的重要内容，社会公平与生态环境保护成为空间规划工作的重点目标。

（二） 彰显 "大空间" 理念

"大空间"理念是空间规划体系改革的核心体现。在我国传统的国家空间规划体系重城市轻农村、重陆地轻海洋、重非农空间轻农业空间，在一定程度上反映的是国家行业发展规划，而不是国家空间规划。[2]自十八届三中全会首次提出"建立空间规划体系"的概念以来，党和政府出台的文件中又出现了"空间规划""空间性规划"等概念。其中空间的概念也已经得以丰富拓展，包括城市乡村、陆地海洋、山水林田湖草各种自然资源、实体和虚拟等等。要统筹考虑各种空间系统，进行综合规划（表4-1）。

---

1. 王国恩. 城市规划中公共利益的表现形式 [R]. 转型与重构——2011 中国城市规划年会论文集, 2011。
2. 俞滨洋, 曹传新. 论国家空间规划体系的构建 [J]. 城市与区域规划研究, 2017(4): 11-16。

中国特色空间规划的基础分析与转型逻辑

表 4-1

文件名	篇章	具体内容
十八届三中全会《中共中央关于全面深化改革若干重大问题的决定》（2013）	加快生态文明制度建设	建立空间规划体系，划定生产、生活、生态空间开发管制界限，落实用途管制
中共中央国务院《关于加快推进生态文明建设的意见》（2015）	强化主体功能定位，优化国土空间开发格局	要坚定不移地实施主体功能区战略，健全空间规划体系，科学合理布局和整治生产空间、生活空间、生态空间
中共中央国务院印发《生态文明体制改革总体方案》（2015）	生态文明体制改革的目标	构建以空间规划为基础、以用途管制为主要手段的国土空间开发保护制度，着力解决因无序开发、过度开发、分散开发导致的优质耕地和生态空间占用过多、生态破坏、环境污染等问题
《中共中央关于制定国民经济和社会发展第十三个五年规划的建议》（2015）	加快建设主体功能区	以主体功能区规划为基础统筹各类空间性规划，推进"多规合一"
《中华人民共和国国民经济和社会发展第十三个五年规划纲要》（2016）	加快建设主体功能区	以市县级行政区为单元，建立由空间规划、用途管制、差异化绩效考核等构成的空间治理体系。建立国家空间规划体系，以主体功能区规划为基础统筹各类空间性规划，推进"多规合一"
中办 国办印发《省级空间规划试点方案》（2017）	开展省级空间规划试点	推进"多规合一"的战略部署，全面摸清并分析国土空间本底条件，划定城镇、农业、生态空间及生态保护红线、永久基本农田和城镇开发边界，注重开发强度管控和主要控制线落地，统筹各类空间性规划，编制统一的省级空间规划，为实现"多规合一"、建立健全国土空间开发保护制度积累经验、提供示范
中共中央国务院《关于统一规划体系更好发挥国家发展规划战略导向作用的意见》（2018）	强化空间规划的基础作用	国家级空间规划要聚焦空间开发强度管控和主要控制线落地，全面摸清并分析国土空间本底条件，划定城镇、农业、生态空间以及生态保护红线、永久基本农田、城镇开发边界，并以此为载体统筹协调各类空间管控手段，整合形成"多规合一"的空间规划

（三） 构建 "广协同" 机制

空间规划治理体制重构是空间规划体系的改革重点，简单来说就是如何从"部门的规划"走到"国家的规划"。受到我国长期条块分割体制的深刻影响，各部委系统针对审批职能制定了规划原则依据和任务内容，使之部门利益最大化，造成了国家空间规划的不完整、不系统，权责不一且模糊，尤其是农村、农业、海洋、沙漠、贫困地区、地下、地上等空间规划缺失严重，已经对我国国家空间格局的可持续发展产生了重大影响。同时，当前我国空间规划变更频繁，规划错位、越位、失位问题突出，导致规划缺乏科学性、权威性、严肃性和连续性，难以充分发挥对空间资源配置的引领和调控作用。[1] 中央先后在城镇化工作会议和《国家新型城镇化规划（2014—2020）》《生态文明体制改革总体方案》《中共中央关于制定国民经济和社会发展第十三个五年规划的建议》等文件中提出，要推进规划体制改革，加快规划立法工作，健全规划管理体制机制。

空间规划应构建多方协同的治理格局，着力推进国家治理体系和治理能力现代化。首先，注重横向事权协同，以关键事权统一集中、其他事权分散配置为导向改革空间规划管理体制，统筹关键空间资源的规划事权，发挥各部门在其他空间资源调配方面的专业性与能动性；其次，注重规划过程纵向协同，应以强化政府引导与服务职能为导向，整合空间规划管理程序与手段，实行空间规划"一张图"审批，统一审批依据，简化行政审批，完善工作程序和方法，提升审批效率，激活发展内生动力[2]；最后，多元主体的治理协同，治理主体的多元化是提升空间治理能力和效率的重要前提[3]，在空间规划编制、审批和实施等各环节都应推动多元主体的深度参与，建立起完善的利益相关者和公众意见的表达机制，积极引导各类市场主体和社会组织参与空间规划，在空间治理中充分发挥多元主体的合作共治作用。

五、坚持战略引领

国土空间是落实"五位一体"总体布局和协同推进"四个全面"战略布局的重要载体。国土空间规划是落实中央精神、实现国家意志的重要

---

1. 俞滨洋, 曹传新. 论国家空间规划体系的构建 [J]. 城市与区域规划研究, 2017（4）: 11-16。
2. 严金明, 陈昊, 夏方舟. "多规合一"与空间规划: 认知、导向与路径 [J]. 中国土地科学, 2017（1）, 21-27。
3. 许景权. 基于空间规划体系构建对我国空间治理变革的认识与思考 [J]. 城乡规划, 2018（5）: 14-20。

抓手，必须在服务大局、顺应趋势的基础上，提出新发展时期空间单元的定位，引领全域发展。

空间规划要坚持"五位一体"和"四个全面"两大"布局"统筹联动、协同推进的战略引领。党的十八大以来，我党形成并积极推进经济建设、政治建设、文化建设、社会建设、生态文明建设"五位一体"的总体布局，形成并积极推进全面建成小康社会、全面深化改革、全面依法治国、全面从严治党的战略布局，进一步强调要统筹推进"五位一体"总体布局和协调推进"四个全面"战略布局。[1]空间规划应当为维护和增进国家利益、实现国家目标而综合发展、合理配置和有效运用国家资源和力量提供强有力支撑。

（一） 体现国家战略导向

统一规划体系，且更好发挥国家发展规划的战略导向作用，本身就是一项国家战略。2018年9月20日习近平总书记主持召开了中央全面深化改革委员会第四次会议并发表重要讲话，会上审议通过了《关于统一规划体系更好发挥国家发展规划战略导向作用的意见》。"意见"明确提出了"以规划引领经济社会发展，是党治国理政的重要方式，是中国特色社会主义发展模式的重要体现。科学编制并有效实施国家发展规划，引导公共资源配置方向，规范市场主体行为，有利于保持国家战略连续性稳定性，确保一张蓝图绘到底。"空间规划作为国家规划体系的重要组成部分，是发展规划的下级规划，应服务于上级规划，应作为将党的主张转化为国家意志，遵循并落实国家发展战略的重要基础和有效支撑。

强化空间规划在落实国家战略中的基础作用。根据《关于统一规划体系更好发挥国家发展规划战略导向作用的意见》要求：国家级空间规划要

---

1. 国防大学中国特色社会主义理论体系研究中心．统筹联动 相互促进 全面发展——如何更好推进"五位一体"总体布局和"四个全面"战略布局．经济日报，2017.http://theory.people.com.cn/n1/2017/0205/c40531-29058854.html．

聚焦空间开发强度管控和主要控制线落地，全面摸清并分析国土空间本底条件，划定城镇、农业、生态空间以及生态保护红线，永久基本农田、城镇开发边界，并以此为载体统筹协调各类空间管控手段，整合形成"多规合一"的空间规划。强化国家级空间规划在空间开发保护方面的基础和平台功能，为国家发展规划确定的重大战略任务落地实施提供空间保障，对其他规划提出的基础设施、城镇建设、资源能源、生态环保等开发保护活动提供指导和约束。[1]

（二） 落实国家战略部署

国家总体战略层面分为国家安全战略和国家发展战略，分别代表军、民两个战略体系的顶端，下辖多个层次的具体战略。国家安全战略包括各安全领域战略及军事战略等，国家发展战略则包括政治、经济、文化、社会、生态等各领域的发展战略。

空间规划应成为全面落实国家战略的有效抓手。在国家总体战略、国家安全战略、国家发展战略，科教兴国战略、人才强国战略、创新驱动战略、乡村振兴战略、区域协调发展战略、可持续发展战略、军民融合发展战略，以及军事战略、海洋强国、网络强国战略等各个国家战略层次、各个领域上，通过规划统筹、进程同步、力量共享、要素融合、政策协同，实现空间规划与国家总体建设目标的有机衔接。

落实国家战略部署方面，空间规划第一要务就是要全面理解上位规划对特定空间单元的各项任务。具体而言，就是深入贯彻落实国家

---

1. 中共中央国务院《关于统一规划体系更好发挥国家发展规划战略导向作用的意见》。

规划和区域规划：国家规划包括国家发展规划、
国家级专项规划、国家级空间规划；区域规划指
的是省级空间单元所处特定区域的规划，如《京
津冀协同发展规划》《长三角城镇群规划》《珠
三角城镇体系规划》等；各类空间规划的首要
任务就是要理解上述国家规划和区域规划对该
空间单元的基本定位，并制定相应策略。

（三）提升国家战略能力

国家战略能力主要指一个国家着眼本国安全利益目标，为预防和应对
可能的危机、冲突或战争，所能调动和使用的物质力量和精神力量的总和。
这是一个涉及多因素的复杂动态体系，既包括国家的土地、矿产、人口等
资源要素，也包括国家经济机制、政治机制、军事机制等机制要素，还包
括经济能力、科技能力、军事能力等能力要素，以及国民素质及精神状态、
领袖集团素养、战略筹划与决策能力等精神要素。

空间规划应成为提升国家战略能力的有效抓手。空间规划通过有效控
制实现国家战略目标所利用的关键性国家战略资源，提升运用国家战略资
源达成国家战略目标的能力。在党的十九大"构建一体化的国家战略体系
和能力"的要求下，空间规划应推动经济和国防两大体系建设的统筹推进，
从空间上构建形成一体化国家战略体系和能力，推进现代化经济体系和现
代化国防体系建设的统筹布局。

六、坚持法治思维

全面依法治国是中国特色社会主义的本质要求和重要保障。"法者，治
之端也"，法治是一个国家发展的重要保障，是治国理政的基本方式。在党

的十九大报告中，"坚持全面依法治国"被纳入新时代坚持和发展中国特色社会主义的基本方略，明确了"建设中国特色社会主义法治体系、建设社会主义法治国家"的总目标，这标志着我们党对建设法治中国的理论探索和实践发展都达到了新的高度。[1] 深化党和国家机构改革，必须坚持全面依法治国原则，处理好改革和法治的关系，统筹考虑各类机构设置，统筹使用各类编制资源，完善国家机构组织法，构建系统完备、科学规范、运行高效的党和国家机构职能体系，全面提高国家治理能力和治理水平。[2]

法治化是保障空间规划体系改革成功的基本保障和根本出路，也是我国依法治国的客观要求和组成部分。在坚持法治思维方面，应强化空间规划的公共政策属性，完善空间规划的法律法规体系，并增强空间规划的底线刚性约束和弹性放活能力。

（一）完善空间规划的法律体系

目前，我国空间规划的法律法规体系尚未建立，"权"与"法"的失衡依旧存在。2013 年中央城镇化工作会议就提出"建立空间规划体系，推进规划体制改革，加快规划立法工作"。目前国土空间规划法律地位未明确，规划的权威性不足，土地违法屡禁不止，相关行政部门因"公"违法成本低，其根源在于地方政府，土地是围绕着项目转，为了招商引资，地方政府在背后支持，默许土地违法现象大量存在，片面追求经济效益而忽视生态环境承载量，大量农田因此化为建设用地，有的甚至公开、直接违法。

然而目前，空间规划缺乏统领空间规划全局的主体法律，其工作依据的法律多是部门发布的

1. 光明日报评论员：坚持全面依法治国.http://theory.people.com.cn/n1/2017/1102/c40531-29622454.html。
2. 马怀德.坚持全面依法治国 [N].求是，2018.http://theory.people.com.cn/n1/2018/0416/c40531-29928750.html。

法律和行政规章制度，如《城乡规划法》《土地管理法》《森林法》《草原法》《矿产资源法》《水土保持法》等，不利于空间规划发挥治理职能。应加快立法进程，完善国土空间开发保护制度。目前，国土空间开发保护法已纳入十三届全国人大常委会立法规划，将为加强国土空间规划编制实施提供法治依据，使得空间规划的管控底线、技术、手段等，通过国土空间开发保护法予以确立和保障，并得以顺利实施。

（二） 提高主控空间要素的法定化水平

在市场经济环境下，保护和开发的矛盾突出地体现在空间规划中，实际社会经济发展所导致的"变"和空间规划所规定的"不变"之间存在着明显的矛盾。如何实现法制化的规定空间规划的"不变"，和动态化的规定空间规划的"可变"，关键在于对主控空间要素的法定化。

在"不变"的内容方面，空间规划应加强国土空间用途管制和开发强度管控等要素的法定化。空间规划是建立完善国土空间开发保护制度的主要手段，是有效解决无序开发、过度开发、分散开发导致的优质耕地减少、生态空间占用过多、城镇边界人为放大、环境破坏污染加剧等突出问题的主要方法。空间规划应满足指导约束国土空间开发保护的需要。按照"全域覆盖、集约利用、分级管控、对接事权、体现特色"的原则，坚持陆水统筹、区域协同、上下联动，通过开展资源环境承载力评价和国土开发适宜性评价，全面摸清国土空间本底条件，科学划定生态保护红线、永久基本农田和城镇开发边界，严守生态安全、粮食安全和国土安全底线，构建节约资源和保护环境的生产、生活、生态空间，推动形成绿色发展方式和生活方式。

在"可变"的内容方面，重点应聚焦在对主控要素调整的机制、政策方面。选取空间要素中需要赋予弹性调整机制、用途转化政策、动态评估机制的部分要素，采用区间调控的模式予以法律确认。彰显空间规划的基础性、前瞻性和可操作性，实现空间规划"顶层设计"和底层情怀的有机结合、科学性和操作性的有机结合、基本性和特色性的有机结合。

（三） 强化空间规划的公共政策属性

空间规划由政府制定，以空间和土地资源为对象，协调和处理社会中不同利益群体在空间和土地资源上的利益诉求，保障公共利益。空间规划由国家强制力保证实施，反映了政府对土地和空间资源的权威性的价值分配，是具有典型意义的公共政策，并作用于国土空间相关的公共领域。空间规划作为典型的公共政策，具有自身独特的要求和体现。

首先，空间规划具有地域性。具有独特区位条件的地域一直都是空间规划作用的最直接对象，空间规划的各种政策意图都是通过空间这一载体来加以实现，通过各种资源在空间上的合理统筹与协调，实现指导各项建设有序进行和经济、社会、环境的可持续发展。

其次，空间规划具有综合性。空间规划是多重目标集合于一体的综合性公共政策，不仅要对未来做出战略安排和宏观布局，还要对近期发展进行必要布局；不仅要谋取更多的发展效益，还要保障人民的公共利益；不仅要对整体进行统筹谋划，还要对局部进行合理协调与引导；不仅要维持城市新的增长，还要对历史文化遗产进行保护。

最后，空间规划具有权威性和强制性。随着政治体制的改革以及公民社会的日益成长，规划的权威性也在不断地得到加强和显现。任何需要改变和调整空间规划的行动都必须通过合法的渠道，进入到相应的政治系统才能进行。如我国制定的空间类规划法规，对相应的规划管理机构、规划的编制和实施进行授权，以国家强制力为保障，具有不可挑战的强制性。[1]

我国快速城镇化的背景下一系列问题逐渐凸显，如耕地面积减少、资源和土地资源的浪费、生态环境退化、环境问题逐步加重、城乡扩张下的社会问题显化等。尽管空间规划作为公共政策已经逐步得到认可，但是空间规划作为引领国土空间发展优化和解决城市问题的重要手段，在转型时

---

1. 蔡克光．城市规划的公共政策属性及其在编制中的体现 [J]. 城市问题，2010（12）：5-20。

中国特色空间规划的基础分析与转型逻辑

期被赋予更多的内涵，受到了新的挑战。首先是范围拓展，从城镇空间、农业空间拓展到所有国土空间，重点加强对生态空间的规划实施管理和用途管制。其次是行为拓展，从以建设行为管控为重点到管控所有国土空间开发保护行为，包括农业开发、退耕还林、退耕还湿、生态建设等。最后是目标拓展，从依法依规开发利用的具体管理要求，到保障资源、环境、生态安全，提升空间开发利用效率的整体目标要求。空间规划必须强化公共政策属性，在现状调研、多方案比选、规划纲要讨论及规划成果制作等主要流程中充分体现其公共政策属性，不断推进规划的效率和公平的优化，引领社会、经济和生态的持续发展。

下
篇

中国特色空间规划的沿革逻辑

第五章

中国空间
规划的沿
革历程

V

中国的空间规划以 1978 年改革开放为分野，大体上可以分为两个阶段：1978 年改革开放以前，中国特色的社会主义市场经济体制还未建立，仅存在城市规划单一空间规划类型，并具有明显的计划经济特征，是服务发展计划的工程手段；而在 1978 年以后，空间规划逐步从城市规划单一类型，拓展到包括城市规划、土地利用规划、主体功能区划、环境保护规划等多个类型，这些空间规划由不同部门负责，通过对国土空间资源的分配、经济资源的调度、生产要素的有序引导实现对地方发展的干预。本章以 1978 年为分水岭，大体上将中国的空间规划分为两个阶段考察。同时，考虑到进入 21 世纪后，多类空间规划并存的局面，并最终导致多规合一相关政策出台，因此又将 21 世纪后单独分为了两个不同阶段加以阐述。

和其他文献不同的地方在于，本书梳理空间规划体系发展历程完全按照国民经济和社会发展五年规划（计划）的时序展开。国民经济和社会发展五年规划（计划）是国家规划体系中发展最早、结构最完整、影响也最大的规划，长期以来作为国家和地方社会经济发展的纲领性、战略性文件，也是各种层面空间规划的主要依据。基于此，本章将以五年规划（计划）为线索，观察中国空间规划体系的变迁过程，梳理不同时期空间规划体系的构成、主要内容和对城市发展的影响，试图描绘新中国成立以来空间规划发展的大体脉络。

在这个章节，读者将看到中国如何从新中国成立之初的一穷二白、经济凋敝到如今的世界第二大经济体、经济发展最快国家，感受中国城镇化和工业化的蓬勃发展过程，也能看到空间规划在每个阶段助力中国城镇化和工业化的探索和努力，体验其中的曲折与艰辛。

一、20世纪50～70年代: 服务计划经济的工程手段

（一） 时代背景

1949年新中国成立至1978年改革开放约30年里，中国共经历了5个"五年计划"。"五年计划/规划"的制度设计一直是中国特色社会主义制度的重要特点，工作持续至今、影响绵延深远，每一个"五年计划"的编制和实施都是世界经济格局变化和中国经济发展情况的重要缩影。从"一五计划"之前的二战刚刚结束，到"五五计划"期间的冷战时期，是世界两极格局对峙最为激烈的历史阶段。这30年中，国家发展完全围绕工业化为核心展开，工业化水平与速度成为衡量经济发展水平的唯一标准。加快工业化进程并建立一个完整的工业体系更是成为巩固与维持政治独立的前提，重工业化成为这一时期经济生活中，无论是政府还是经济个体最主要的追逐目标。

与此相对应，在举国推动工业化的阶段，空间规划是对国家计划的延续和落实，是实现经济计划的空间图解，本质上是服务于国家发展计划的工程手段。在建国初期的几十年时间里，空间规划以"城市总体规划"为主要形式，并以学习苏联经验为主要路径，在一定程度上从属于国民经济五年计划，负责落实重点工程建设和基础设施配套建设，统领整个城市发展框架，全面组织城市的生产和生活。对城市和区域发展而言，"城市总体规划"从重大工业项目的联合选址，到处理好工业项目与城市的关系、基础设施的配套建设，乃至原有城市的改扩建、各项建设的标准制定等，都发挥了重要的综合指导作用，为1949年以后中国工业体系的迅速建立做出了积极贡献。

（二） 第一个五年计划 （1953～1957年）

1953～1957年发展国民经济计划是中国的第一个五年计划，简称"一五"计划，具有里程碑式的意义。"一五"计划的编制从1951年开始酝

223

酿，并于 1952 年 8 月编制出"一五"计划的轮廓草案；1952 年 11 月，中央人民政府委员会决定设立国家计划委员会，负责制订国民经济发展计划；1954 年 4 月，中央决定成立了由陈云、邓小平、李富春、邓子恢等 8 人组成的编制五年计划纲要草案工作小组，从此开始"一五"计划的全面编制工作；1955 年 7 月第一届全国人民代表大会第二次会议审议并通过了发展国民经济的第一个五年计划。作为国家第一个五年计划，浓墨重彩地描绘了产业发展蓝图，明确指出"集中主要力量，进行以苏联帮助我国设计的 156 个大型建设项目为中心、由 694 个大中型建设项目组成的工业建设，建立我国社会主义工业化的基础"是"一五"期间的基本任务。

与此相对应，空间规划的主体工作就分为两项："提供厂址选择方案"和"规划重点工业城市"，基本还是集中于城市空间内。因而从另一个侧面说，我国空间规划以"城市总体规划"为开端迎合了当时的客观需求，是时代发展的必然。1954 年 10 月，建筑工程部城市建设局升格为城市建设总局，专门负责城市建设的长远计划和年度建设计划的编制和实施，参与重点工程的选址，指导城市规划的编制，大量空间规划工作由此开展起来。

1. 产业选址规划：工作重心转向城市，全国布局偏重中西部

1949 年 3 月在西柏坡召开的党的七届二中全会决定：新中国的工作重心从农村转向城市，以恢复和发展生产为中心。在这样重大的历史转折背景下，156 项工程和 694 个限额以上工厂的布局规划必须在城市落地。同时，为了改变经济发展不平衡的局面，也出于备战的需要，"一五"计划加大了对中西部省份的投资。"一五"计划指出，"我国工业原来畸形地偏集于一方和沿海的状态，在经济上和国防上都是不合理的。我们的工业基本建设的地区分布，必须从国家的长远利益出发，根据每个发展时期的条件，依照下列原则，即：在全国各地区适当的分布工业的生产力，使工业接近原料、燃料的产区和消费地区，

中国特色空间规划的基础分析与转型逻辑

并适合于巩固国防的条件，来逐步地改变这种不合理的状态，提高落后地区的经济水平"。

据统计，"一五"期间以建设内陆地区工业为战略重点，472个大中型工业建设项目分布在中西部地区，占全国总项目的68%，苏联援建的项目大部分布置在内陆省份，同时也加强了内地地区的交通基础设施建设，促进了内地经济快速发展。与之相比较，东部地区的产业布局就显得尤为稀少，例如传统的经济强市杭州，《杭州市总体规划（1951～1957年）》确定的城市定位为"以旅游、休养、文化为主，适当发展轻工业，逐渐建成一个富于艺术性和教育性的风景城市"，这个战略定位仅考虑了杭州自然景观的独特优势，却对城市工业发展考虑不足。类似杭州的情况在东部沿海地区比较明显，对之后城市空间拓展也产生了影响。

专栏5-1 "一五"计划对于产业布局的部署

第一，合理地利用东北、上海和其他城市已有的工业基础，发挥它们的作用，以加速工业的建设。最重要的是要在第一个五年计划期间基本上完成以鞍山钢铁联合企业为中心的东北工业基地的建设，使这个基地能够更有能力地在技术上支援新工业地区的建设。

除了对于鞍山钢铁联合企业作重大的改建以外，东北各工业区的原有工业，如抚顺、阜新和鹤岗的煤矿工业，本溪的钢铁工业，沈阳的机器制造工业，吉林的电力工业，也都将在五年内加以改建。

第二，积极地进行华北、西北、华中等地新的工业地区的建设，以便第二个五年计划期间在这些地区分别组成以包头钢铁联合企业和武汉钢铁联合企业为中心的两个新的工业基地。

第三，在西南开始部分的工业建设，并积极地准备新工业基地建设的各种条件。

根据上列主要的工业基本建设的部署，那么，在完成第一个五年计划的基础上，到第二个五年计划完成的时候，我国就将有分布在东北、华北、西北和华中各地区的巨大工业基地，这样也就将在相当大的程度上改变我国广大地区的经济生活。这种工业的地区分布是建立在发展重工业的基础上的，因此也就开始改变了过去工业分布的性质。

除了上述重工业分布的部署以外，五年计划对于轻工业（主要是纺织工业）的新建设也作了比较合理的新部署，部分地改变轻工业过去集中在沿海的现象，而移向于接近原料产区和消费地区的内地。

根据内地的需要，应该逐步地把沿海城市的某些可能迁移的工业企业向内地迁移。

2．工业城市规划：采用苏联模式，规划八大重点工业城市

"一五"时期的空间规划，更简单点说，就是对工业城市的规划。这个过程中，苏联规划师的援助发挥了重要作用，规划的理念、方法和具体实施也体现出明显的"苏联模式"特征。所谓规划的苏联模式，就是在高度集中的计划经济体制和高度集中的行政命令体制结合下，利用规划工具自上而下贯彻高层决策。在这样一种模式下，城市是布置国家生产力的基地；工业是城市发展的主要因素和动力；生活为生产服务，生活设施是为工业发展而建设的配套；各类设施的规划建设标准完全由国家制定；城市规划的主要任务是在空间上安排好这些要素等。

出于配合重点工业项目建设的实际需要，国家城市规划主管部门开展了以西安、太原、兰州、包头、洛阳、成都、武汉和大同等八大重点城市为代表的新工业城市的规划工作，旨在为各项建设提供配套服务。[1] 此外，"一五"期间，全国共完成了 150 个城市的初步规划，许多城市也完成了一些企业厂区和居民生活区的详细规划。"一五"期间的八大重点城市总体规划，是新中国首次空间规划的编制，也是规划管理部门第一次对空间资源的系统配置，具有开创性、引导性、先验性的重要意义，奠定了新中国规划事业发展的基础。这次规划实践中所运用的学科知识、管理办法、实施规则等，对后来的空间发展产生着深远的影响。同时，这次空间规划实践所暴露出来的问题，也一直伴随规划发展左右。

---

1. 李浩 . 历史视角的城市规划实施问题探讨 [J]. 城市规划，2017（3）。

中国特色空间规划的基础分析与转型逻辑

中华人民共和国成立后的第一批城市规划，为工业化起步创造基本条件和空间落地可能，即保证156项重点工程项目落地生根，并能够扩大再生产，将新中国革命与建设的重点转向城市。

专栏5-2 "一五"计划的具体任务

第一个五年计划的基本任务是：集中主要力量进行以苏联帮助我国设计的156个建设单位为中心，由限额以上的694个建设单位组成的工业建设，建立我国的社会主义工业化的初步基础。发展部分集体所有制的农业生产合作社，并发展手工业生产合作社，建立对于农业和手工业的社会主义改造的初步基础。基本上把资本主义工商业分别地纳入各种形式的国家资本主义的轨道，建立对于私营工商业的社会主义改造的基础。围绕着这些基本任务，第一个五年计划有以下各项具体任务：

一、建立和扩建电力工业、煤炭工业和石油工业；建立和扩建现代化的钢铁工业、有色金属工业和基本化学工业；建立制造大型金属切削机床、发电设备、冶金设备、采矿设备和汽车、拖拉机、飞机的机器制造工业。这些都是我国重工业的新建设。这些新建设的逐步完成，将使我国能够在社会主义大工业的物质基础上改造我国国民经济的原来面貌。

二、随着重工业的建设，相应地建设纺织工业和其他轻工业，建设为农业服务的新的中小型的工业企业，以便适应城乡人民对日用品和农业生产资料的日益增长的需要。

三、在建设新工业的同时，必须充分地和合理地利用原有的工业企业，发挥它们的潜在的生产力量。在第一个五年计划期间，重工业和轻工业的生产任务的完成，主要地还是依靠原有的企业。

四、依靠贫农（包括全部原来是贫农的新中农），巩固地联合中农，采用说服、示范和国家援助的方法，推动农业生产的合作运动，以部分集体所有制的农业生产合作社为主要形式来初步地改造小农经济，在这个基础上对农业进行初步的技术改良，提高单位面积的产量，同时也发挥单干农民潜在的生产力量，并利用一切可能的条件努力开垦荒地，加强国营农场的示范作用，以保证农业生产——特别是粮食生产和棉花生产的进一步发展，逐步地克服农业落后于工业的矛盾。注意兴修水利，植树造林，广泛地开展关于保持水土的工作。促进畜牧业和水产业的发展，增加农业特产品的生产。

五、随着国民经济的高涨，相应地发展运输业和邮电业，主要是铁路的建设，同时发展内河和海上的运输，扩大公路、民用航空和邮电事业的建设。

六、在国家统筹安排的方针下，按照个体手工业、个体运输业和独立小商业等不同行业的情况，分别地用不同的合作形式把他们逐步地组织起来，使他们能够有效地为国家和社会的需要服务。

七、继续巩固和扩大社会主义经济对于资本主义经济的领导，正确地利用资本主义经济的有利于国计民生的积极作用，限制它们的不利于国计民生的消极作用，对它们逐步地实行社会主义的改造。根据需要和可能，逐步地扩展公私合营的企业，加强对私营工业产品的加工、订货和收购的工作，并稳步地和分别地使私营商业为国营商业和合作社营商业执行代销、经销等业务。

八、保证市场的稳定。继续保持财政收支的平衡，增加财政和物资的后备力量；随着工业农业的生产的发展，相应地发展城乡和内外的物资交流，扩大商品流通，对生产增长赶不上需要增长的某些主要的工业农业产品，在努力增产的基础上逐步地实施计划收购和计划供应的政策。

九、发展文化教育和科学研究事业，提高科学技术水平，积极地培养为国家建设特别是工业建设所必需的人才。

十、厉行节约，反对浪费，扩大资金积累，保证国家建设。

十一、在发展生产和提高劳动生产率的基础上，逐步地改善劳动人民的物质生活和文化生活。

十二、继续加强国内各民族之间的经济和文化的互助和合作，促进各少数民族的经济事业和文化事业的发展。

3. 其他空间规划：设施规划、生活空间规划较为滞后

其他空间类型的规划，虽然当时并未纳入城市规划范畴，更多是以单个项目开展工作，如车站规划、港口规划、机场规划等；但是考虑到这些规划基本都属于之后空间规划体系的内容，所以在此一并简单概述。

20世纪50年代，新中国刚刚从战后恢复，

百废待兴、经济落后、收入过低，需求方面市场容量太小，投资引诱不足，从而造成贫困恶性循环。为了打破这一困境，必须同时对国民经济各个部门进行大量投资，均衡发展。

基础设施规划方面，"一五"计划中奉行"基础设施建设同步论"。即：基础设施与其他国民经济部门按比例投资、共同发展。"一五"计划中，明确提出"要随着国民经济的高涨，相应地发展运输业和邮电业，主要是铁路的建设，同时发展内河和海上的运输，扩大公路、民用航空和邮电事业的建设"。

生活空间方面，在规划工业城市的同时，也相应建成了第一批街坊式居住区，如上海曹杨新村、北京百万庄、沈阳铁西工人新村等，但这些居住区大多是为生产"配套"的，"效率优先"成为单一原则，对人的活动需求考察并不全面。

耕地区划方面，"一五"计划的五年内，全国耕地面积扩大 5867 万亩，1957 年全国耕地面积达到 16.745 万亩。

4．小结：奠定基础、埋下伏笔

整体来看，"一五"计划的成绩是巨大的，是 1953 年至 1980 年的 5 个五年计划中，全国经济增长最快、效益最好的时期。即便跟其他同处于 20 世纪 50 年代的大多数新独立、人均年增长率为 2.5% 左右的发展中国家相比，中国的经验也是非常成功的。

"一五"计划实现了国民经济的快速增长，并为我国的城镇化和工业化奠定了初步基础。但是，由于人为扭曲了工业化正常发展道路，重工业的超前化发展、轻工业迟滞发展，导致了城市对人口吸纳能力有限，生活空间、服务设施、休憩娱乐场所等一系列空间需求受到了明显的压抑，关于生态、环境、社会、旧城改造等很多空间规划应该处理的问题，更是几乎没有研究。这也为中国之后几十年层出不穷的空间发展新诉求埋下了伏笔。

（三）"二五"到"四五"（1958～1975年）

从"二五"计划的制定到"四五"计划的实施，跨越了20世纪50年代中后期、整个60年代和70年代的中前期。这个阶段是我国发展较为曲折的阶段，指导思想出现了"大跃进"的错误；掀起了以"大炼钢铁"为主要内容的运动；爆发了"文化大革命"，这些重大的历史事件彻底打乱了全国发展的步伐。由于发展方针不断调整，发展环境不够稳定，空间规划的发展历经曲折和停滞。

1."二五"计划：工业大冒进与规划"大跃进"（1958～1962年）

"二五"计划作为党中央的建议在1956年中国共产党第八次代表大会上通过。此后，由于指导方针的屡次修改，各年度的计划数字不断大幅调整变化，第二个五年计划的正式文件始终未能颁布。由此也导致了1958～1962年整个5年时间里，全国缺乏顶层设计，发展历经曲折。

专栏5-3 "二五"计划中重工业、轻工业发展规划的表述

我国第二个五年计划的中心任务仍然是优先发展重工业，这是社会主义工业化的主要标志，因为重工业是建立我国强大的经济力量和国防力量的基础，也是完成我国国民经济的技术改造的基础。

在第二个五年计划期间，必须大力加强机器制造工业、特别是制造工业设备的机器制造工业的建设，继续扩大冶金工业的建设，以适应国家建设的需要。同时还应该积极地发展电力工业、煤炭工业和建筑材料工业的建设，加强工业中的落后部门——石油工业、化学工业和无线电工业的建设。和平利用原子能工业的建设，应该积极地进行。

五年内，应该努力加强工业中的薄弱环节，开辟新的领域，例如各种重型设备、专用机床、精密机床和仪表等（专栏5-3表1）的制造，高级合金钢的生产和钢材的冷加工，稀有金属的开采和提炼，有机合成化学工业的建立等等。同时还应该注意资源的综合利用，特别是共生有色金属的全面利用。

在优先发展重工业的同时，应该在农业发展的基础上，适当地加速轻工业的建设，以适应广大人民对消费品的日益增长的需要，并且增加国家

的资金积累。

在第二个五年计划期间，凡是社会所需要和原料供应充足的轻工业，都应该充分发挥原有设备的生产潜力，并且应该适当地提高轻工业的投资比重，按照需要和可能进行新的建设，以进一步扩大轻工业的生产。轻工业部门应该努力增加产品品种，提高质量，降低成本，做到物美价廉。

为了增加轻工业产品，地方工业应该更多地利用当地的资源和废料，增产适合于当地人民需要的各种消费品，并且在各地区之间互通有无。应该在合作化的基础上，继续发展手工业，以满足人民的多方面的需要。

我国"二五"计划的重工业发展目标 [1] 　　　　　专栏 5-3 表 1

产品 名称	计算 单位	1962 年 计划 产量	1957 年 计划 产量	1952 年 实际 产量	历史上最高年产量	
					年份	产量
发电量	亿度	400～430	159	72.6	1941	59.6
原煤	万吨	19000～2100	11298.5	6352.8	1942	6187.5
原油	万吨	500～600	201.2	43.6	1943	32.0
钢	万吨	1050～1200	412	135	1943	92.3
铝锭	万吨	10～12	2	—	—	—
化学肥料	万吨	300～320	57.8	19.4	1941	22.7
冶金设备	万吨	3～4	0.8	—	—	—
发电设备	万千瓦	140～150	16.4	0.67	—	—
金属切削机床	万台	6～6.5	1.3	1.4	1941	0.5
原木	万立方公尺	3100～3400	2 000	1002	—	—
水泥	万吨	1250～1450	600	286	1942	229.3

中国二五计划的轻工业发展目标 [2] 　　　　　专栏 5-3 表 2

产品 名称	计算 单位	1962 年 计划产量	1957 年 计划产量	1952 年 实际产量	历史上最高年产量	
					年份	产量
棉纱	万件	800～900	500	361.8	1933	244.7
棉布	万匹	23500～26000	16372.1	11163.4	—	—
盐	万吨	1000～1100	755.4	494.5	1943	391.8
食用植物油	万吨	310～320	179.4	98.3	—	—
糖（包括土糖）	万吨	240～250	110	45.1	1936	41.4
机制纸	万吨	150～160	65.5	37.2	1943	16.5

---

1. 资料来源：《中国共产党第八次全国代表大会关于发展国民经济的第二个五年计划（1958～1962）的建议》。
2.《人民日报》1956 年 9 月 29 日刊印。

1958 年 3 月，党中央提出"鼓足干劲、力争上游、多快好省地建设社会主义"总路线，随后掀起了以"大炼钢铁"为主要现象的"大跃进"运动。"大跃进"运动发展到后期，成了一场包含着层层高压和层层虚报的政治运动，带来了短暂而虚假的"工业繁荣"——重工业出现前所未有的发展高峰。这样一来，就导致计划部门在制定产业发展目标时，全面提高了各类计划指标，甚至人为地不切实际地提出过快的经济发展速度。1960 年，"人民公社化"运动火热开展，公有化程度超越发展阶段过度提高导致了农业生产出现困难，加之恰逢自然灾害与苏联撤走经济援助，导致 1960 ~ 1962年经济非但没有"跃进"，反而成为新中国成立以来经济负增长最严重、困难最大、人民生活最苦的三年。

由于"一五"计划的良好开局、完美收官，计划经济的发展思想自然地延伸到了空间规划领域，也使得"城市规划服务工业建设"的理念深入人心。"二五"计划的开局之年，全国设计施工会议上指出，"用城市建设的大跃进来适应工业建设的大跃进"[1]，由此奠定了这个时期规划的总基调。作为对落实国家计划的城市规划，对"二五"期间"大跃进"的精神和方针政策进行了如下回应：一是在区域规划的指导下建设卫星城市；二是重视并开展远景规划；三是倡导"快速规划"的基本方法；四是提高城市规划的定额指标[2]。

由于"大跃进"的错误指导思想，规划的普遍铺开已经变成了规划"大跃进"。据统计，1958 年全国编制或修编的规划有 1200 多个，涵盖大中小不同类型城市和县镇，进行农村居民点规划的试点达 2000 多个。同时，由于缺乏中国特色的空间规划理论基础，水土不服的苏联模式得以延续，规划指标过高、用地规模过大、空间资源浪费等问题突出。最终，1960 年，在国家计委召开的第九次全国计划会议宣布"三年不搞城市规划"，我国空间规划的发展一度陷入停滞和倒退。

2. "三五"计划：浩劫中的规划停滞（1966 ~ 1970 年）

在"二五"计划后半期的调整阶段中，"调整、巩固、充实、提高"的经济政策在一定程度上纠正了"大跃进"运动的错误，经济恢复发展，但

1. 邹德慈等. 新中国城市规划发展史研究 [M]. 中国建筑工业出版社，2014，30-31。
2. 邹德慈等. 新中国城市规划发展史研究 [M]. 中国建筑工业出版社，2014，30-31。

是 1966 年编制实施的第三个五年计划刚刚开始，就面临着严峻的国际国内双重挑战。国际上，局部战争爆发的次数不断呈上升趋势，中国面临四面受敌的危险，中国在 20 世纪 60 年代面临中苏关系连续恶化，美国发动越南战争与中印边界争端的挑战；而在国内，"三五"计划的实施贯穿"文化大革命"的前半期，国家的工作重心开始由经济建设向政治运动转变，经济建设受到"文化大革命"的冲击，呈现出跌宕起伏的状态。

鉴于国际形势的变化，中国政府在制定经济建设计划和产业发展计划时不得不考虑战备的需要。是时，中央政府做出了全国按一、二、三线进行战略整体布局，集中力量建设三线战略大后方的决定，简称"三线建设"战略。1965 年 9 月初国家计委重新草拟的《关于第三个五年计划安排情况的汇报提纲》明确提出："三五"计划必须立足于战争，从准备大打、早打出发，积极备战，把国防建设放在第一位，加快"三线"建设。

因此，第三个五年计划的主要任务、重要特征、指导思想经历了由"解决吃穿用"到"以战备为中心"的转变，所谓"以战备为中心"指的是以国防建设为重点的三线建设。配合三线建设战略，全国工业布局和投资分配向内地倾斜，而西南地区则是建设的重中之重，四川、贵州、甘肃、湖南等几个省的工业项目和基础设施建设取得重大突破，促进了西部地区的工业化进程和我国生产力布局的整体均衡。

但是，由于"三年不搞城市规划"指示和"文化大革命"爆发，城市规划工作几乎毫无建树。1966 年后，国家城市规划和建设的主管机构（国家建委城市规划局和建筑工程部城市建设局）停止工作，各城市也纷纷撤销城市规划、建设管理机构，下放工作人员，使城市建设、城市管理形成了极为混乱的无政府状态。

在整个"三五"期间，能称得上有空间规划实践的城市仅攀枝花一处。这座偏居西南内陆的小城，基于原有的山区地理环境条件，以"上山、下坡"为原则，提出了分区组团规划方案，并依山就势提出了台阶式的居住楼群布局。

观察"三五"时期，我国城市规划被批判为"修正主义的黑纲领"，城市规划工作的专家被批判为资产阶级反动学术权威，城市管理被说成是"管、卡、压"，建设城市被理解为扩大城乡差别，各地城市规划机构被撤销，人员被解散，资料被销毁，规划管理废弛，造成不可挽回的重大损失。

3."四五"计划：动乱中的规划复苏（1971～1975年）

20世纪70年代上半段，中国仍然处于"文化大革命"之中，"四五"计划最终是以"草案"的形式印发的。"四五"计划的主要任务是：集中力量建设大三线强大的战略后方；加速农业机械化的进程；狠抓钢铁、军工、基础工业和交通运输的建设；大力发展新技术，赶超世界先进水平。从"四五"计划的任务可以看出，由于受到"文革"中"左倾"思想的影响，"四五"计划开始时表现出以"战备"为中心，高指标、高速度、急躁冒进的特点，引起了经济的波动与社会的不稳定。随后通过修正才勉强基本完成计划。

内忧外患是这一时期的主题词：国际方面，美苏冷战加剧，国际形势紧张；国内方面，"文化大革命"继续进行，政治斗争严重影响经济建设，正常的经济秩序被打乱。虽然在"文化大革命"后期的经济调整一定程度上缓解了经济倒退，但是"文革"造成的巨大冲击影响深远。

1971年前后，针对前一时期城市建设的诸多问题，国家建委召开了城市建设座谈会，并在1972年由国务院批转了国家建委、国家计委和财政部《关于加强基本建设管理的几项意见》，规定"城市的改建和扩建，要做好规划，经过批准，纳入国家计划"。在此背景下，一些规划技术人员回归了规划工作队伍，桂林、南宁、广州、沈阳和乌鲁木齐等城市的规划工作得以恢复。但是由于前一时期人才队伍流失过于严重，规划工作恢复相当缓慢。

4.小结：曲折反复、艰难前行

总体而言，1958～1975年这一阶段中，由于"大跃进""文化大革命"等特殊历史事件的干扰，不符合实际的发展计划和空间规划措施大行其道，原本正确的规划政策又没有得到落实，经济发展大起大落，全国空间规划事业也相应出现了事与愿违的"大倒退"。

可是，尽管存在着计划编制不合理、国民经济结构失调、经济效益低下等重大问题，全国同时期还爆发了"文化大革命"并贯穿整个"三五"和"四五"时期，我们还是应当看到，在当时的困难条件下，"二五""三五"甚至"四五"计划都得到了一定完成，"四五"期间，国家经济总量比以往有较大恢复，而没有出现"大跃进"后严重倒退的三年经济困难局面。空间规划在服务国民经济计划落实方面，仍然发挥了不可替代的重要作用。这一时期，在发展计划的指导和空间规划的指引下，我国建成了一大批骨干企业、重点项目和基础设施，不少城市均编制了规划，为之后的城市空间发展提供了指引。

（四） 第五个五年计划 （1976～1980年）

"五五"计划实施前期中国处于"文化大革命"最后的困难时期，1976年，随着几位重要领导人相继去世以及唐山大地震等自然灾害，中国社会陷入动荡。但是此后随着"四人帮"被粉碎，长达十年的"文化大革命"结束，社会经济秩序逐渐恢复正常，经济发展遇到了难得的机遇。

1975年第四届全国人大一次会议后，邓小平主持中共中央、国务院的日常工作，全国经济形势开始好转，即着手研究编制了《国民经济十年规划纲要草案》，其中包含了第五、第六两个五年计划的设想。但由于开展了"批邓""反击右倾翻案风"运动，十年规划纲要草案实际未能执行。作为落实发展计划的空间规划，也就失去了宏观指导。

1976～1977年，以"城市灾后重建规划"为代表的空间规划实践得到了重回历史舞台的机会。1976年的唐山突然发生特大地震，当地遭受到毁灭性的破坏，这场灾难对灾后重建规划有着强烈的需求。地震后，国家建委城市建设局立即组织规划力量奔赴灾区，帮助当地制定灾后重建规划，并最终于当年年底完成规划。灾后重建规划工作的开展，重新扭转了当局对空间规划作用和重要性的认识，为城市规划的恢复起到了有力的推动。

1976～1977年，城市规划的理论探索也迎来了高潮，为城市规划的恢复创造了较好的客观条件。其中，1976年出版了大量相关著作：《城市供电规划》《城市用地选择及方案比较》《城市用地分析及工程措施》《城市园林绿地规划》《城市规划基础资料的搜集和应用》《地形图应用》《城市管线工程综合》《城市道路规划》《城市给水排水工程规划》《风玫瑰图与气温》等。1977 年 9 月，《城市规划》杂志创刊，为研究和总结城市规划的理论奠定了基础。

1978 年党的十一届三中全会召开，改革开放国策实施，国家工作重点从阶级斗争转移到了社会主义现代化建设上来，"文革"的错误得到系统纠正，指导思想上实现了拨乱反正，中国社会经济在黑暗中迎来了希望。之后，伴随着计划向市场经济的转轨，我国各类型空间规划终于迎来全面恢复。

（五） 改革开放前的空间规划

纵观改革开放之前的 30 年，城市规划（以及少量的区域规划）是空间规划体系的唯一成员，被视作社会发展和经济建设的实施规划。30 年中，国民经济计划和城市规划两者主次分明且分工明确，虽然均有曲折，但总体上共同为国家经济、社会和城市建设勾画了可落地的发展蓝图。

这一阶段，国民经济五年计划是保证计划经济体制的基础性规划，包括了生产、资源分配以及产品消费各方面的计划，同时需要对重大建设项目、生产力分布和国民经济重要比例关系等做出安排。城市规划则是国民经济计划的延续和具体化，是对国民经济计划具有指令性条款的空间落实，规划启动源自政府的行政命令；规划编制内容围绕重点项目和工程的落地；规划采用的理论方法以生活配套生产为原则；规划实施的主导力量也是政府。

改革开放前的 30 年是中国空间规划体系的初创时期，以城市规划为代表的空间规划多次受到政治事件的左右，发展起伏不定。我国社会经济建设全盘学习苏联的计划经济体制，政治、经济、社会的结构的高度一体化，空间规划基本从属于国民经济计划，也具有明显的"苏联模式"特征，意识形态单纯、制度基础单薄、价值取向单一。作为一项技术性较强的工程手段，城市规划在改革开放前的30年间竟然呈现如此反复和波折，我们也可以侧面看出，城市规划实际上承担着更为重大的责任，在落实国家宏观调控和不断完善地方治理等方面，发挥着重要的作用。

二、20世纪80～90年代：促进经济发展的技术工具

（一） 时代背景

党的十一届三中全会召开以后，我国开始进行经济体制改革和对外开放，这标志着我国经济建设的新开端，同时也意味着中国空间规划的发展环境发生了重大改变，空间规划进入一个崭新的历史阶段。以1978年全国城市工作会议为标志，新中国的规划事业迎来了恢复发展时期。从1978年到21世纪元年，中国共经历了四个五年计划，这是新中国成立以来经济发展较为迅速的时期之一。

经济复苏是这个时期的主题词，城市规划定位在"空间资源配置的有效工具"，对经济复苏有着重要的作用。到了1986年前后，以"严格控制农用地转为建设用地""确保耕地总量不减少"为目标的土地利用总体规划出现，与城市规划共同承担起空间治理的职责。

直到2000年中国加入WTO之前，城市规划和土地利用规划以城市规划区为界，前者负责区内、后者管控区外，前者以城市土地利用为主，后者以保护耕地为主，各司其职，各守一方（顾朝林，2015）。本节以1986年前后，"六五"计划末期出现土地利用总体规划为时间节点，分为两个阶段进行阐述。

（二）第六个五年计划（1981 ～ 1985 年）：城市规划的复兴

1．空间规划思想：空前活跃

随着改革开放战略的推进，我国城市规划方面的国际交流活动日益增多，从计划经济时期的全面学习苏联转向全面学习西方，以西欧、美国等发达国家为代表的现代城市规划思想、理论和方法逐渐被引入中国。开放政策对中国城市规划的影响是广泛而深远的，既带来城市规划工作范围、学科领域、信息交流等方面的扩展，也带来了思想的活跃和解放。1980 年美国女建筑师协会来华进行学术交流，带来了土地分区规划管理（区划法）的新概念；1982 年《世界大城市》和 1985 年《城市和区域规划》的翻译出版，大大拓展了国内城市规划界的视野。同时，国内规划界广泛开展与美国、加拿大、日本、荷兰和中国香港等的学术交流活动，并举办了多次国外城市规划理论与实践的研讨会议。[1]

得益于东西方规划思想的交融，"六五"期间的规划学术研究空前繁荣。1982 年，中国城市规划设计研究院以及 20 多个省（市、自治区）的省级规划设计研究院相继成立，同时还有十余所高等院校建立了城市规划专业和专门化教育制度。规划研究百花齐放，包括"全国城乡建设技术政策""城市规划定额指标"等一系列研究成果出炉。学术交流频繁，中国城市规划学会举办了中国首次城市化主题研讨会，影响极为深远。《城市规划》《城市规划汇刊》《城市规划研究》《城市规划（英文版）》《规划师》等规划类重点刊物纷纷创刊或复刊，《城市规划原理》《城市规划资料集》等全国统编教材和工具书相继问世。

2．空间规划制度：初步建构

第三次全国城市工作会议于 1978 年召开，会议通过了《关于加强城市建设工作的意见》，提出"控制大城市规模，多搞小城镇"的城市发展方针：一是要求认真抓好城市规划工作，原文表述为"全国各城市，包括新建城镇，都要根据国民经济发展计划和各地区的具体条件，认真编制和修订城市的总体规划、近期规划和详细规划"；二是明确了规划审批要求，原文表

---

1. 邹德慈等．新中国城市规划发展史研究 [M]．北京：中国建筑工业出版社，2014，48。

述为"中央直辖市、省会城市、50 万人以上的大城市的总体规划,报国务院审批,其他城市的总体规划,由省、直辖、自治区审批,报国务院备案";三是规定了规划实施保障要求。1978 年 8 月,国家建委在兰州召开城市规划工作会议,宣布全面恢复城市规划工作。进一步,1980 年 5 月,国家建委再次召开全国城市规划工作会议,讨论制定了《中华人民共和国城市规划法(草案)》。1984 年 1 月,国务院正式颁布《城市规划条例》,我国城市规划的法律体系初步建立。

国土整治规划也在这一时期出现。随着各类空间资源对城市人居空间的影响逐渐加大,引起了国家的重视,1981 年的政府工作报告指出:"水是一种极为重要的资源,……过去我们对这一点重视得很不够。……必须同整个国土的整治结合起来,……做出合理利用的规划"。会后时任国务院总理带队赴法国学习国土整治与规划经验,并决定学习西欧国家的国土整治工作经验[1],不久后,区域规划工作以国土规划与整治的形式展开。但是,国土整治规划由于借鉴法国西方空间规划强调跨区域和项目导向特点,与中国"条块分割"的行政管理体制无法配合,缺乏实施主体;同时,项目性的规划具有较强的计划经济特征,不适应当时对外开放、建立市场经济的实际,因此国土规划与整治工作逐渐走向低潮。

此外,"六五"计划还纳入了环境保护的内容,并体现出空间治理特点,提出的环境保护具体要求是:建设项目必须提出对环境影响的报告书,经环保部门和其他有关部门审查批准后才能进行设计;新建工程防止污染的设施,必须与主体工程同时设计、同时施工、同时投入运行;分期分批地抓好老企业污染的治理,"三废"排放要符合国家规定的标准;控制长江、黄河、松花江、淮河、渤海、黄海等主要江(河)段、主要港湾水质恶化的趋势,保护好各城市的主要饮用水源和漓江、滇池、西湖、太湖等风景游览区水域的水质。

3. 空间规划实践:全面复兴

改革开放政策的实施,对城市规划的实际业务工作产生了重要影响,深刻地改变了指导城市规划工作的思想理念。计划经济时期城市规划的神

---

1. 胡序威. 中国区域规划的演变与展望 [J]. 地理学报,2006(6):585-592。

秘性被消除了，某些禁区（如城市和区域的割裂、城市和农村的割裂等）被打破了。[1]

在实践领域，改革开放初期，编制各个城市的总体规划成为了当务之急。从 1978 年城市规划恢复至 1983 年底，全国共有 226 个城市开始了总体规划的编制工作，其中 124 个城市的总体规划经过了审批，800 个县城完成了总体规划的编制工作。这一时期编制的城市总体规划，虽然在编制内容方面保持了前一时期的部分惯性，思想和方法上仍然有较为明显的计划经济色彩，但却为我国当时城市的发展和建设提供了必要的支撑。

在国土整治规划方面，1982 年国土规划司成立后，全国共开展了 26 个重点地区的国土规划编制试点，并编制了《全国国土规划纲要（1985～2020）》。如前文所述，国土规划与整治工作逐步走入低潮，但是，1985 年国务院 44 号文件指出："国土规划是国民经济和社会发展计划的重要组成部分，对于合理开发利用资源，提高宏观经济效益，保持生态平衡等具有重要的指导作用，也是加强长期计划的一项重要内容。"这为后来土地利用规划的发展埋下了伏笔。

（三） "七五"到"九五"（1986～2000 年）

从 1986 年 "七五" 计划到 1998 年亚洲金融危机爆发的 "九五" 计划这段时间，是我国空间规划体系建构的发展期。在这十二年的跨度里，随着我国社会主义市场经济体制改革的不断深化，我国空间规划迎来了较大发展：首次在城市规划外开辟了新的空间规划类型——土地利用规划，并各自出台了一系列法律法规，搭建起了较为完整的制度框架。房地产热、开发区热、央地关系的转变、土地有偿使用、规划市场开放等等因素叠加，使得空间规划的市场不断繁荣。

1. 邹德慈. 中国现代城市规划发展和展望 [J]. 城市，2002（4）：3-7。

1."七五"计划（1986 ～ 1990 年）: 土规出现、两规并行

1986 年 4 月,《中华人民共和国国民经济和社会发展的第七个五年规划》出台,在一个新的五年计划刚刚起步的时候,国家就制订出了完整的经济和社会发展计划,这在新中国历史上是第一次。这一时期,"国民经济计划"易名为"国民经济和社会发展计划",其编制的目标从片面追求工业特别是重工业产值转向了多元综合性、协调性目标的"全面发展",并开始关注科技、教育等社会要素,着重解决农业、能源、交通问题,第三产业、生态环境、资源保护被纳入规划中。

1988 年,国务院住房领导小组颁布《关于在全国城镇分期分批推行住房制度改革的实施方案》,推动住房制度改革,拉开了我国房地产将近 30 年繁荣的大幕。与之相隔不久,第七届全国人民代表大会第一次会议通过了《中华人民共和国宪法修正案》,规定"土地的使用权可以依照法律的规定转让",即土地有偿使用制度。

经济的复苏、政策的明晰、城镇化的推进,使得城市供地需求与日俱增,空间规划的需求愈加旺盛。

这一时期,空间规划体系发展最重要的内容是出现了"土地利用总体规划"。1986 年,国家成立了土地管理局并颁布《中华人民共和国土地管理法》,规定"城市规划和土地利用总体规划应当协调,在城市规划区内,土地利用应当符合城市规划"。同年 6 月,国务院办公厅下发《关于开展土地利用总体规划的通知》,要求按照全国、省、市三级展开编制,也被称为"第一轮土地利用总体规划"。第一轮全国土地利用规划主要面对城市规划区外的农村土地,规划重点在于土地承载潜力研究、耕地开发治理研究、城镇用地预测研究等。[1]1989 年,国家计委计国土 198 号文进一步明确:"国土规划是一个国家或地区高层次的综合性规划,是国民经济和社会发展计

---

1. 顾朝林 . 论我国空间规划的过程和趋势 [J]。

划体系的重要组成部分。"

"七五"时期，城市规划形成了体系较为完整、内容相对独立的宏观、中观、微观三个空间尺度的规划类型，为之后出台的城市规划相关法律提供了实践基础。

宏观层面，国家在这个时期开始探索由计划部门牵头编制，将国民经济发展计划通过区域规划予以落实。自上海经济区城镇布局规划工作开始，到1988年前后长三角、珠三角、闽南三角、辽东半岛、胶东半岛等区域陆续被列入沿海开放地区，全国掀起了城镇体系规划编制和研究的热潮。

中观层面，从1984年到1988年底，短短几年中，全国的城市、县城总体规划全部完成，深圳、珠海等建设任务大的沿海开放城市，还进一步编制了详细规划和各种专业规划。[1]伴随着改革开放初期商品经济体制改革和土地有偿使用制度的颁布，以及1990年前后社会主义市场经济体制建立和国有土地使用权出让转让制度的实施，城市经济蓬勃发展、城市建设日新月异，城市总体规划在指导城市发展和建设方面的价值也逐步得到广泛认同。[2]

微观层面，国家在"七五"时期先后实施了高科技研究发展计划（863计划）和高科技产业发展计划（火炬计划），全国高新科技园区开始蓬勃发展，为微观层面的规划实践提供了较好的素材。各类高新科技园区是实施国家战略的重要载体，必须在国家发展计划的指导下开展详细规划编制工作，保证项目的布局合理。

2."八五"计划（1991～1995年）：空间扩张、规划应对

20世纪90年代初出台的"八五"计划更加明确了地区经济分工的问题，为这一时期各类空间规划的爆发式发展埋下了伏笔。"八五"计划纲要指出，我国经济发展的关键在于优化产业结构和提高经济效益，更加重视地区间的协调和分工，鼓励各个地区发挥优势。其中，对于地区分工的描述是："国家要鼓励和支持各个地区发挥优势……加强地区经济的合理分工"，"地区经济发展，要符合国家产业政策的要求，但在制定国家产业政策的时候，必须注意发挥地区优势。"这一时期，在东西部发展上实行东部沿海发展战

---

1. 张京祥等. 中国空间规划体系40年的变迁与改革 [J]. 经济地理, 2018(7)。
2. 杨保军，陈鹏. 制度情境下的城市总体规划演变 [J]. 城市规划学刊, 2012（1）。

中国特色空间规划的基础分析与转型逻辑

略，优先发展东部沿海，搞沿海开放，西部地区要服从东部优先发展的大局，为东部发展供应能源资源。

偌大的发展中国家，将所有精力和资源全部集中到了沿海地区，爆发式的增长扑面而来。

五年中，城市规划与土地利用规划继续在各自发展路径上运行，两者的交织点发生在"开发区"这一极具中国特色的城市空间当中。1992年，邓小平的南方谈话和社会主义市场经济体制的正式提出[1]，搞活了思想，我国社会经济领域新一轮的改革持续深化。1994年的分税制改革，进一步为地方发展产业注入了"强心剂"。在这样的背景下，地方发展思路也相应随之调整，更加重视企业主体和市场导向，通过招商引资等行政手段寻觅城市和产业发展资本成为了当时的主流，形成了"开发区热"的中国现象。

这场由外国直接投资和城市土地市场化掀起的"开发区热"，形成了全国由沿海到内地的总体开放格局，增长拉动型规划成为主流。由于空间增长的需求强烈，这一时期，除了以工业发展为主的"工业园""开发区"外，也衍生出一些"开发区"变体，如"科学城""大学城"等，"目标导向型规划"成为城市和开发区规划的特色。城市规划出现了发展目标和开发规模盲目膨胀、脱离实际的状态；由于开发区体制肢解了城市发展的统一管理和协调发展，最终导致城市发展宏观失控。

这一时期是城市规划异常繁荣的时期。1990年《城市规划法》正式颁布实施，形成了一套由城镇体系规划、城市总体规划、分区规划、控制性详细规划、修建性详细规划构建起来的法定空间规划体系，表明以城市为中心的系统完整的空间规划体系初步形成。此外，大量的"非法定规划"诸如城市发展战略规划、都市圈规划等也应运而生，成为城市政府"经营城市"、增强城市竞争力的"利器"[2]，体现了规划不再仅仅是政府计划的具体化，也是对市场资本的重要吸引方式。[3]

土地利用规划方面，由于开发区的土地采用使用权有偿出让的方式进行了市场配置，各开发区之间为了竞争资源，大多以十分低廉的价格甚至

---

1. 党的十四大报告中正式提出："我国经济体制改革的目标是建立社会主义市场经济体制"。
2. 张京祥，吴缚龙，崔功豪. 城市发展战略规划：透视激烈竞争环境中的地方政府管治 [J]. 人文地理，2004，19(3)：1-5。
3. 张京祥. 中国空间规划体系40年的变迁与改革 [J]. 经济地理，2018(8)。

是零地价出让，很快许多开发区土地资源耗尽，又通过"扩区"的方式来保障供地需求。为了保护土地资源，国土资源部主导的土地利用总体规划也从以农村土地利用规划为主转向全覆盖的城乡土地利用规划，通过土地用途分区，按照供给制约和统筹兼顾的原则修编了土地利用总体规划。土地利用规划运用土地供给制约和用途管制，在开发规模和开发地点选择上发挥了重要作用。[1]但是市场经济体制下，"市场"的巨大能量使得空间和土地开发远远超出预期规划指标，土地利用规划虽然在开发规模和开发地点选择方面发挥了重要作用，但实际上只达成了保护耕地资源，确保耕地总量动态平衡，按区实施土地供给的"计划性"职能。

3. "九五"计划（1996～2000年）：经济波动、两规共存

20世纪最后20年中，东亚国家和地区的年均发展速度超过7%，国民收入大大提高，形成了为人称道的"东亚模式"，其中中国香港、中国台湾、新加坡和韩国被誉为"亚洲四小龙"。"东亚模式"的基本特点是：政府在经济发展过程中发挥强有力的主导和干预作用。因此，1996年3月全国人大八届四次会议通过了《国民经济和社会发展"九五"计划和2010年远景目标纲要》，虽然是中国社会主义市场经济条件下的第一个中长期计划，但仍然有着浓重的计划经济色彩。

1998年，伴随着金融危机的冲击和"东亚模式"的破灭，我国的国民经济和社会发展计划也逐渐调整进入到新的阶段，发展计划从直接干预型向发展引导型的方向转变。一方面通过发行国债等金融手段扩大内需，也逐渐加大对出口的政策优惠；另一方面，政府直接控制的产业投资地位下降，而通过财税补贴和公共服务平台等配

---

1. 顾朝林. 论我国空间规划的过程和趋势 [J]. 城市与区域规划研究, 2018（2）：60-73。

中国特色空间规划的基础分析与转型逻辑

套建设来引导产业聚集。

在城市规划方面，其发展主要体现在宏观的省域城镇体系规划和中微观的产业园区规划、居住小区规划两个方面。为顺应全球化经济发展的走势，1996 年，第一个省域空间规划——《浙江省城镇体系规划（1996 ～ 2010 年）》编制工作启动，并于 1999 年获得国务院批准实施，这也是全国第一个批准实施的省域城镇体系规划。另外，我国自从 20 世纪 80 年代以来，土地出让规模不断创新高，1998 年住房改革更是对这一情况推波助澜，深远地影响了未来中国城市空间的拓展节奏。由此也带来了大量的城市规划实践机会，各地开发区城市规划、居住区规划层出不穷。1999 年"中国城市规划学会年会"上，时任建设部副部长赵宝江同志认为，目前的规划工作形式可以用"第三个春天"来形容。

土地利用规划在九五时期也迎来了重大发展。九五期间，中央多次发出"保护耕地"的明确要求：国务院副总理邹家华指出保持耕地动态平衡和严控城乡建设用地规模的问题；国务院总理李鹏指出，经济发展一定要以保护耕地为前提，要处理好保护耕地与城镇建设的关系。这一时期，各类开发区如雨后春笋一般出现，为了竞争资源，大都以极低的价格甚至是零地价进行土地出让，土地资源供给很快耗尽，盲目的"扩区"带来了土地的浪费。在此背景下，1998 年由地质矿产部、国家土地管理局、国家海洋局和国家测绘局共同组建国土资源部。随后，新版《中华人民共和国土地管理法》于 1999 年出台，虽然经过全国专家认为《土地管理法（修订草案）》仍然存在法律定位不明、法律间冲突、研究深度不足等一系列问题，但该法律的出台使得土地利用规划与城市规划的关系发生了根本性的变化，土地利用规划对于城市规划的刚性约束明显增强[1]。

---

1. 张京祥，罗震东 . 中国当代城乡规划思潮 [M] . 南京：东南大学出版社，2013。

也是从这一刻开始，由于不同类型空间规划的作用出现了分野，空间规划体系发生了结构性的变化。

专栏5-4　1998年5月18日中国城市规划学会组织全国专家研讨《中华人民共和国土地管理法（修订草案）》[1]

中国城市规划学会响应全国人大的号召，组织京津地区有关专家召开了"关于《中华人民共和国土地管理法（修订草案）》专家座谈会"。参加座谈会的专家对"草案"提出了许多意见和建议：

一、法律的定位问题

1.《中华人民共和国土地管理法》是我国的一部十分重要的法律，作为国家大法，必须具备应有的全面性和权威性。该"草案"在这方面尚有较大欠缺。目前这部"草案"从总体思路、结构体系和内容上看，更像一部"耕地保护法"，在体现土地管理层次的全面性方面，尚有较大差距。

2.《土地管理法》应突出对土地的宏观管理。《土地管理法》重点应放在宏观的资源管理上而非微观的资产管理上。

二、《土地管理法（修订草案）》与国家早已经实施的《城市规划法》有较大的冲突，必须认真加以协调。该"草案"在城市建设用地的申报、审批程序，城市用地规模的确定及土地利用总体规划与城市规划的关系等方面与《城市规划法》存在着较大的冲突。如果照此实施，必将造成国家和地方在城市土地管理和执法上的全面混乱。

三、应全面体现可持续发展战略。可持续发展应是城、乡的协调发展而不是只强调保护耕地：保护耕地是必须和必要的，但机械地要求总量的不变可能对整体的经济和社会可持续发展是有害的。

四、行政划拨用地及临时用地审批口子不可大开。在社会主义市场经济条件下，应取消划拨土地。

五、其他意见：

1．本"草案"对于保护耕地的针对性不强，据国土资源部领导提供的数据，近十年来，造成我国耕地减少的因素中，70％是农业内部结构调整和自然损毁造成的，30％是非农建设占用的，其中大部分是乡镇企业用地

1.资料来源：邹德慈等.新中国城市规划发展史研究[M].北京：中国建筑工业出版社，2014：459。

中国特色空间规划的基础分析与转型逻辑

和农民宅基地，城市发展占用耕地只占了很小的一部分。城市是人类最节省土地的一种生活方式。因此，这部"草案"应该更加重视对于造成耕地流失主要原因的管理。

2．土地利用总体规划只是国土规划、区域规划和城市规划中的一个专项规划，我国应该建立健全由国土规划、区域规划和城市规划构成的综合性的空间地域规划体系。在目前国家还没有国土规划、区域规划的情况下，编制土地利用总体规划缺乏依据。

会后，组织专家在《光明日报》等多家新闻媒体上发表文章，阐述了对该法的意见。

（四）　改革开放初期的空间规划体系

1978 年中国改革开放大幕拉开，深刻影响了社会、政治、经济、文化、生态等各个方面，经济体制转轨、国家战略转型，也带来空间规划体系和制度的深刻转变。由于快速城市化、经济快速增长，各地方对土地需求量加大，为了招商引资发展经济，兼顾科学利用国土资源，必须提前制定好项目落地的土地使用规则，多种类型的空间规划都在尝试成为地方经济建设的抓手。但无论是城市规划、还是土地利用规划，由于自上而下的计划体制仍未改变，这一时期的空间规划在各主管部门的体系中，均有着"从国家部委到地方政府"的编制思路，并以这种"条块"特征，初步勾勒出了我国空间规划体系的轮廓。

这一时期的空间规划类型主要包括城市规划、土地利用总体规划，也成为我国以后主要空间规划类型，在改革开放的前 20 年中，城市规划和土地利用总体规划均得到了一定发展。与此同时，国民经济和社会发展计划也尝试在空间规划领域进行探索。

城市规划方面：这一时期的城市规划工作以经济建设为中心，指导城市的发展和具体建设行为。城市总体规划修编工作在全国铺开，各地相继开始编制经济特区、经济技术开发区、高新技术开发区等类型的规划，城市规划迎来了快速发展。城市规划逐渐转变"重生产，轻生活"的价值观，开始关注生活区、基础设施、社会服务设施的配套建设。同时，地方也开展了控制性详细规划编制的探索。这一时期，中国规划师将产业、用地、重大基础设施纳入城市规划，创造了中国特色的城镇体系规划。同时也确立了与政府事权相对应的责权明晰的规划体系，初步奠定了一级政府、一级事权、一本规划的制度基础，分为全国、省区和城市三个层面[1]。

土地利用规划：改革开放以来，在社会主义有计划商品经济的社会背景下，一开始本来是将土地作为引入市场经济的核心要素切入的，但由于中国行政部门分割，城市规划区内的规划权和土地审批已属城市规划局，第一轮的土地利用规划只能面向城市规划区外的农村土地。土地利用规划以土地整治为重点，按照"开源"和"节流"并举的方针，围绕贯彻落实耕地总量动态平衡的要求，增加耕地数量，及时弥补耕地损失。但是由于相关立法的滞后，规划未能得到有效实施。

国民经济和社会发展计划：开始转向以增长拉动为主，GDP、人均GDP、财政收入年均增长率、出口总值、利用外资额等成为国民经济和社会发展规划的预期目标，区域经济布局与国土开发整治也成为国民经济和社会发展规划的重要内容。

改革开放最初的20年中，我国众多城市开发区、城市新区如雨后春笋般涌现。为了激发资本、土地、劳动力、技术和政策对经济和社会发展的拉动作用，中国规划者开始大量借鉴西方国家规划理论和方法，满足改革开放需要而发展了空间规划体系，为建立吸引外资的环境平台提供技术支撑。

但是，由于大量规划理论依靠学习西方经验，而西方经验本来就是在成熟市场经济和市民社会的基础上建构的，加上规划师本身对市场经济体制下生产要素有序

---

1. 顾朝林. 多规融合的空间规划 [M]. 北京：清华大学出版社。

中国特色空间规划的基础分析与转型逻辑

流动的规律和机制认知不足，各类规划的适应性并不好、实施效果也不佳。另一方面，"三个规划"都涉及城市整体发展但都未获权分管，与当时的中国按部门划分的行政管理体制无法融合，出现不同类型空间规划的目标不同、内容重叠，一个政府、几本规划、多个发展战略的局面。在各类规划冲突过程中，区域协调、生态环境问题、社会极化弊端等本需面对的问题没有得到较好回应，为各类城市病埋下伏笔。

三、21 世纪前十年：服务市场繁荣的公共政策

（一） 时代背景

进入新世纪以后，我国的经济和政治发生了两件大事，一个是中国加入世界贸易组织（WTO），另一个是党的十六大召开，新一届领导集体产生。

中国正式加入世贸组织的时间是 2001 年 12 月 11 日，此后，中国被赋予参与全球经济的完全权利，国际贸易扩大，更加直接地参与国际市场的竞争，这样反过来推动了中国的经济改革和产业政策变化。更加开阔的国际视野和更加自由的国际平台让中国的产业政策也变得更加开放，更加注重培育自己的品牌和提高产品的国际竞争力。中国的入世文件中也为加入 WTO 而做出了许多承诺，特别是在服务业方面，承诺将大幅度开放范围广泛的服务业，包括银行、保险、电信、专业性服务等。随着市场经济体制初步确立，空间规划对市场机制和利益格局反应也更加敏感，更加注重对市场主体行为的引导，一些实际的情况甚至表现为规划对市场力量的让步，这也为各个部门另起炉灶提供了可能。

另一方面，2002 年党的十六大召开，新的领导集体关注到我国发展过程中土地、资源、能源、环境约束更加明显，地区差距、城乡差距、社会矛盾、国际竞争差距也很大。因此，在 21 世纪的头十年里，空间规划体系需要对以上问题予以回应，也就使得空间规划体系最终发生了扩容，从一开始的城市规划和土地利用规划为主的"两规"，发展成了包含主体功能区

划、城乡规划、土地利用规划、环境保护规划等各种归属于不同管理部门的"多规"。

正式加入世界贸易组织为我国城市发展提供了新机遇,外资的大量进入推动了城市的快速发展,也加剧了城市间的竞争。市场化方面,新世纪前后市场化改革进入新阶段,从"十五"计划开始,大量原来由计划制定的指令性指标转变为根据市场发展趋势预测的指导性指标。[1] 城镇化水平在2000年前后超过了30%的门槛,开始进入快速城镇化阶段,大量农村人口开始进入城市,农民工现象出现。1994年的分税制改革,进一步增强了地方空间扩张的冲动。然而,既有空间规划手段不能满足地方政府空间扩张需求。

在这种背景下,"多规时代"似有必然。

(二) "十五"计划 (2001 ～ 2005 年): 两规扩容、 多规并举

2000年12月11日,中国正式成为世贸组织成员,中国由对外开放加速向纵深推进和全方位区域开放格局基本形成,实现了经济全球化发展,步入了对外开放快速发展新阶段。内地劳动力和自然资源加快向沿海地区流动,拓展新的城市发展空间成为紧迫需求,城市采取建设新区或引导郊区集中发展两类来缓解老城区人口增长的压力。

1. 发展计划的转型

为了应对新的国际国内经济形势和挑战,实现由中等收入国家转变为发达国家,避免落入中等国家陷阱的目标,时任国家发展和改革委员会(以下简称国家发改委)规划司司长杨伟民认识到,政府在制定规划的时候不仅要考虑产业,还要考虑空间、人口、资源和环境的协调,带领研究团队通过调研和试点后起草了关于规划体制改革的意见。同时,随着地方政府事权的增强,对发展的渴求,省、市、县甚至是乡镇等各级政府也纷纷开始编制本级政府范围内、统一以"五年"为期限的国民经济计划[2]。这一阶

---

1. 徐泽,张云峰,徐颖. 战略规划十年回顾与展望 [J]. 城市规划,2012,8 (74)。
2. 李浩. 我国空间规划发展演化的历史回顾 [J]. 北京规划建设,2015。

段的国民经济和社会发展规划开始强调空间协调内容。在经历了东南亚金融危机以后，为改变我国以往城镇化长期滞后于工业化而影响国内市场需求增长不旺的局面，在"十五"计划中首次提出了"积极推进城镇化的战略"，极大地调动了各级政府对发展城市的积极性，土地成为政府经营城市和发展城市的重要资产[1]。

2．非法定性城市规划的加入

这一阶段的城市规划工作越来越突出"公共政策工具"这一特点，类型不断趋向于多元化。最值得一提的是 2000 年前后出现的"战略规划"。2000 年在吴良镛先生的倡议下，广州率先开展了总体发展概念规划的研究工作，之后战略规划实践在全国全面展开，成为跨入新世纪后我国城市规划行业的"一道亮丽风景线"。战略规划的灵活性、综合性、结构性适于应对空间扩张与结构优化的需求。战略规划与传统的城市总体规划相比在价值取向、规划内容、规划方法、组织方式等方面有了重大突破。由于发展背景的深刻变化，特别是分税制改革的贯彻实施，极大地激发了地方政府发展经济的热情和能力，地方政府迫切需要一个能指导城市快速发展，并在激烈的地方竞争中获胜的规划。

战略规划的出现满足了地方政府的现实需求。战略规划在内容上打破了传统城市总体规划"八股式"的框架，加强了对城市特殊性的分析，同时为了更全面地认识城市，战略规划注重从多角度研究城市问题，加强了区域、产业、文化、生态、体制等方面的分析，很好地吸纳了经济、社会、生态、管理等各方面的研究成果，这使得战略规划对地方政府而言更加具有可操作性，能够更全面地把控地方发展，实现战略目标。

3．土地利用规划走向综合规划

这一时期的土地利用规划以节约和集约用地为核心，突出了土地资源利用的综合性。由于 1996 年开展的第二轮土地利用总体规划修编过分强调对农用地的保护，而对国民经济发展必需的建设用地的保障不够，对生态环境变化的影响和需求的研究不多，使得规划在实际操作过程中缺乏科学

---

1. 胡序威 . 中国区域规划的演变与展望 [J]. 城市规划，2006。

性、合理性和可行性，规划目标和用地指标一再被突破。

至 2005 年前后，第三轮土地利用规划修编，土地利用管理的主要策略转向"管住总量、控制增量、盘活存量"，从经济、生态、社会三方面构建节约集约用地评价指标体系，对特定区域的土地利用情况进行时空分析及潜力分析，为规划中的各项控制指标分解以及建设用地的空间布局分配提供依据[1]。这样，土地利用规划也走向了基于土地资源利用的区域综合规划之路，使原来土地利用的单一要素规划向满足经济、社会与资源环境相互协调发展的多目标转变，规划内容也更加综合，包括确定土地利用方向、调整土地利用结构和布局、确定各类用地指标、划定土地利用分区和确定各用地区域的土地用途管制规则等[2]。

4. 环境保护规划的空间作为

就环境保护规划而言，其发展是与我国发展阶段、环境保护工作步调一致的。在 2000 年以前，由于立法的缺失和部门事权的不足，环保规划一直处于探索、研究和发展阶段。1996 年，国务院召开了第四次全国环境保护会议，开始实施污染物排放总量控制和跨世纪绿色工程。2002 年，第九届全国人民代表大会常务委员会第三十次会议修订通过《中华人民共和国环境影响评价法》，才把规划环评作为法律制度确立了下来。

随后，环境保护部和建设部联合出台《小城镇环境规划编制导则（试行）》，结合小城镇总体规划和其他专项规划，划分不同类型的功能区，提出相应的环境保护要求，特别注重对规划区内饮用水源地功能区和自然保护小区、自然保护点的保护，尤其严格控制城镇上风向和饮用水源地等敏感区有污染项目。环境保护规划对于推进产业合理布局和城市规划的优化，预防资源过度开发和生态破坏，具有积极意义。但是，这是一种"被动"式的保护规划，区域性的环境治理不可能由环保部门独立完成，其真正的社会作用有待确定。

---

1. 肖兴山，史晓媛. 浅析第三轮土地利用总体规划 [J]. 资源与人居环境，2004(7)：29-31。
2. 王勇. 论"两规"冲突的体制根源——兼论地方政府"圈地"的内在逻辑 [J]. 城市规划，2009（10）：53-59。

中国特色空间规划的基础分析与转型逻辑

（三）"十一五"规划（2006～2010年）：
多规冲突、体系混乱

　　这一时期各个部门出于话语权、资源分配权等权力争夺的需要，纷纷推出各自的空间规划。发改部门推动了主体功能区划的出台和实施；住建、国土部门则分别通过强化城乡规划、土地利用规划来守护自己的权力领域；环保部门又推出了生态环境规划、生态红线规划等新空间规划类型。这些综合性规划，加上原有各类基础设施类型的空间规划，各种规划之间对象交叉错位、深度参差不齐，技术规范与标准相互冲突[1]。

1．主体功能区划的探索

　　从"十一五"起，我国"国民经济和社会发展计划"正式更名为"国民经济和社会发展规划"，并将其定位为对空间规划具有约束与指导功能的总体规划，一字之差的修改，体现了我国经济体制、发展理念、政府职能等方面的重大变革[2]。

　　"十一五"期间发改部门在国家层面、省域层面创造并推进主体功能区规划，试点经济、建设和土地"三位一体"的空间规划，突出区域的统筹性。主体功能区规划以空间管制为目的，践行科学发展观，突出生态保护，将国土空间划分为优化开发、重点开发、限制开发和禁止开发四类主体功能区，促进人口与经济的合理布局，增强城市针对不同区域实行差异性政策、绩效评价

<hr>

1. 朱德宝.基于多规合一的县市域空间规划体系构建探索——以大理市"四规合一"为例 [J]. 现代城市研究, 2016(09)：44 -52。
2. 魏广君.空间规划协调的理论框架与实践探索 [D]. 大连：大连理工大学。

和政绩考核等区域调控的手段。以此作为本部门参与空间治理的重要抓手，并希望其成为各类空间规划的前提基础[1]。

2. 城乡规划编制类型的多元化

2007 年通过的《中华人民共和国城乡规划法》从"城市"到"城乡"一字的转变，一字之差反映了规划理念的全新转变。城市总体规划的编制不再是未来建设城市，"城乡统筹""城市经营"的概念逐渐深化。各级地方政府期望通过规划反映自身发展利益诉求，在城市规划相关法律法规的基础上形成了"寻租"空间，甚至城市总体规划成为"政策型"规划[2]。但是，由于总体规划编制内容过多、审批时间过长，为了适应各城市快速政治决策、高速经济增长需求和快速的土地开发，各地创新规划类型，如概念规划、战略规划、情景规划等，期望通过重点反映自身发展利益诉求，作为提高城市竞争力、带动地区社会经济快速发展。这类规划通过综合分析，通过战略节点、预留弹性、超前配置等城市规划技术手段，对鼓励开发和凝聚发展共识起到了关键作用，但也导致在没有充分考虑这些编制因素的城市总体规划编制失效[3]。

这一时期，各地在总规的指导下，进一步编制分区规划和修建性详细规划，并在生态、环境、防灾、景观、交通、市政等方面的各专项规划逐步加强。小城镇规划、有关产业园、科学城、校园规划广泛展开；近期建设规划引起关注；历史文化名城等一系列规划的内容开始兴起。还出现了城中村规划、城市风貌特色规划、城市广告规划、色彩规划、园林绿地系统规划，非建设用地规划、城市安全规划、消防规划等等。规划编制类型的多元化成为这个时期的重要特征。

3. 土地利用总体规划的制度化

在 2005 年前后开启的第三轮土地利用总体规划实践中，不少地方根据前两轮经验和第三轮探索形成了较为成熟的模式。例如，北京市探

1. 杨伟民. 发展规划的理论与实践 [M]. 北京: 清华大学出版社，2010。
2. 李晓江，赵民，赵燕菁等. 总体规划何去何从 [J]. 城市规划，2011,35 (12): 28-34。
3. 顾朝林，多规融合的空间规划 [M]. 北京: 清华大学出版社。

索了城乡建设用地指标统筹管理、基本农田集中连片保护和机动管理；上海市探索了集中建设区、基本农田集中分区；广东省探索了建设用地弹性分区管控等。这些地方的实践探索，有力地推动了中国土地利用规划体系的健全和完善，特别是推动土地用途管制制度的进一步深化落实。由此，土地利用规划重点从针对基本农田保护，发展成为基本农田管理和城乡建设用地"三界四区"空间管制[1]双管齐下的模式。2008年，国务院审议并通过《全国土地利用总体规划纲要（2006～2020年）》，推动了上述土地用途管制空间管理模式的全方位实施。其后，国土资源部相继颁布市县乡三级土地利用总体规划制图规范、编制规程、数据库标准[2]，构建了具有中国特色的土地利用总体规划编制和实施管理的技术体系。

这一阶段土地利用规划在完善耕地保护、生态环境保护和节约集约利用的同时，强化土地用途管制。通过农地限制、技术标准、规划纲要、编制规程和制图规范等文件的调整和约束，形成了基本农田空间管制和建设用地空间管制，加之土地利用规划的实施评价和环境影响评价，使得土地利用规划的科学基础和技术体系更加完备，逐步成为能够实行最严格土地管理制度、落实土地宏观调控和土地用途管制、规范城乡各项建设的依据。

4. 环境保护规划的妥协与铺垫

环境保护规划是为使经济、社会发展与环境保护相协调，对人类自身活动和环境所做的空间和时间上的合理安排[3]，主要统筹生态环境保护，关

1. 王万茂.土地利用规划学[M].北京：科学出版社，2006。
2. 严金明.中国土地利用与规划战略实证研究[M].北京：中国大地出版社，2010。
3. 国家环境保护局计划司《环境规划指南》编写组.环境规划指南[M].北京：清华大学出版社，1994：11。

注环境与资源等生态指标，强调生态优先。

但现行空间规划体系中，环境保护规划仅仅是其补充性内容，也往往处于被动滞后的地位。相较于城乡规划和土地利用规划具备明确的法律基础不同，《环境保护法》仅对环境保护规划做了如下规定：国家制定的环境保护规划必须纳入国民经济和社会发展规划；县级以上人民政府环境保护行政主管部门，应当会同有关部门对管辖范围内的环境状况进行调查和评价，拟订环境保护规划，经计划部门综合平衡后，报同级人民政府批准实施。上述条款虽然明确了环境保护规划的地位，但仍是原则性规定，对环境保护规划所具有的法律效力即公定力、确定力、约束力、执行力等 4 个方面没有做出规定[1]。实际工作中，环境保护规划的退让和妥协往往成为常态，违背了其限制土地蔓延、保护生态环境的美好初衷[2]。

但是无论如何，我国的环境保护规划已经成为各级政府的重要议事日程，为政府履行职责和宏观决策提供依据。《全国生态功能区划》2008 年公布实施后，在原有环境保护规划体系中，又加入了"生态功能区划""生态示范区规划"这两个专项空间规划，并在市县层面全面推开。这些规划的扩充，为后续环境保护规划的刚性控制工作提供了基础（表 5-1）。

（四） 多规混杂的空间规划体系

新世纪的前 10 年是市场经济高速发展的 10 年，随着资本不断涌入城市，土地财政的巨大诱惑使得城市土地成为地方政府关注的重要资产[3]。房地产业迅速发展、开发区的再度发热，形成了巨大的"开发"与"保护"的矛盾，也不断呼唤着与宏观发展环境相适应的空间规划。而原有的法定规划体系，由于依旧带有较强的计划经济色彩，对市场经济严重不适应，因此发生了一系列变化：从早期完全交由城市规划独揽空间发展的决策，到城市规划与土地利用规划的双规并行，再又逐渐向主体功能区划、城乡规划、土地利用规划、环境保护规划等多规共存的空间规划体系转变。

1. 张璐 . 环境规划的体系和法律效力 [J]. 环境保护，2006(11)：63-67。
2. 魏广君 . 空间规划协调的理论框架与实践探索 [D]. 大连：大连理工大学。
3. 张京祥，罗震东 . 中国当代城乡规划思潮 [M]. 南京：东南大学出版社，2012。

名称	规划层级	规划目标	规划内容	实施方法	侧重点	作用和特点
生态功能区划	两级：全国—省级	通过划定各类生态功能区明确国土空间对人类的生态服务功能和生态敏感性大小，有针对性地进行区域生态建设政策的制定和合理地进行环境整治	区域生态环境现状、生态环境敏感性与生态服务功能空间分异规律评价；生态系统服务功能重要性评价；将区域划分成不同生态功能区，并配套相应的管制措施	为制定有关规划提供依据，为环境管理和决策提供信息，引导性	根据生态评价划分生态功能区	为地面物质环境提供其生态基础的"底图"，强调保持空间生态功能的可持续性
环境保护规划	五级：全国—省级—地、市—县级—镇级	促进环境与经济、社会可持续发展；保障环境保护活动纳入国民经济和社会发展计划；合理分配排污消减量、约束排污者的行为；以最小的投资获取最佳的环境效益；有效地实现环境科学管理	以污染防治为重点内容，包括大气、水体、固体废物、噪声、土壤等污染防治	建设项目环境影响评价、规划环境影响评价、排污许可与收费、污染监测与治理等	以污染防治为重点内容	《环境保护法》规定了有关问题，但对规划体系、内容等缺少详细的规定，实践中各级政府均编制实施环境保护规划，并常作为专项规划纳入经济社会发展规划或城乡建设规划系
生态示范区规划	五级：省级—地、市—县级—镇级—村级	按照可持续发展的要求、生态经济学原理，合理组织、积极推进区域社会经济和环境保护的协调发展，建立良性循环的经济、社会和自然复合生态系统，确保在经济、社会发展，满足广大人民群众不断提高的物质文化生活需要的同时，实现自然资源的合理开发和生态环境的改善	包括"生态省—生态市—生态县—生态乡镇（原环境优美乡镇）—生态村—生态工业区"示范建设规划，内容主要是：基本情况与趋势分析、建设目标与指标、生态功能区划、生态产业、资源与生态环境、建设重点项目等	示范区建设依据，引导性	以生态良性循环为基础，实现经济社会全面健康的持续发展	非国家法定规划，环保部大力推动，许多地区参与创建；其中生态省建设要求突出宏观性、战略性和指导性，生态市、生态县建设要求突出实践性，重在过程

　　这一时期，城市规划从"建设蓝图"转型为"发展蓝图"，以目标为导向的增长拉动型规划成为主流，由于过快的发展速度，传统的规划审批耗时过长，使得几乎所有的城市都突破了原有总体规划的控制指标，各类非法定城市规划大行其道。土地利用规划虽然对耕地资源保护，但是仍然出现了很多问题，不少地区的耕地划定通过占补平衡已经面目全非，土地利用规划成了"供地规划"；其他类型的空间规划，一方面由于对市场机制的

不熟悉而乱了阵脚，另一方面由于未获明确的事权分管甚至无法可依，出现"纸上画画、墙上挂挂"的尴尬局面。

由于各类空间规划的交杂，有的地方出现了"哪个规划更利于经济发展就用哪个规划"的尴尬局面。城市空间结构进行了前所未有的大调整，大刀阔斧、开肠破肚、伤筋动骨式的大手笔不断出现[1]，但是也出现了规划过于宏大、脱离实际、规模过大的问题，同时，规划内容繁多、编制和审批时间过长，不能适应城市建设和发展的需求，最终导致空间发展宏观失控的现象。

四、近十年来：协调空间资源的配置平台

（一） 时代背景

经过前一时期的社会经济高速增长，中国的城镇化水平于 2011 年首次超过 50%，大量城市人口、经济要素、社会资源集聚在大城市，大大增加了城市的运行压力，各类"城市病"也开始在这一阶段集中爆发。经过上一轮高速增长，中国经济发展方式逐渐形成了经济增长对内依赖于房地产，对外依赖于出口的局面，这种增长方式建立在财富增长而非竞争力的增长，在新的国际国内经济形势下面临着深刻转型，中国发展由此进入"新常态"。

2011 年颁布的"十二五"国民经济和社会发展规划，根据全国社会经济发展状况，将重点转向扩大内需、城镇化、节能减排、包容性增长等方面。"十二五"规划树立和贯彻落实创新、协调、绿色、开放、共享的发展理念，以提高发展质量和效益为中心，以供给侧结构性改革为主线，统筹推进经济建设、政治建设、文化建设、社会建设、生态文明建设的全面发展。

2012 年党的十八大召开，首次提出"大力推进生态文明建设"，并在"优化国土空间开发格局"一款中提出，"科学规划城市群规模和布局，增强中小城市和小城镇产业发展、公共服务、吸纳就业、人口集聚功能""加

---

1. 空间规划协调的理论框架与实践探索 _ 魏广君。

快实施主体功能区战略，推动各地区严格按照主体功能定位发展，构建科学合理的城市化格局、农业发展格局、生态安全格局""建立国土空间开发保护制度，完善最严格的耕地保护制度、水资源管理制度、环境保护制度"等内容，标志着空间规划体系改革的起点。

2013 年 11 月，党的十八届三中全会通过的《中共中央关于全面深化改革若干重大问题的决定》指出要"通过建立空间规划体系，划定生产、生活、生态空间开发管制界限，落实用途管制"。其后，习近平总书记在 2013 年 12 月的中央城镇化工作会议上指出要"建立空间规划体系，推进规划体制改革，加快规划立法工作"。这一时间里，中共中央总书记、国家主席习近平同志多次发表关于城市规划与管理的重要指示，2014 年考察北京时提出："考察一个城市首先看规划，规划科学是最大的效益，规划失误是最大的浪费，规划折腾是最大的忌讳""建设和管理好首都，是国家治理体系和治理能力现代化的重要内容"。

2015 年 11 月，中央城市工作会议时隔 37 年再次召开，会议提出："转变城市发展方式，完善城市治理体系，提高城市治理能力，着力解决城市病等突出问题，不断提升城市环境质量、人民生活质量、城市竞争力，建设和谐宜居、富有活力、各具特色的现代化城市，提高新型城镇化水平，走出一条中国特色城市发展道路"。本次会议提出"一个尊重五个统筹"的城市发展要求，即尊重城市发展规律；统筹空间、规模、产业三大结构，提高城市工作全局性；统筹规划、建设、管理三大环节，提高城市工作的系统性；统筹改革、科技、文化三大动力，提高城市发展持续性；统筹生产、生活、生态三大布局，提高城市发展的宜居性；统筹政府、社会、市民三大主体，提高各方推动城市发展的积极性。可以说，"一个尊重、五个统筹"为当前混乱不堪、各自为政、盲目扩张的城市发展指明了方向，为"城市病"开出了"药方"，是今后城市发展的指导思路和要求，具有重大的现实指导意义。

（二）"十二五"规划（2011 ～ 2015 年）：事权争夺、尝试融合

1. 不同类型空间规划的掣肘

面对诸多发展弊病，我国空间规划发展出现了各部门间互相争夺空间

规划的现象，并在 2012 年达到顶峰。各类空间规划名目众多、内容交叉、彼此掣肘，严重影响了规划的科学性、实用性和权威性。

这一时期，各类型空间规划的地位和作用均得以增强。主体功能区划的地位和作用得到进一步加强。党的"十八大"和十八届三中、五中全会公告中，主体功能区被确定为生态文明建设的首要任务之一，在优化国土空间开发保护格局中被赋予基础制度的地位 [1]。城市规划的战略地位和全局意义得到党中央和国务院的多次明确，国家领导人在考察和调研中多次对城市规划工作提出要求。土地利用规划则基于闭环的制度设计、详细的数据调查，成为地方进行空间发展管控的重要工具。国家"十二五"环保规划的主要目标、主要指标、重点任务、政策措施和重点工程项目纳入了《国民经济和社会发展第十二个五年规划纲要》，对特定空间要素提出了管控要求。

由于空间规划的政府事权划分不清，主体功能区划、城市总体规划、土地利用总体规划、环境保护规划都在回答城市与区域的可持续发展问题，都将"空间协调发展和治理"列为各自的规划目标，趋向于综合治理，规划理论、编制方法和实施途径等内容趋同，更加突出和强调公共政策；行政管理中的矛盾纠纷众多，规划效率大大下降，不免落入"纸上画画，墙上挂挂"的俗套。这一现象的根源在于各个空间规划背后的国家体制中各部门事权争夺，一方面由于"行政立法部门化"，另一方面由于一些深层次的原因，规划实施因缺乏政府管理权限变得遥遥无期。

专栏 5-5　2012 年前后的空间规划顶层设计

2011 年，国家出台《全国主体功能区规划》，明确了未来国土空间开发的主要目标和战略格局，我国国土空间开发模式发生重大转变。为了贯彻落实国民经济和社会发展规划纲要，国家发改委规划司和地区司开始选择跨省区、重点地区编制面向区域发展政策的区域发展规划，如《国务院关于支持赣南等原中央苏区振兴发展的若干意见》等，弥补区域规划的不足。

2011 年，国土资源部也编制了面向国土资源开发的第二轮《全国国土规划纲要（2011 ～ 2030 年）》，两年后，国务院批准这个规划。

---

1. 樊杰. 中国主体功能区划方案 [J]. 地理学报，2015, 70(02)：186-201。

2012 年，国家发改委认识到城镇化成为新时期经济增长和社会发展非常重要的因素，组织编制《国家新型城镇化规划》。两年后，中共中央、国务院印发了《国家新型城镇化规划（2014～2020 年)》，并发出通知，要求各地区各部门结合实际认真贯彻执行。

2．多规融合的有益探索

2014 年，国家发改委、国土资源部、环境保护部与住房和城乡建设部四部委联合下发《关于开展市县"多规合一"试点工作的通知》，提出在全国 28 个市县开展"多规合一"试点。这项试点要求按照资源环境承载能力，合理规划引导城市人口、产业、城镇、公共服务、基础设施、生态环境和社会管理等方面的发展方向与布局重点，探索整合相关规划的控制管制分区，划定城市开发边界、永久基本农田红线和生态保护红线，形成合力的城镇、农业和生态空间布局，探索完善经济社会、资源环境和控制管控措施（表 5-2）。

这些实践和探索从空间层次、规划内容和行政管理等方面理顺各类空间规划之间的关系，尝试"两规（土规和城规）合一""三规（发展规划、土规、城规）合一""四规（主体功能区划、土规、城规、环规）叠合""多规（各类空间规划）融合"。

28 个市县开展"多规合一"试点分布情况　　　　　表 5-2

牵头部门	试点县市
国土资源部	浙江省嘉兴市、山东省桓台县、湖北省鄂州市、广东省佛山市南海区、重庆市江津区、四川省宜宾市南溪区、陕西省榆林市
住房和城乡建设部	浙江省嘉兴市、浙江省德清县、安徽省寿县、福建省厦门市、广东省四会市、云南省大理市、陕西省富平县、甘肃省敦煌市
国家发展改革委、环境保护部	浙江省嘉兴市、辽宁省大连市旅顺口区、黑龙江省哈尔滨市阿城区、黑龙江省同江市、江苏省淮安市、江苏省句容市、江苏省泰州市姜堰区、浙江省开化县、江西省于都县、河南省获嘉县、湖南省临湘市、广东省广州市增城区、广西壮族自治区贺州市、四川省绵竹市、甘肃省玉门市

专栏5-6　市县空间规划试点工作情况

2013年底，习近平总书记在中央城镇化工作会议上强调：积极推进市、县规划体制改革，实现一个市县一本规划、一张蓝图。次年，推动"多规合一"实施，深化市县空间规划改革，成为2014年度的重点改革任务，成为推动新型城镇化建设的重要内容，多规合一正式由"底层探索"上升为"国家试点"。

2014年8月，国家发改委、国土部、环保部和住建部联合下发《关于开展市县"多规合一"试点工作的通知》，在全国28个市县开展"多规合一"试点，分别为：辽宁省大连市旅顺口区、黑龙江省哈尔滨市阿城区、黑龙江省同江市、江苏省淮安市、江苏省句容市、江苏省泰州市姜堰区、浙江省开化县、浙江省嘉兴市、浙江省德清县、安徽省寿县、福建省厦门市、江西省于都县、山东省桓台县、河南省获嘉县、湖北省鄂州市、湖南省临湘市、广东省广州市增城区、广东省四会市、广东省佛山市南海区、广西壮族自治区贺州市、重庆市江津区、四川省宜宾市南溪区、四川省绵竹市、云南省大理市、陕西省富平县、陕西省榆林市、甘肃省敦煌市、甘肃省玉门市。

2015年9月11日，中共中央政治局召开会议，审议通过了《生态文明体制改革总体方案》，对市县层面的空间规划提出两点具体要求：

——推进市县"多规合一"。支持市县推进"多规合一"，统一编制市县空间规划，逐步形成一个市县一个规划、一张蓝图。市县空间规划要统一土地分类标准，根据主体功能定位和省级空间规划要求，划定生产空间、生活空间、生态空间，明确城镇建设区、工业区、农村居民点等的开发边界，以及耕地、林地、草原、河流、湖泊、湿地等的保护边界，加强对城市地下空间的统筹规划。加强对市县"多规合一"试点的指导，研究制定市县空间规划编制指引和技术规范，形成可复制、能推广的经验。

——创新市县空间规划编制方法。探索规范化的市县空间规划编制程序，扩大社会参与，增强规划的科学性和透明度。鼓励试点地区进行规划编制部门整合，由一个部门负责市县空间规划的编制，可成立由专业人员和有关方面代表组成的规划评议委员会。规划编制前应当进行资源环境承载能力评价，以评价结果作为规划的基本依据。规划编制过程中应当广泛征求各方面意见，全文公布规划草案，充分听取当地居民意见。规划经评议委员会论证通过后，由当地人民代表大会审议通过，并报上级政府部门备案。规划成果应当包括规划文本和较高精度的规划图，并在网络和其他本地媒体公布。鼓励当地居民对规划执行进行监督，对违反规划的开发建设行为进行举报。当地人民代表大会及其常务委员会定期听取空间规划执行情况报告，对当地政府违反规划行为进行问责。

（三）"十三五"规划（2016年至今）：新时代、新理念、新体系

2016年颁布的"十三五"规划提出，"十三五"时期是全面建成小康社会决胜阶段，必须认真贯彻党中央战略决策和部署，准确把握国内外发展环境和条件的深刻变化，积极适应把握引领经济发展新常态，全面推进创新发展、协调发展、绿色发展、开放发展、共享发展，确保全面建成小康社会。这一时期，也将是我国空间规划体系和空间治理体系完善的关键时期。

2018年2月28日，《中共中央关于深化党和国家机构改革的决定》最终确定了自然资源部的改革目标。决定提出，要"统一行使全民所有自然资源资产所有者职责，统一行使所有国土空间用途管制和生态保护修复职责"，并"强化国土空间规划对各专项规划的指导约束作用，推进多规合一，实现土地利用规划、城乡规划等有机融合"。

总体上看，空间规划既要把握引领城市长远发展的战略高线，又要有基于限制性要素反推出来的空间底线。战略高线要坚持高位原则，高标准、高视野，放远眼光，经得起历史检验。空间底线更依赖于科学的技术方法，重点在于做出科学的承载力预测，目的在于维持生态本底。规划的实施要有科学性、权威性、连续性，并且以人民的满意度为标准。

可以说，在国内外问题和矛盾复杂多变的情况下，在2018年国家机构改革之前，我国空间规划并未统一，以经济社会发展规划（偏重空间类型的主体功能区划）、城乡规划、国土资源规划三大规划为主体。虽然各类空间规划的法律依据、目标任务、管理部门不同，但是在规划核心内容和管控思路上基本相似，呈现出都朝着"指标控制 + 分区管制 + 名录管理"方

向发展的趋势[1]。过去的"类"空间规划虽然竭尽所能地发挥各自对生产要素和空间协调的作用，终因体制、机制和部门利益等原因收效甚微，由于我国持续高速的经济增长衍生的一系列"资源—环境—生态"问题日益凸显，转型发展和可持续发展的资源与环境压力日益加剧，盲目投资和低水平总量扩张与社会事业发展滞后的矛盾日益尖锐，区域和空间协调发展面临日益严峻的挑战。

（四） 央地关系动态调整下的空间规划体系

在中央宏观政策的引导下，我国的"多规合一"及空间规划实践由地方自发探索逐渐演变为国家授权下的改革试点，大致分为三个阶段。

第一阶段：地方主导的规划协调探索

第一阶段为 2007 ～ 2012 年，这一时期中央宏观政策的导向是区域和城乡统筹发展，通过主体功能区战略优化国土空间开发格局，但在"多规合一"及空间规划方面尚无顶层设计和指导思想。"多规合一"实践以地方自发探索为主，集中在较为发达的特大城市和地区，如广州市的"三规合一"、重庆市的"四规叠合"和北京市的"四规协调"等，以解决空间规划矛盾、提高政府规划管理效能为目标，主要应对高速城镇化以后出现的资源环境约束、土地利用粗放和规划管理低效等问题。

第二阶段：部委主导的"多规合一"试点

第二阶段为 2013 ～ 2015 年，随着"深化生态文明体制改革"和"探索市（县）'三规合一'或'多规合一'"的提出，"多规合一"正式得到国家政策的支持，进入国家部委授权试点改革阶段。这一阶段的"多规合一"工作多集中在国家四部委确定的 28 个试点城市及部分省级试点城市，以强化政府空间管控能力、改革政府规划体制为目标，主要解决市（县）规划自成体系、内容冲突和缺乏衔接协调等突出问题。

第三阶段：中央主导的空间规划改革

第三阶段为 2015 年至今，党的十八届五中全会提出建立健全统一衔接

---

1. 林坚，吴宇翔，吴佳雨，刘诗毅．论空间规划体系的构建——兼析空间规划、国土空间用途管制与自然资源监管的关系 [J]. 城市规划，2018，42（5）：14。

中国特色空间规划的基础分析与转型逻辑

的空间规划体系,《生态文明体制改革总体方案》要求编制统一的空间规划,鼓励开展省级空间规划试点,"十三五"规划纲要提出建立国家空间规划体系;随后,中央陆续在海南省、宁夏回族自治区开展省级空间规划试点工作,并于 2017 年 1 月出台《省级空间规划试点方案》。这一阶段的空间规划改革,以建立健全统一、衔接的空间规划体系,提升国土空间治理能力和效率为目标,主要应对当前空间规划体系庞杂、纵向事权重构和横向缺乏协调等问题。

第六章
中国空间
规划的现
状和问题

VI

一、新时期我国当前空间规划体系建设的要求

空间规划体系是一个国家工业化和城镇化发展到一定阶段，为协调原有各类、各级空间性规划和理顺部门规划的关系，实现国家和地区竞争力提升、可持续发展等目标而建立的，由国家、省、市县等各级空间规划构成的空间规划系统。

合理地开发利用国土空间，建设美好家园，是构建空间规划体系的目标。改革开放以来，伴随经济社会的快速发展，我国广袤的国土空间经历了前所未有的急速变化，在支撑全国经济总量迈入世界第二的同时，空间矛盾与冲突也日益显现。党的十八大以来，随着新型城镇化、生态文明建设等一系列重大战略的深入实施，完善空间规划体系、推进多规合一、优化国土空间开发格局，已成为十分迫切的任务。

总体上看，我国空间规划经历了新中国成立初期夯实资源基础、20 世纪 80 年代逐步繁荣成型、新世纪再度试点探索、近年有所突破等曲折发展过程。在这个过程中，因工业化、城镇化快速发展以及国土空间方面长期缺乏顶层设计等因素，导致了国土空间矛盾日益突出、区域差距过大等一系列问题的出现，迄今尚未建立严格意义上的国家空间规划体系。现有的空间规划体系庞杂且不健全，众多空间性规划自成体系，部门规划之间缺乏衔接与协调，这也正是我们研究探讨国土空间规划的现实意义所在。

党的十八大以来，中央审时度势，针对新时期的主要矛盾变化，对空间规划体系建立和建设提出了一系列要求。

- 2012 年 11 月，党的十八大报告提出，要大力推进生态文明建设，优化国土空间开发格局。报告指出，当前和今后一个时期，要重点抓好四个方面的工作：一是要优化国土空间开发格局；二是要全面促进资源节约；三是要加大自然生态系统和环境保护力度；四是要加强生态文明制度建设。

- 2013 年 11 月，党的十八届三中全会通过的《中共中央关于全面深化改革若干重大问题的决定》指出要"通过建立空间规划体系，划定生产、生活、生态空间开发管制界限，落实用途管制"。其后，习近平总书记在 2013 年 12 月的中央城镇化工作会议上指出要"建立空间规划体系，推进规划体制改革，加快规划立法工作。"

- 2015 年 9 月，中共中央国务院颁发《生态文明体制改革总体方案》，进一步要求"构建以空间治理和空间结构优化为主要内容，全国统一、相互衔接、分级管理的空间规划体系，着力解决空间性规划重叠冲突、部门职责交叉重复、地方规划朝令夕改等问题"，同时指出"编制空间规划。要整合目前各部门分头编制的各类空间性规划，编制统一的空间规划，实现规划全覆盖。空间规划分为国家、省、市县（设区的市空间规划范围为市辖区）三级……"

- 2015 年 10 月，党的十八届五中全会公报指出"加快建设主体功能区，发挥主体功能区作为国土空间开发保护基础制度的作用。"其后，《中共中央关于制定国民经济和社会发展第十三个五年规划的建议》指出"……推动各地区宜居主体功能定位发展。以主体功能区规划为基础统筹各类空间性规划，推进'多规合一'"。

- 2015 年 12 月，中央城市工作会议要求：以主体功能区规划为基础统筹各类空间性规划，推进"多规合一"……要提升规划水平，增强城市规划的科学性和权威性，促进"多规合一"，全面开展城市设计，完善新时期建筑方针，科学谋划城市"成长坐标"。会后，《关于进一步加强城市规划建设管理工作的若干意见》出台，要求推进"两图合一"，谋划符合时代发展需求的空间蓝图。

- 2016 年 3 月，"十三五"规划提出，建立国家空间规划体系，以主体功能区规划为基础统筹各类空间性规划，推进"多规合一"。

- 2016 年 10 月，中央全面深化改革领导小组第二十八次会议上审议了《省级空间规划试点方案》。会议强调，开展省级空间规划试点，要以主体功能区规划为基础，科学划定城镇、农业、生态空间及生态保护红线、永久基本农田、城镇开发边界，注重开发强度管控和主要控制线落地，统筹各类空间性规划，编制统一的省级空间规划，为实现"多规合一"、建立健全国土空间开发保护制度积累经验、提供示范。会议明确指出要加强资源保护与规划建设管理的全域全过程管控；加强省级规划对于市县空间规划的调控与统筹，避免市县规划"大拼盘"，防止规划走弯路。

- 2017 年 2 月，《全国国土规划纲要（2016 ～ 2030 年）》提出，要贯彻区域发展总体战略和主体功能区战略，对国土空间开发、资源环境保护、国土综合整治和保障体系建设等作出总体部署与统筹安排。要进一步优化国土开发格局、提升国土开发质量、规范国土开发秩序；优化生产、生活、生态空间，推进生态文明建设，完善国土空间规划体系和提升国土空间治理能力。

- 2018 年 3 月，中央机构改革方案落地，组建自然资源部，统一行使"所有国土空间用途管制和生态保护修复职责"。8 月，主体功能区规划、城乡规划等原属于发改委和住建部的职能，统一划入自然资源部。

- 2018 年 9 月，习近平总书记主持召开中央全面深化改革委员会第四次会议并发表重要讲话，对我国空间规划体系的建设提出了新的要求。会议强调，科学编制并有效实施国家发展规划，引导公共资源配置方向，规范市场主体行为，有利于保持国家战略连续性稳定性，确保一张蓝图绘到底。

- 2018 年 9 月，中共中央、国务院印发《关于统一规划体系更好发挥国家发展规划战略导向作用的意见》，规定已批准的国土空间规划是各类开发建设活动的基本依据，明确提出：统一规划体系，形成规划合力，坚持下位规划服从上位规划、下级规划服务上级规划、等位规划相互协调，建立以国家发展规划为统领，以空间规划为基础，以专项规划、区域规划为支撑，由国家、省、市县各级规划共同组成定位准确、边界清晰、功能互补、统一衔接的国家规划体系。

二、当前各类空间规划的内容和特点

（一）发展规划

1. 国民经济和社会发展规划

国民经济和社会发展规划由《宪法》授权各级人民政府编制实施，是经济和社会发展的战略性、纲领性、综合性规划。国民经济和社会发展规划分"国家级、省级、市县级"三个层级编制。国家国民经济和社会发展总体规划和省（区、市）级、市县级国民经济和社会发展总体规划分别由同级人民政府组织编制，并由同级人民政府发展改革部门会同有关部门负责起草。国民经济和社会发展规划包括短期的年度计划、中期的 5～10 年规划和 10 年以上的长期规划，一般包含了国民经济发展和社会发展两部分内容。国民经济发展方面的主要内容包括从生产、流通、消费到积累，从发展指标到基本建设投资，从部门到地区发展，从资源开发利用到生产力布局等，内容非常广泛；社会发展方面的主要内容包括人口、就业、住宅、社会福利、环境保护等。

（1）区域规划

国民经济和社会发展区域规划是以跨行政区的特定区域国民经济和社会发展为对象编制的规划，是国民和社会发展规划在特定区域的细化和落实。跨省的区域规划是编制区域内省级总体规划、专项规划的依据。区域规划主要内容包括区域资源环境承载能力的综合分析评价；区域经济社会发展的指导思想和主要目标；区域发展的战略定位；区域布局的总体框架和空间开发的基本原则；区域经济社会发展的重点任务，包括与任务相应的区域城镇体系与城乡协调发展的建设布局、区域重大基础设施建设与布局、区域生态建设与环境保护、公共服务和社会事业等。

根据《国家级区域规划管理暂行办法》规定，国家级区域规划的范围包括：跨省级行政区的特定区域；国家总体规划和主体功能区规划等国家层面规划确定的重点地区；承担国家重大改革发展战略任务的特定区域。国家级区域规划要对人口、经济增长、资源环境承载能力进行预测和分析，对区域内各类经济社会发展功能区进行划分，提出规划实施的保障措施等。国家级区域规划由国务院发展规划主管部门会同国务院有关部门和有关省政府组织编制，规划期一般为 5 年，可以展望到 10 年以上。

（2）专项规划

国民经济和社会发展专项规划是以特定领域为对象编制的规划，是各级人民政府及其有关部门引导特定领域发展，以及布局、审批、核准重大项目，安排政府投资和财政支出预算，制定相关政策的重要依据。其主要内容包括：现状和趋势分析；发展指导思想、基本原则和主要目标；与重点任务相对应的空间布局方案、重大项目的建设内容和要求、政府投资的方向和时序安排等；规划实施保障措施。专项规划由各级人民政府有关部门组织编制，规划期可根据需要确定。

编制国家级专项规划原则上限于关系国民经济和社会发展大局、需要国务院审批和核准重大项目以及安排国家投资数额较大的领域，是落实规划纲要的重要抓手。专项规划对促进关键领域发展、破解重点难点问题具有重要意义。主要包括：①农业、水利、能源、交通、通信等方面的基础设施建设；②土地、水、海洋、煤炭、石油、天然气等重要资源的开发保护；③生态建设、环境保护、防灾减灾、科技、教育、文化、卫生、社会保障、国防建设等公共服务事业；④需要政府扶持或者调控的产业；⑤国家总体规划确定的重大战略任务和重大工程；⑥法律、行政法规规定和国务院要求的其他领域。

2．主体功能区规划

主体功能区规划是依据《国务院办公厅关于开展全国主体功能区规划编制工作的通知（国办发〔2006〕85号）》（已于2015年失效）编制的综合性规划，是国土空间开发的战略性、基础性、约束性规划，是实施主体功能区制度的纲领性文件。主体功能区是指基于资源环境承载能力、现有开发密度和发展潜力等，将特定区域确定为具有特定主体功能定位类型的一种空间单元。主体功能区可以从不同的角度来分类（图6-1）。

从开发方式上，可以划分为优化开发区域、重点开发区域、限制开发区域和禁止开发区域四类。其中，优化开发区域是指国土开发密度已经较高、资源环境承载能力开始减弱的区域；重点开发区域是指资源环境承载能力较强、经济和人口集聚条件较好的区域；限制开发区域是指资源环境承载能力较弱、大规模集聚经济和人口条件不够好并关系到全国或较大区域范围生态安全的区域；禁止开发区域是指依法设立的各类自然保护区域。

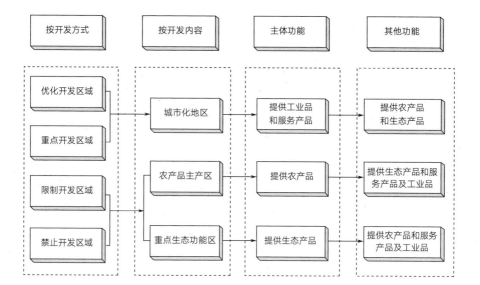

| 按开发方式 | 按开发内容 | 主体功能 | 其他功能 |

优化开发区域

重点开发区域　→　城市化地区　→　提供工业品和服务产品　→　提供农产品和生态产品

限制开发区域　　农产品主产区　→　提供农产品　　提供生态产品和服务产品及工业品

禁止开发区域　　重点生态功能区　→　提供生态产品　　提供农产品和服务产品及工业品

图 6-1 主体
功能区分类
及其功能 [1]

　　从开发内容上，可以划分为以提供工业品和服务产品为主体功能的城市化地区，以提供农产品为主体功能的农产品主产区，以提供生态产品为主体功能的生态功能区。

　　主体功能区规划的主要内容包括：对国土空间资源环境承载能力、现有开发强度、开发潜力等进行技术分析和综合评价；国土空间开发的指导思想、开发原则和战略布局；各类功能区的位置、范围和数量；各类功能区的主体功能定位、发展方向、开发时间、管制原则等；政策保障和实施机制。

　　主体功能区规划分国家和省级两个层次编制。《全国主体功能区规划》于 2010 年正式出台，随后，22 个省级行政区及新疆生产建设兵团地区陆续出台主体功能区规划。《全国主体功能区规划》依据一定的标准，划分了

1. 摘自《全国主体功能区规划（2011～2020 年）》。

四类功能区：包括环渤海地区、长江三角洲和珠江三角洲在内的优化开发区域；包括长江中游地区、太原城市群等 18 个经济区在内的重点开发区域；8 个农产品主产区和 25 个重点生态功能区在内的限制开发区域；禁止开发区域包括 5 类，即国家级自然保护区、世界文化自然遗产、国家级风景名胜区、国家森林公园以及国家地质公园。

3. 海洋功能区规划

海洋空间资源具有有限性，其管理日益为各国所重视。自 20 世纪 70 年代以来，海洋空间的规划被认为是重要的海洋空间管理工具，世界海洋空间规划体系也不断完善和发展，从早期海洋公园规划和海洋生物区划到协调用海空间矛盾的海洋功能区划，从特殊小尺度海洋空间规划到全海洋空间规划，从海洋空间政策规划到海洋空间精细化管理规划，其经济、社会和生态等内涵不断延伸，各类各级不同海洋空间规划构成国家海洋空间规划体系。

2015 年 8 月，国务院印发实施《全国海洋主体功能区规划》，为科学谋划海洋空间开发，规范开发秩序，提高开发能力和效率，构建陆海协调、人海和谐的海洋空间开发格局，提供了基本依据和重要遵循。作为《全国主体功能区规划》的重要组成部分，《全国海洋主体功能区规划》的颁布与实施，标志着我国主体功能区战略实现了陆海统筹和国土空间全覆盖（表 6-1）。

《全国海洋主体功能区规划》基于对我国内水和领海，专属经济区和大陆架及其他管辖海域内资源、环境、经济、社会、人口等基本要素的综合评价，明确界定各类海洋主体功能区及其开发方向与原则，是制定各类与海洋空间开发有关的法规、政策和规划必须贯彻遵循的基础性、约束性规划，也是实现海洋治理能力和治理体系现代化的重要抓手。

《全国海洋主体功能区规划》将我国海洋空间区分为四类开发区域，分别是：优化开发区域、重点开发区域、限制开发区域和禁止开发区域。其中，优化开发区域主要集中在海岸带地区，承载了绝大部分的海洋开发活动，海洋生态环境问题突出，海洋资源供给压力较大，必须优化海洋开发活动，加快海洋经济发展方式的转变；重点开发区域包括城镇建设用海区、港口和临港产业用海区、海洋工程和资源开发区；限制开发区域包括海洋渔业保障区、海洋特别保护区和海岛及其周边海域；禁止开发区域包括海洋自然保护区、领海基点所在岛屿等，该区域除法律法规允许的活动外，禁止其他开发活动。

全国海洋功能区规划的空间划分   表 6-1

类型	含义	范围	备注
优化开发区域	现有开发利用强度较高，资源环境约束较强，产业结构亟须调整和优化的海域	内水与领海范围内： 渤海湾、长江口及其两翼、珠江口及其两翼、北部湾、海峡西部以及辽东半岛、山东半岛、苏北、海南岛附近海域	涉及滨海城市： （1）渤海湾：秦皇岛、唐山、沧州、天津。 （2）长江口及其两翼：南通、上海、嘉兴、杭州、绍兴、宁波、舟山、台州。 （3）珠江口及其两翼：汕头、潮州、揭阳、汕尾、广州、深圳、珠海、惠州、东莞、中山、江门、阳江、茂名、湛江。 （4）北部湾：北海、钦州、防城港。 （5）海峡西部：温州、宁德、福州、莆田、泉州、厦门、漳州。 （6）辽东半岛：丹东、大连、营口、盘锦、锦州、葫芦岛。 （7）山东半岛：滨州、东营、潍坊、烟台、威海、青岛、日照。 （8）苏北：连云港、盐城。 （9）海南岛：海口、三亚、三沙
重点开发区域	在沿海经济社会发展中具有重要地位，发展潜力较大，资源环境承载能力较强，可以进行高强度集中开发的海域	内水与领海范围内：城镇建设用海区、港口和临港产业用海区、海洋工程和资源开发区	规划与发展原则：据点式集约开发；科学围填海；建设陆海协调、安全高效的基础设施网络等
		专属经济区和大陆架及其他管辖海域范围内：资源勘探开发区、重点边远岛礁及其周边海域	规划和发展原则：资源勘探与评估；以海洋科研调查、绿色养殖、生态旅游等开发活动
限制开发区域	以提供海洋水产品为主要功能的海域	内水与领海范围内：海洋渔业保障区、海洋特别保护区和海岛及其周边海域	（1）海洋渔业保障区：包括传统渔场 52 个、海水养殖区 2.31 万平方公里和水产种质资源保护区 51 个。 （2）海洋特别保护区：包括国家级海洋特别保护区 23 个，总面积约 2859 平方公里
		专属经济区和大陆架及其他管辖海域范围内：重点开发区域以外的其他海域	基本原则：适度开展渔业捕捞，保护海洋生态环境
禁止开发区域	对维护海洋生物多样性，保护典型海洋生态系统具有重要作用的海域	各类海洋自然保护区、领海基点所在岛礁等	（1）海洋自然保护区：包括国家级海洋自然保护区 34 个，总面积约 1.94 万平方公里。 （2）领海基点所在岛礁：包括已公布的 94 个领海基点

目前已经开展的各类海洋空间规划中，海洋功能区划是法律依据最充分、规划管理体系最完整、空间规划主要特征最鲜明的规划形式，具备形成海洋空间规划抓手的各方面条件。

4．小结

国民经济和社会发展规划是全国或者某一地区经济、社会发展的总体纲要，是具有战略意义的指导性文件，统筹安排和指导全国或某一地区的社会、经济、文化建设工作。它主要根据对科学技术及其成果应用的发展趋势、资源开发和利用的估计、未来时期经济发展可能达到的目标做出科学的预测，提出一个总体的奋斗目标，概要地确定经济社会发展的主要方向和任务，以及发展的战略目标、重点和步骤。国民经济社会发展规划是综合性的纲领规划，从规划区的经济社会背景、资源环境基础、区域产业结构出发制定经济社会发展战略，强调因地制宜的产业布局和基础公共服务产品的空间配置方案，其各级规划是编制其他对应层次规划的基础，并指导部门专项规划。因此，国民经济和社会发展总体、区域与专项规划虽以经济社会发展等非空间内容为主，但考虑到其在我国的特殊地位和其诸多具有空间意义的内容，此处将其纳入空间规划体系进行讨论。

主体功能区规划是我国区域发展总体战略背景下，对国土空间开发进行的战略性谋划，是今后各类涉及空间开发规划的基础性规划，既要约束市场主体的开发行为，也要约束政府的行为，与城市规划、土地规划等空间规划相比，范围更广、更原则。《国务院关于编制全国主体功能区规划的意见》（国发〔2007〕21号）中明确提到，全国主体功能区规划是战略性、基础性、约束性的规划，是国民经济和社会发展总体规划、人口规划、区域规划、城市规划、土地利用规划、环境保护规划、生态建设规划、流域综合规划、水资源综合规划、海洋功能区划、海域使用规划、粮食生产规划、交通规划、防灾减灾规划等在空间开发和布局的基本依据。与国民经济社会发展规划相比，主体功能区划更为偏向空间上的谋划，是较长一段时间内指导空间规划体系建立的基础。

但是主体功能区规划的分区较为单一，对复合功能体现不足，分出的几种类型也缺少过渡的小类型，传导机制不强，缺少实在的抓手型管制手段，导致大多数主体功能区规划没有精确落地，这是主体功能区规划的主要问题。

2018年9月20日，中央全面深化改革委员会第四次会议审议通过《关于统一规划体系更好发挥国家发展规划战略导向作用的意见》(中发[2018]44号)，文件提出国家发展规划根据党中央关于制定国民经济和社会发展五年规划的建议，由国务院组织编制，经全国人民代表大会审查批准，居于规划体系最上位，是其他各级各类规划的总遵循；国家级专项规划、区域规划、空间规划，均须依据国家发展规划编制。文件明确了新的规划体系中发展规划的核心地位，立足新形势新任务新要求，明确各类规划功能定位，理顺国家发展规划和国家级专项规划、区域规划、空间规划的相互关系，避免交叉重复和矛盾冲突。

（二） 城乡规划

我国城乡规划在《中华人民共和国城乡规划法》下开展，分为国家级、省级、市县级、镇级、乡村级一共五个等级（图6-2）；按照类型又可以分为城镇体系规划、总体规划、详细规划、村庄规划等四种类型。其中，国务院城乡规划主管部门会同国务院有关部门组织编制全国城镇体系规划，用于指导省域城镇体系规划、城市总体规划的编制；省、自治区人民政府组织编制省域城镇体系规划，报国务院审批，指导省内市县编制总体规划。

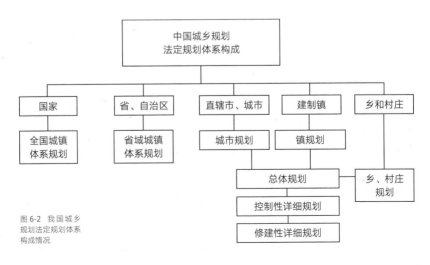

图6-2 我国城乡
规划法定规划体系
构成情况

1. 城镇体系规划

全国城镇体系规划是我国城乡规划的纲领性文件，是国家推进新型城镇化发展的综合空间规划平台。依据《城乡规划法》，全国城镇体系规划由国务院城乡规划主管部门会同国务院有关部门组织编制，用于指导省域城镇体系规划、城市总体规划的编制，最终由国务院城乡规划主管部门报国务院审批。全国城镇体系规划的任务是在空间上落实和协调国家发展的各项要求，明确城镇发展目标、发展战略，明确国家城镇空间布局和调控重点，转变城镇发展模式，提高资源配置效率，提高城镇综合承载能力，促进城镇化健康发展。规划根据不同地区的特点和发展趋势，通过城镇化政策分区、城镇体系空间组织、重点发展地区和分省区城镇发展指引等引导性措施，指导不同地区和城市因地制宜地发展；通过城镇建设用地、节水率、能耗指标以及大气、水体达标率和固体废弃物处理率等强制性要求，提高城镇发展的集约、节约水平，提高城镇化的质量。2005年，原建设部（现住房和城乡建设部）委托中国城市规划设计研究院编制完成《全国城镇体系规划（2006～2020年）》。

省域城镇体系规划是省、自治区人民政府实施城乡规划管理，合理配置省域空间资源，优化城乡空间布局，统筹基础设施和公共设施建设的基本依据，是落实全国城镇体系规划，引导本省、自治区城镇化和城镇发展，指导下层次规划编制的公共政策。省域城镇体系规划的内容应当包括：城镇空间布局和规模控制，重大基础设施的布局，为保护生态环境、资源等需要严格控制的区域。省域城镇体系规划的规划期限一般为二十年，还可以对资源生态环境保护和城乡空间布局等重大问题作出更长远的预测性安排。

2. 城市总体规划

城市总体规划是对城镇建设用地功能布局的整体、统筹安排。城市总体规划的内容包括：城市、镇的发展布局、功能分区、用地布局、综合交通体系、市政系统规划、公共服务建设，禁止、限制和适宜建设的地域范围，各类专项规划等。其中，规划区范围、规划区内建设用地规模、基础设施和公共服务设施用地、水源地和水系、基本农田和绿化用地、环境保护、自然与历史文化遗产保护以及防灾减灾等内容，应当作为城市总体规划、镇总体规划的强制性内容。

中国特色空间规划的基础分析与转型逻辑

城市总体规划是编制近期建设规划、详细规划和专项规划的法定依据。各类涉及城乡发展和建设的行业发展规划，都应符合城市总体规划的要求。城市总体规划是城市政府引导和调控城乡建设的基本法定依据，也是实施城市规划行政管理的法定依据。《中华人民共和国城乡规划法》赋予了城市总体规划重要的法律地位，重点强调了城市总体规划的严肃性、权威性和科学性。城市人民政府负责组织编制城市总体规划和城市分区规划。具体工作由城市人民政府建设主管部门承担。城市总体规划、镇总体规划的规划期限一般为 20 年。城市总体规划、镇总体规划以及乡规划和村庄规划的编制，应当依据国民经济和社会发展规划，并与土地利用总体规划相衔接。

专栏 6-1

案例：北京城市总体规划 (2016 年～ 2035 年)

2017 年 9 月，党中央、国务院批复了《北京城市总体规划 (2016 年～ 2035 年)》(以下简称新版《北京 2035》)。《北京 2035》是在习近平总书记 2014 年和 2017 年的两次北京视察并发表重要讲话后，北京市政府时隔 15 年编制的新一轮的北京城市总体规划。

《北京 2035》采用传统的规划编制体系，内容涉及城市性质、发展目标与策略；城市规模；城市空间布局与城乡协调发展；新城发展；中心城调整优化；产业发展与布局引导；社会事业发展及公共服务设施；生态环境建设与保护；资源节约、保护与利用以及各类专项规划如市政基础设施；综合交通体系；城市综合防灾减灾等内容和近期发展与建设以及规划实施 (李素雅、宋菊芳,2017)。正文包括三个部分：第一部分是总则，包括规划指导思想、主要规划依据、规划范围和规划期限 4 条内容。第二部分是文本的主体部分，共分 8 章、135 条内容。第三部分是附件，包括附表 (建设国际一流和谐宜居之都评价指标体系) 和市域空间结构规划图、市域两线三区规划图等图件。北京作为首都，城市发展进程与国家发展进程息息相关，在各个历史时期都尽全力为国家发展目标的实现作出应有贡献。本次北京总规将规划期限确立为 2035 年，近期到 2020 年，远景展望到 2050 年，与"两个一百年"奋斗目标进程相衔接，与"新两步走"的安排一致。在为第一个"一百年"目标建设提出详细路线的同时，将 2035 年作为承上启下的节点,确保为第二个"一百年"目标的实现奠定下坚实基础(王飞,石晓冬,郑晧,等,2017)。

《北京2035》通篇贯穿了疏解非首都功能这个关键环节和重中之重,提出了"一核一主一副、两轴多点一区"的城市空间结构,明确了核心区功能重组、中心城区疏解提升、北京城市副中心和河北雄安新区形成北京新的两翼、平原地区疏解承接、新城多点支撑、山区生态涵养的规划任务。"一核"指的是首都功能核心区,是全国政治中心、文化中心和国际交往中心的核心承载区,历史文化名城保护的重点地区,也是展示国家首都形象的重要窗口;"一主"指的是中心城区(城六区),是"四个中心"的集中承载地区,也是疏解非首都功能的主要地区;"一副"指的是北京城市副中心,是北京新两翼中的一翼;"两轴"指中轴线及其延长线、长安街

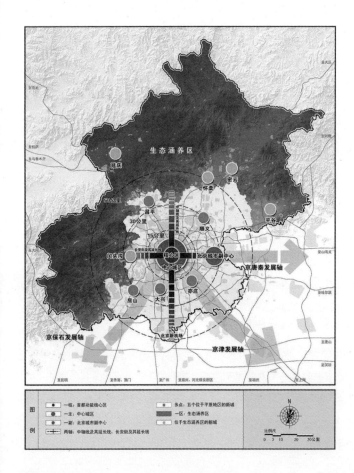

北京城市总体规划
(2016～2035年)
市域空间结构规划图

中国特色空间规划的基础分析与转型逻辑

及其延长线，要以两轴为统领，完善城市空间和功能组织的秩序；"多点"是位于平原地区的顺义、大兴、亦庄、昌平、房山5个新城，是承接中心城区适宜功能、服务保障首都功能的重点地区；"一区"是生态涵养区，包括门头沟、平谷、怀柔、密云、延庆5个区以及昌平和房山的山区，是首都重要的生态屏障、水源保护地和"大氧吧"，要将保障首都的生态安全作为主要任务。

案例：上海市城市总体规划（2017～2035年）

《上海市城市总体规划（2017～2035年）》（以下简称"《上海2035》"）于2017年12月经国务院批复。《上海2035》以习近平新时代中国特色社会主义思想为指导，全面贯彻党的"十九大"精神，全面对接"两个阶段"战略安排，全面落实创新、协调、绿色、开放、共享的发展理念，明确了上海至2035年并远景展望至2050年的总体目标、发展模式、空间格局、发展任务和主要举措。

《上海2035》的编制区别于传统的规划编制体系，采用的是目标导向型规划体系，设置总战略目标及分目标和子目标，文本里写明立足2020、展望2035、梦圆2050，设定一个更高的目标。编制规划前就对18个课题进行充分研究，针对一些城市问题提出总体发展思路，所以这轮总规无论是总体思路、编制方法、技术手段，还是"1+3"的规划成果、"开门办规划"公众参与方面，相比以前都有很大进步。正文包括总则、城市性质与发展目标、发展模式与城市规模、城乡空间布局、产业发展和综合交通、公共服务和文化风貌、生态环境和城市安全、规划实施保障等内容及市域规划范围图、空间结构图等图集。

《上海2035》提出主动融入长三角区域协同发展，构建上海大都市圈，打造具有全球影响力的世界级城市群；构建由"主城区—新城—新市镇—乡村"组成的城乡体系和"一主、两轴、四翼；多廊、多核、多圈"的空间结构；"一主、两轴、四翼"，即：主城区以中心城为主体，沿黄浦江、延安路—世纪大道两条发展轴引导核心功能集聚，并强化虹桥、川沙、宝山、闵行4个主城片区的支撑，提升主城区功能能级，打造全球城市核心区；"多廊、多核、多圈"，即强化沿江、沿湾、沪宁、沪杭、沪湖等重点发展廊道，完善嘉定、松江、青浦、奉贤、南汇等5个新城综合性节点城市服务功能，培育功能集聚的重点新市镇，构建公共服务设施共享的城镇圈，实施乡村

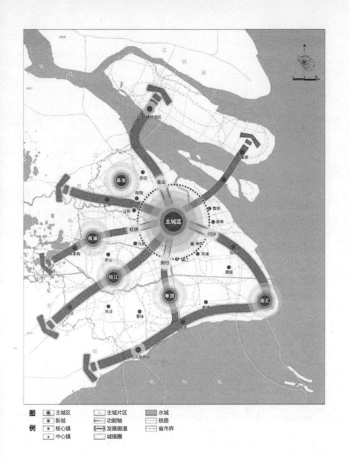

图
例

图例		
● 主城区	主城片区	水域
● 新城	功能轴	铁路
● 核心镇	发展廊道	省市界
● 中心镇	城镇圈	

上海市城市总体规划
（2017 ～ 2035 年）
上海市域空间结构图

振兴战略，实现区域协同、城乡统筹和空间优化。

　　完善由城市主中心（中央活动区）、城市副中心、地区中心和社区中心四个层次组成的公共活动中心体系：中央活动区包括小陆家嘴、外滩、人民广场、徐家汇等区域，16 个城市副中心包括 9 个主城副中心、5 个新城中心和金山滨海地区、崇明城桥地区的核心镇中心；形成城际线、市区线、局域线"三个 1000 公里"的轨道交通网络，基本实现 10 万人以上新市镇轨道交通站点全覆盖；打造 15 分钟社区生活圈，社区公共服务设施 15 分钟步行可达覆盖率达到 99% 左右。此外，《上海 2035》规划提出，要转变城市发展模式。坚持"底线约束、内涵发展、弹性适应"，探索高密度超大城市可持续发展的新模式。牢牢守住人口规模、建设用地、生态环境、城市安全四条底线。

3. 控制性详细规划

控制性详细规划是城市、镇人民政府城乡规划主管部门根据城市、镇总体规划的要求，用以控制建设用地性质、使用强度和空间环境的规划。《中华人民共和国城乡规划法》从编制主体、审批程序、法律地位、修改程序等几方面对控制性详细规划的地位和作用进行了明确，"控规"被赋予很重要的法律地位，在各地都得到了空前的重视。目前，控规的基本内容包括：土地使用性质及其兼容性等用地功能控制要求；容积率、建筑高度、建筑密度、绿地率等用地指标；基础设施、公共服务设施、公共安全设施的用地规模、范围及具体控制要求，地下管线控制要求；基础设施用地的控制界线（黄线）、各类绿地范围的控制线（绿线）、历史文化街区和历史建筑的保护范围界线（紫线）、地表水体保护和控制的地域界线（蓝线）等"四线"及控制要求。控制内容涉及用地、建筑、城市设计、设施配套、开发容量、行为活动、四线控制 7 个方面。

城镇人民政府城乡规划主管部门根据城镇总体规划的要求，组织编制城镇的控制性详细规划。编制城市控制性详细规划，应当依据已经依法批准的城市总体规划或分区规划，考虑相关专项规划的要求，对具体地块的土地利用和建设提出控制指标，作为建设主管部门作出建设项目规划许可的依据。

4. 修建性详细规划

修建性详细规划是用以指导各项建筑和工程设施的设计和施工的规划设计的详细规划。《中华人民共和国城乡规划法》第二十一条提到，"城市、县人民政府城乡规划主管部门和镇人民政府可以组织编制重要地块的修建性详细规划。修建性详细规划应当符合控制性详细规划"，但修建性详细规划不是强制规划。

现行修建性详细规划的工作内容在新的《城市规划编制办法》（2006年 4 月 1 日实施）中有明确规定：①建设条件分析及综合技术经济论证。②建筑、道路和绿地等空间布局和景观规划设计，布置总平面图。③对住宅、医院、学校和托幼等建筑进行日照分析。④根据交通影响分析，提出交通组织方案和设计。⑤市政工程管线规划设计和管线综合。⑥竖向规划设计。⑦估算工程量、拆迁量和总造价，分析投资效益。修建性详细规划

可以由有关单位依据控制性详细规划及建设主
管部门提出的规划条件，委托城市规划编制单
位编制。修建性详细规划的编制主体可以是政
府主体，也可以是市场主体。编制城市修建性
详细规划，应当依据已经依法批准的控制性详
细规划，对所在地块的建设提出具体的安排和
设计。

5. 城镇近期建设规划

城镇近期建设规划是城镇总体规划的重要内容和实施措施，在国务院
出台的《关于加强城乡规划监督管理的通知》中突出强调了城市近期建设
规划的重要性，并明确指出近期建设规划是落实城市总体规划的重要步骤，
是城市近期建设项目安排的依据。

近期建设规划是行动计划，需依据国民经济和社会发展规划定期对近
期建设规划进行评估，将各类功能载体、基础设施和产业放到城市整体
空间布局中加以整合，提出项目实施时序，为政府安排年度计划提供依
据。近期建设规划的内容应当包括确定近期人口和建设用地规模，确定
近期建设用地范围和布局；确定近期交通发展策略，确定主要对外交通
设施和主要道路交通设施布局；确定各项基础设施、公共服务和公益设施
的建设规模和选址。确定近期居住用地安排和布局；确定历史文化名城、
历史文化街区、风景名胜区等的保护措施，城市河湖水系、绿化、环境等
保护、整治和建设措施；确定控制和引导城市近期发展的原则和措施等。
近期建设规划的期限原则上应当与城市国民经济和社会发展规划的年限一
致，并不得违背城市总体规划的强制性内容。城市人民政府城乡规划主管
部门应当依据城市总体规划，结合国民经济和社会发展规划以及土地利用
总体规划，组织制定近期建设规划。城市人民政府组织制定近期建设规划
应当依据城市总体规划，结合国民经济和社会发展规划以及土地利用总体
规划。

6. 乡村规划

乡村规划根据规划侧重点的不同，可以分为镇村布局规划、村庄发展

规划、村庄建设规划、村庄环境整治提升规划等，规划内容主要有：乡村自然、经济资源的分析评价；乡村社会、经济的发展方向、战略目标及其地区布局；乡村经济各部门发展规模、水平、速度、投资与效益；制定实现乡村规划的措施与步骤。

现行的城市规划法律体系中，涉及村庄规划的国家级法规和规章只有《村庄和集镇规划建设管理条例》及《村镇规划编制办法》两个文件。按照这两个文件的指导，村庄规划一般应参照村镇规划的相关内容进行编制；而实际的操作过程中，各地也通常是按照村镇规划标准进行编制的。乡村规划是涉及全体村民切身利益的重大决策，应加强公众参与，以村民为核心，以村民的客观现实需求为出发点，以满足村民的意愿为基本衡量标准，充分征求村民意见、体现村民意愿、征得村民同意。因此，乡村规划的编制，以及按照规划进行设计、建设，必须建立一套议事机构，以便组织和引导村民参与规划与设计的编制过程，按照法律法规和村规民约处理本村建设方面的事宜。

7. 小结

我国的城乡规划制度在 1950 年初开始就形成了，之后经过不断实践而发展充实。长期以来，城乡规划一直是我国最重要的空间类规划之一，对于引导城乡空间拓展，落实社会经济发展目标起到了不可替代的重要作用。城乡规划基于对地方自然环境、资源条件、历史情况的分析和考察，确定城市性质、规模和发展方向，选定规划定额指标，制定规划实施步骤和措施，协调空间布局，合理利用土地，最终实现城市经济和社会发展目标。

然而，随着经济新常态、社会治理结构深刻转型，城乡规划也暴露出一些不够与时俱进的问题，如规划修编频繁、实施结果与目标偏差较大、规划涉及主体利益矛盾突现等。这些问题归结起来，表现在三个层面：

首先是出发点的问题，由于一些地方过于重视短期经济效益，对能带来土地出让收入的生活性空间（居住用地）考虑过多，轻视了生态环境、社会经济发展的客观规律，对生态性、生产性空间关注均有不足，续航能力差。第二是内容体系的问题，编制内容过于庞杂，需要中央统筹和需要地方掌握的内容没有合理区分，传导机制也不够健全，规划更偏向地方性事务，导致国家战略的落地出现偏差。第三是规划实施的问题，由于规划全流程时间周期过长，难以应对快速城镇化时期的不确定性、不同地区问题的差异性、城市多元主体诉求的多样性，导致规划实施的符合率较低，规划改动频繁。

（三）国土及资源规划

1．土地利用总体规划

土地利用总体规划是在一定区域内，根据国家社会经济可持续发展的要求和当地自然、经济、社会条件，对土地的开发、利用、治理、保护在空间上、时间上所作的总体安排和布局，是国家实行土地用途管制的基础。不同级别的土地利用总体规划在内容上有所区别，一般包括土地利用战略与目标、土地利用结构与布局调整、耕地和基本农田保护、建设用地调控、中心城区土地利用、土地生态建设、土地整治、土地用途分区。

土地利用总体规划是《中华人民共和国土地管理法》规定的法定规划，主要分"国家级、省级、市县级"三级进行编制。根据《中华人民共和国土地管理法实施条例》，全国土地利用总体规划由国务院土地行政主管部门会同国务院有关部门编制，报国务院批准。省、自治区、直辖市的土地利用总体规划，由省、自治区、直辖市人民政府组织本级土地行政主管部门和其他有关部门编制，报国务院批准。各级人民政府组织编制土地利用总体规划应当依据国民经济和社会发展规划、国土整治和资源环境保护的要求、土地供给能力以及各项建设对土地的需求。

近年来土地管理形势比较复杂，一方面，经济社会发展进入新常态，国内外需求不足，经济下行明显，市场波动加剧，稳增长、调结构对规划用地保障和调控提出了新挑战；另一方面，生态文明建设全面推进，保耕地红线、保生态底线的要求提升，生态文明体制改革进入顶层设计阶段，土地利用规划计划政策制度面临新的改革诉求。2017 年，按照党中央、国务院部署，《全国国土规划纲要（2016～2030 年）》发布实施。《纲要》范围涵盖我国全部国土（暂未含港澳台地区）。规划基期为 2015 年，中期目标年为 2020 年，远期目标年为 2030 年，贯彻区域发展总体战略和主体功能区战略，推动"一带一路"建设、京津冀协同发展、长江经济带发展战略落实，对国土空间开发、资源环境保护、国土综合整治和保障体系建设等作出总体部署与统筹安排，对涉及国土空间开发、保护、整治的各类活动具有指导和管控作用，对相关国土空间专项规划具有引领和协调作用，是战略性、综合性、基础性规划。

土地利用总体规划从实施情况与现实矛盾来看，也存在着一些问题：规划刚性过强、弹性不足，一定程度制约了发展需求；建设用地布局研究不够，一些空间格局不尽合理，建设预留地过于集中；相关专项规划与土地利用总体规划不协调。

2. 土地利用专项规划

土地利用专项规划是为解决某个特定的土地利用问题而编制的一种土地利用规划类型，其法律依据包括《土地管理法》《土地管理法实施条例》《基本农田保护条例》等，是土地利用总体规划的深入和补充，实践中主要为基本农田保护区规划、土地综合整治规划（土地开发、复垦、保护、整理规划）两大类。

基本农田保护区规划是为了对基本农田实行特殊保护而依法编制的规

划。基本农田保护区规划应当以土地利用总体规划和农业资源调查区划为依据，并与城乡规划、村镇建设规划相协调，应由国务院土地管理部门和国务院农业行政主管部门会同其他有关部门编制全国基本农田保护区规划，报国务院批准。县级以上地方各级人民政府土地管理部门和同级农业行政主管部门应当会同其他有关部门根据上一级人民政府的基本农田保护区规划，编制本行政区域内的基本农田保护区规划，经本级人民政府审定，报上一级人民政府批准。乡级人民政府应当根据县级人民政府的基本农田保护区规划编制本行政区域内的基本农田保护区规划，报县级人民政府批准。

土地综合整治规划的主要职能是统筹安排各项土地整治活动和高标准农田建设任务，明确土地整治重点区域和重大工程，提出规划实施保障措施（表6-2）。规划的目的在于坚守耕地保护红线，全面划定永久基本农田，大规模开展农用地整理，加快推进高标准农田建设，加强耕地数量质量保护，改善农田生态环境，夯实农业现代化基础，落实藏粮于地战略。土地综合整治包括土地开发、复垦、保护、整理等。

- 土地开发规划是指通过采取工程措施、生物措施和技术措施等使各种未利用的土地资源，或使土地利用由一种利用状态变为另一种状态的开发活动的规划。

- 土地复垦规划是按其废弃地的类型可分为矿山开发废弃地复垦规划，煤矿塌陷地复垦规划，交通、水利等工程压挖地复垦规划，废弃宅基地复垦规划等，是为了将在生产建设过程中，因挖损、塌陷、占压等造成破坏的土地，采取整治措施，使其恢复到可利用的状态的规划。

- 土地保护规划是指为防止土地退化及不合理占用土地等，以一定的政策、法律和经济手段，对某些区域或地块所采取的限制和保护措施而编制的规划。

- 土地整理规划是为了将土地利用的分布状况加以重新调整，通过调整使土地利用方式、强度和结构适应特定时期的特定目标编制的规划。

"十三五"全国土地整治规划控制指标	表 6-2
指标	2020 年
高标准农田建设规模	46 亿～ 6 亿亩
经整治的耕地质量提高程度	1 个等级
补充耕地总量	2000 万亩
农村建设用地整理规模	600 万亩
城镇低效用地再开发规模	600 万亩

3．林地保护利用规划

林地保护利用规划是依据《中华人民共和国森林法》《中华人民共和国森林法实施条例》编制的法定规划，其主要内容包括林地资源现状、林地用途管制与分级管理、林地结构调整与利用经营、林地补充、林地保护工程措施等。制定林地保护利用规划，应当遵循与土地利用总体规划、水土保持规划、城乡规划、村庄和集镇规划相协调的原则。林地保护利用规划分为国家、省、县三级，全国和省级规划要强调战略性、政策性，县级规划要突出空间性、结构性和操作性。

林地保护利用规划属于专项类规划，虽然《森林法》明确林业主管部门拥有对森林、林木和林地登记确权，但在地方管理实操中，往往涉及林业与国土、农牧等多个部门。三个部门政策取向存在差异，林业部门的林地以造林绿化为主要目标，国土部门以保护耕地为主要目标，农牧部门以发展畜牧业为主要目标。在具体的规划编制中，林地利用保护规划往往与其他规划产生冲突，这主要来源于不同规划所依照的林地概念不同，导致了林地空间数据不一致，最终造成林地在规划落界上差异较大的情况（表 6-3）。

《土地利用现状分类》(GB/T 21010—2007)			《城市用地分类与规划建设用地标准》(GB/ 0137—2011)		林地分类(LYT 1812—2009)		
一级地类名称	二级地类名称	三级地类名称	地类代码	地类名称	一级地类名称	二级地类名称	三级地类名称
农用地	园地耕地	水田	E2	农林用地：包括耕地、园地、林地、牧草地、设施农用地、田坎、农村道路等用地	非林地	耕地	—
					林地	—	—
		水浇地				有林地	乔木林、红树林、竹林
						疏林地	—
		旱地				灌木林地	国家特别规定灌木林地、其他灌木林地
		—				未成林造林地	未成林造林地、未成林封育地
	林地	—				苗圃地	
	牧草地	—				无立木林地	采伐迹地、火烧迹地、其他无立木林地
	其他农用地	设施农用地				宜林地	宜林荒山荒地、宜林沙荒地、其他宜林地
						辅助生产林地	—
		农村道路			非林地	牧草地	—
					—	—	—
		坑塘水面			—	—	—
		农田水利用地	E13	坑塘沟渠	—	—	—
		田坎	E2	农林用地（田坎）	—	—	—
建设用地	城乡建设用地	城镇用地	R	居住用地	非林地	建设用地	—
			A	公共管理与公共服务设施用地			
			B	商业服务业设施用地			

《土地利用现状分类》(GB/T 21010—2007)			《城市用地分类与规划建设用地标准》(GB/ 0137—2011)		林地分类(LY T 1812—2009)		
一级地类名称	二级地类名称	三级地类名称	地类代码	地类名称	一级地类名称	二级地类名称	三级地类名称
建设用地	城乡建设用地	城镇用地	U	公用设施用地	非林地	建设用地	—
			M	工业用地			
			W	物流仓储用地			
			G	绿地与广场用地			
			S	道路与交通设施用地			
		农村居民点用地	H12	镇建设用地			
			H13	乡建设用地			
			H14	村庄建设用地			
		采矿用地	H5	采矿用地			
		其他独立建设用地	M	工业用地			
			W	物流仓储用地			
			U2	环境设施用地			
	交通水利用地	铁路用地	H21	铁路用地			
		公路用地	H22	公路用地			
		民用机场用地	H24	机场用地			
		港口码头用地	H23	港口用地			
		管道运输用地	H25	管道运输用地			
		水库水面用地	E12	水库			
		水工建筑用地	U32	防洪用地			

《土地利用现状分类》(GB/T 21010—2007)			《城市用地分类与规划建设用地标准》(GB/ 0137—2011)		林地分类(LYT 1812—2009)		
一级地类名称	二级地类名称	三级地类名称	地类代码	地类名称	一级地类名称	二级地类名称	三级地类名称
建设用地	其他建设用地	风景名胜设施用地	B14	旅馆用地	非林地	建设用地	—
			A7	文物古迹用地			
		特殊用地	H41	军事用地			
			A8	外事用地			
			H42	安保用地			
			A6	社会福利用地			
			A9	宗教用地			
			H3	区域公用设施用地			
		盐田	H5	采矿用地			
其他土地	水域	河流水面	E11	自然水域		水域	—
		湖泊水面					
		滩涂					
	自然保留地		E9	其他非建设用地		未利用地	—

　　根据十二届全国人大一次会议批准的《国务院机构改革和职能转变方案》规定，房屋登记、林地登记、草原登记、土地登记职责整合由一个部门承担。《改革方案》将原国家林业局的森林、湿地等资源调查和确权登记管理职责整合到自然资源部，至此，林业保护利用规划将开启新的时代。

4. 草原保护、建设、利用规划

　　草原保护、建设、利用规划是依据《中华人民共和国草原法》编制的法定规划，是国家对草原保护、建设、利用实行的统一化制度，分为"国家级、省级、市县级"三级编制体系，主要内容包括草原保护、建设、利用的目标和措施，草原功能分区和各项建设的总体部署，各项专业规划等。编制草原保护、建设、利用规划，应当依据国民经济和社会发展规划，并与土地利用总体规划相衔接，与环境保护规划、水土保持规划、防沙治沙规划、水资源规划、林业长远规划、城乡规划、村庄和集镇规划以及其他有关规划相协调。

2007年，农业部编制了《全国草原保护建设利用总体规划》，用以指导今后我国草原保护建设工作。《全国草原保护建设利用总体规划》主要包括草原的战略地位和重要作用；草原保护建设利用成就及主要问题；草原保护建设利用的指导思想和目标任务；草原保护建设利用的区域布局；草原保护建设利用重点工程；保障措施。依据《全国草原保护建设利用总体规划》，农业部组织编制了退牧还草工程规划、西南岩溶地区草地治理工程规划、草业良种工程规划、草原防灾减灾工程规划、草原自然保护区建设工程规划、游牧民人草畜三配套工程规划、农区草地开放利用工程规划等。

2017年，为切实做好"十三五"时期草原保护建设利用工作，加快草原生态改善，推进草牧业发展，农业部依据《中华人民共和国国民经济发展和社会发展第十三个五年规划纲要》《中共中央国务院关于加快推进生态文明建设的意见》《生态文明体制改革总体方案》《草原法》和《全国草原保护建设利用总体规划》，组织制定了《全国草原保护建设利用"十三五"规划》。

专栏6-2 《全国草原保护建设利用"十三五"规划》节选

一、基本原则

一是保护优先，加快恢复。

二是科学规划，分区治理。

三是因地制宜，综合施策。

四是突出重点，分步实施。

二、目标任务

——草原生态功能显著增强。全国草原综合植被覆盖度达到56%，划定基本草原面积36亿亩，改良草原达到9亿亩。涵养水源和固碳储氮的能力明显提高。

——草原生产能力稳步提升。全国天然草原鲜草总产量达到 10.5 亿吨；人工种草保留面积达到 4.5 亿亩；牧草种子田面积稳定在 145 万亩，优质牧草良种繁育基地达到 35 个。

——草原科学利用水平不断强化。草原禁牧面积控制在 12 亿亩以内，休牧面积达到 19.44 亿亩，划区轮牧面积达到 4.2 亿亩。重点天然草原平均牲畜超载率不超过 10%，基本实现草畜平衡。县、乡、村三级草原管护体系明显增强。

——草原灾害防控能力明显提高。极高和高火险市（县）草原防火物资储备库（防火站）建设覆盖率达到 100%，草原火灾 24 小时扑灭率 95%，易灾区能繁母畜标准化暖棚建设率 60%；草原鼠虫害短期预报准确率达到 90% 以上，鼠害生物防治比例提高到 85%，虫害生物防治比例达到 60%。草原雪灾和旱灾防控能力得到提升。

——草原基础设施日益完善。全国累计草原围栏面积达到 22.5 亿亩，牧区新建牲畜棚圈、储草棚和青贮窖 100 万户，新建 50 个草原自然保护区，续建 5 个草原自然保护区。

三、治理体系

根据我国草原的资源禀赋特点、草原畜牧业发展水平、存在的主要问题和保护建设利用需要，科学划分草原区域，将我国草原划分为北方干旱半干旱草原区、青藏高寒草原区、东北华北湿润半湿润草原区和南方草地区四大区域，实施分区治理。

5．矿产资源规划

矿产资源规划由全国矿产资源规划和地区矿产资源规划两部分组成，分为"国家级、省级、市县级"三级编制。矿产资源规划一般每五年编制一次，期限为五年、展望到十五年，必要时可组织修编。矿产资源总体规划的主要内容应当包括：编制规划的依据；矿产资源调查评价、勘查、开发利用与保护现状和问题；矿产资源及矿产品市场供需形势分析；规划目标和主要任务；矿产资源调查评价、勘查、开发利用的总体部署和发展重点，特别是法律法规规定和上级地质矿产主管部门委托审批和颁发勘查许可证、采矿许可证权限范围内的矿产资源勘查与开发利用的总体部署和发展重点；矿产资源保护与开发；矿山生态环境保护与治理保证规划实施的措施。矿产资源规划是国家规划体系的重要组成部分，应当符合国民经济和社会发展规划，与国土规划、主体功能区规划相协调，与土地利用总体规划、环境保护规划等相互衔接。

《全国矿产资源规划（2016～2020年)》，是由国土资源部会同国家发展改革委、工业和信息化部、财政部、环境保护部、商务部制定的规划。国土资源部于2006年11月启动《规划》编制工作，具体编制工作包括几个方面：一是与发展改革委、原环保总局联合开展了首轮规划实施评估，提出了第二轮规划的初步思路，评估报告正式报国务院。二是开展了大量的调查研究工作，全面分析了我国经济社会发展对矿产资源的需求以及勘查、开发现状和存在的问题，针对矿产资源保障程度等15项重大问题开展专题研究，为规划主要目标确定和任务部署提供了重要依据。三是多次召开由著名学术机构、大型企业集团、相关行业协会等单位和专家参加的专题论证会，保障了规划的科学性。四是建立部际联系协调机制，与国家发展改革委、工业和信息化部、财政部、环境保护部、商务部等部委进行经常性沟通，与国家能源、原材料、化工基地建设等重大部署进行了很好的衔接。

专栏6-3 《全国矿产资源规划（2016～2020年)》节选

一、基本原则

立足国内，守住资源安全底线。改革创新，增强矿业发展动力。优化布局，促进矿业协调发展。加快转型，推进矿业绿色发展。互利共赢，深化国际矿业合作。惠民利民，共享矿业发展成果。

二、能源资源基地建设

综合考虑资源禀赋、开发利用条件、环境承载力和区域产业布局等因素，建设103个能源资源基地，作为保障国家资源安全供应的战略核心区域，纳入国民经济和社会发展规划以及相关行业发展规划中统筹安排和重点建设，在生产力布局、基础设施建设、资源配置、重大项目安排及相关产业政策方面给予重点支持和保障，大力推进资源规模开发和产业集聚发展。

三、强化重点矿区开发利用监管

以战略性矿产为重点，划定267个国家规划矿区，作为重点监管区域，打造新型现代化资源高效开发利用示范区，实行统一规划，优化布局，提高门槛，优化资源配置，推动优质资源的规模开发集约利用，支撑能源资源基地建设。

划定 28 个对国民经济具有重要价值的矿区，作为储备和保护的重点区域。

四、推动资源开发与区域发展、城乡建设相协调

落实国家区域发展总体战略和主体功能区战略，构建区域资源优势互补、勘查开发定位清晰、资源环境协调发展的空间格局。推进西部地区矿产开发与环境保护相协调，优先选择资源条件好、环境承载力高的地区，加强勘查开发，有序承接中东部产业转移，促进资源优势转化为经济优势。加快中部、东部、东北地区矿业转型升级，促进资源产业上下游协调发展，延伸产业链条，提高资源开发综合效益。引导"一带一路"国内沿线优势资源有序开发。推动长江经济带上中下游矿产资源互动合作，优势互补。合理控制京津冀地区资源开发强度，加快矿业转型升级与协同发展。

统筹规划布局，避免建城压矿或建矿废城，促进城市发展与矿产资源开发相协调。地上地下资源开发矛盾突出地区，在编制城镇建设、交通发展、土地利用等相关规划时，要考虑矿产资源禀赋状况，充分论证，为矿产开发留出空间。矿产资源规划编制应与城镇建设规划、土地利用总体规划等做好相互衔接。在重要工业区、大型水利工程设施、城镇市政工程设施、重大线性工程沿线等一定范围内，开采矿产资源要按照有关规定严格管理。设置自然保护区、世界文化与自然遗产、森林公园、风景名胜区等范围时，涉及查明重要矿产资源的，有关主管部门应与国土资源主管部门进行充分衔接，严格论证。

6. 水资源规划

水资源规划按照空间领域可分为流域规划和区域规划；按规划职能可以分为综合规划和专业规划，综合规划是开发、利用、节约、保护水资源和防治水害的总体部署，专业规划是指防洪、治涝、灌溉、航运、供水、水力发电、渔业、水资源保护、节约用水等规划。水资源规划的法律依据包括《水法》《水污染防治法》《水土保持法》等。

水资源规划为多级规划，国家确定的重要江河、湖泊的流域综合规划，由国务院水行政主管部门会同国务院有关部门和有关省、自治区、直辖市人民政府编制，报国务院批准。跨省、自治区、直辖市的其他江河、湖泊的流域综合规划和区域综合规划，由有关流域管理机构会同江河、湖泊所在地的省、自治区、直辖市人民政府水行政主管部门和有关部门编制，分

别经有关省、自治区、直辖市人民政府审查提出意见后，报国务院水行政主管部门审核；国务院水行政主管部门征求国务院有关部门意见后，报国务院或者其授权的部门批准。其他江河、湖泊的流域综合规划和区域综合规划，由县级以上地方人民政府水行政主管部门会同同级有关部门和有关地方人民政府编制，报本级人民政府或者其授权的部门批准，并报上一级水行政主管部门备案。专业规划由县级以上人民政府有关部门编制，征求同级其他有关部门意见后，报本级人民政府批准。其中，防洪规划、水土保持规划的编制、批准，依照防洪法、水土保持法的有关规定执行。水资源规划应当与国民经济和社会发展规划以及土地利用总体规划、城市总体规划和环境保护规划相协调，兼顾各地区、各行业的需要。

为加强新形势下的水资源保护、落实最严格的水资源管理制度和大力推进水生态文明建设，着力构建水资源保护和河湖健康保障体系，水利部于 2011 年 8 月启动了全国水资源保护规划编制工作，并于 2017 年 5 月印发了《全国水资源保护规划（2016～2030年）》。《全国水资源保护规划》在查清我国水资源及其开发利用现状、分析和评价水资源承载能力的基础上，根据经济社会可持续发展和生态环境保护对水资源的要求，提出水资源合理开发、优化配置、高效利用、有效保护和综合治理的总体布局及实施方案，促进我国人口、资源、环境和经济的协调发展，以水资源的可持续利用支持经济社会的可持续发展。其主要任务包括：水资源调查评价、水资源开发利用情况调查评价、需水预测、节约用水、水资源保护、供水预测、水资源配置、总体布局与实施方案、规划实施效果评价等内容（图 6-3）。

7. 小结

从前文的内容可以看出，国土及资源规划侧重于资源的空间配置和布局，着重解决规划期内资源配置的效率和可持续发展问题，将规划的各项指标通过资源开发布局，最终分解落实到特定空间，偏重于经济建设的空间布局与人口、资源、环境和发展的协调方面。国土规划在实际实施过程中，通过对规划目标的积极维护，并以制度化的方式在国土资源配置中发挥重要作用，从而把人口资源环境基本国策和可持续发展的战略目标具体化，并真正地落到实处，成为贯彻中央关于人口资源环境基本国策，实施可持续发展战略的重要举措（表 6-4）。

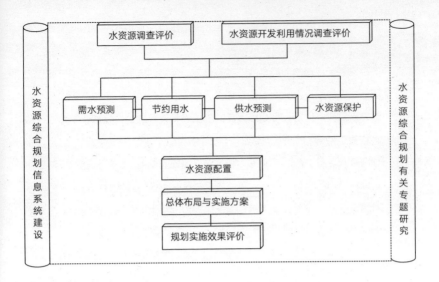

图 6-3 全国水资源综合规划任务总体结构示意图

国土及资源规划类型概况   表 6-4

规划类型	法律 / 文件	内容	规划期限	全国层面规划	规划间协同
土地利用总体规划	《中华人民共和国土地管理法》"第四条：国家实行土地用途管制制度。国家编制土地利用总体规划，规定土地用途，将土地分为农用地、建设用地和未利用地。"《中华人民共和国土地管理法实施条例》（国务院令〔1998〕256 号）	各级人民政府依据国民经济和社会发展规划、国土整治和资源环境保护的要求、土地供给能力以及各项建设对土地的需求，组织编制土地利用总体规划	土地利用总体规划的规划期限由国务院规定。土地利用总体规划的规划期限一般为 15 年	《全国国土规划纲要（2016～2030年）》	各级人民政府应当依据国民经济和社会发展规划、国土整治和资源环境保护的要求、土地供给能力以及各项建设对土地的需求，组织编制土地利用总体规划
土地利用专项规划	《中华人民共和国农业法基本农田保护条例》（国务院令〔1998〕257 号）	土地利用专项规划是为解决某个特定的土地利用问题而编制的一种土地利用规划类型，是土地利用总体规划的深入和补充，实践中主要为土地综合整治规划（土地开发整理复垦规划）、基本农田保护规划	—	—	基本农田保护区规划应当以土地利用总体规划和农业资源调查区划为依据，并与城市规划、村镇建设规划相协调

规划类型	法律/文件	内容	规划期限	全国层面规划	规划间协同
林地保护利用规划	《中华人民共和国森林法》"第十六条：各级人民政府应当制定林业长远规划。"《中华人民共和国森林法实施条例》（国务院令〔2000〕278号）"第十三条：林业长远规划应当包括下列内容：（一）林业发展目标；（二）林种比例；（三）林地保护利用规划；（四）植树造林规划"	林地资源现状、林地用途管制与分级管理、林地结构调整与利用经营、林地补充、林地保护工程措施		《全国林地保护利用规划纲要（2010～2020年）》	制定林业长远规划，应当遵循下列原则：（一）保护生态环境和促进经济的可持续发展；（二）以现有的森林资源为基础；（三）与土地利用总体规划、水土保持规划、城市规划、村庄和集镇规划相协调
草原保护建设利用规划	《中华人民共和国草原法》"第三条：国家对草原实行科学规划、全面保护、重点建设、合理利用的方针，促进草原的可持续利用和生态、经济、社会的协调发展"	草原保护、建设、利用的目标和措施，草原功能分区和各项建设的总体部署，各项专业规划等内容		《全国草原保护建设利用总体规划》	编制草原保护、建设、利用规划，应当依据国民经济和社会发展规划并遵循下列原则……草原保护、建设、利用规划应当与土地利用总体规划相衔接，与环境保护规划、水土保持规划、防沙治沙规划、水资源规划、林业长远规划、城市总体规划、村庄和集镇规划以及其他有关规划相协调
矿产资源规划	《中华人民共和国矿产资源法》"第七条：国家对矿产资源的勘查、开发实行统一规划、合理布局、综合勘查、合理开采和综合利用的方针。"《中华人民共和国矿产资源法实施细则》（国务院令〔1994〕第152号）《矿产资源规划编制实施办法》（国土资源部令〔2012〕55号）	矿产资源规划包括矿产资源总体规划和矿产资源专项规划。矿产资源总体规划应当包括下列内容：（一）背景与形势分析，矿产资源供需变化趋势预测；（二）地质勘查、矿产资源开发利用和保护的主要目标与指标；（三）地质勘查总体安排；（四）矿产资源开发利用方向和总量调控；（五）矿产资源勘查、开发、保护与储备的规划分区和结构调整；（六）矿产资源节约与综合利用的目标、安排和措施；（七）矿山地质环境保护与治理恢复、矿区土地复垦的总体安排；（八）重大工程；（九）政策措施。矿产资源专项规划的内容根据需要确定	矿产资源总体规划的期限为五年至十年。矿产资源专项规划的期限根据需要确定	《全国矿产资源规划（2016～2020年）》	矿产资源规划是国家规划体系的重要组成部分，应当符合国民经济和社会发展规划，与国土规划、主体功能区规划相协调，与土地利用总体规划、环境保护规划等相互衔接。设区的市级以上国土资源主管部门对其组织编制的矿产资源规划，应当依据《规划环境影响评价条例》的有关规定，进行矿产资源规划环境影响评价

规划类型	法律/文件	内容	规划期限	全国层面规划	规划间协同
水资源规划	《中华人民共和国水法》"第二章 水资源规划"	国家制定全国水资源战略规划。开发、利用、节约、保护水资源和防治水害，应当按照流域、区域统一制定规划。规划分为流域规划和区域规划。流域规划包括流域综合规划和流域专业规划；区域规划包括区域综合规划和区域专业规划。前款所称综合规划，是指根据经济社会发展需要和水资源开发利用现状编制的开发、利用、节约、保护水资源和防治水害的总体部署。前款所称专业规划，是指防洪、治涝、灌溉、航运、供水、水力发电、竹木流放、渔业、水资源保护、水土保持、防沙治沙、节约用水等规划		《全国水资源保护规划（2016～2030年）》	流域范围内的区域规划应当服从流域规划，专业规划应当服从综合规划。流域综合规划和区域综合规划以及与土地利用关系密切的专业规划，应当与国民经济和社会发展规划以及土地利用总体规划、城市总体规划和环境保护规划相协调，兼顾各地区、各行业的需要

　　国土资源开发利用过程，既是某种资源的开发利用过程，也是各种资源之间相互依赖、相互依存关系调整的过程。这种关系的调整，既有积极的一面，也有消极的一面。而消极的一面，往往带来了一系列严重影响和制约经济社会可持续发展的重大问题。如开发利用矿产资源，造成土地、草地、森林及生态环境的破坏。协调各种资源之间的关系问题成为国土资源重大战略问题之一，这些问题最终将在空间上呈现，它们的解决靠单一的资源规划是不可能的。未来统一的国土空间规划应以揭示各种资源间相互联系的自然规律和社会经济规律为主要研究对象，使各种资源间的关系得到很好的协调。在此基础上，有针对性地制定协同发展战略，对于优化和协调经济、社会和环境效益具有十分重要的意义。

（四）生态环境规划

1. 环境保护规划

环境保护规划以污染防治为重点内容，包括大气、水体、固体废物、噪声、土壤等污染防治，是为使经济、社会发展与环境保护相协调，对人类自身活动和环境所做的空间和时间上的合理安排。环境保护规划的内容包括：生态保护和污染防治的目标、任务、保障措施等。环境保护规划的目的是指导人们进行各项环境保护活动，按既定的目标和措施合理分配排污削减量，约束排污者的行为，改善生态环境，防止资源破坏，保障环境保护活动纳入国民经济和社会发展计划，以最小的投资获取最佳的环境效益，促进环境、经济和社会的可持续发展。

最新修订的《环境保护法》规定国家制定的环境保护规划必须纳入国民经济和社会发展规划；县级以上人民政府环境保护行政主管部门，应当会同有关部门对管辖范围内的环境状况进行调查和评价，拟订环境保护规划，报同级人民政府批准实施。环境保护规划的期限一般为 5 年，与国民经济和社会发展规划的年限一致。

最初的设想里，环境保护规划具备底线规划的价值，通过匡算区域环境最大承载能力和承载空间，提出空间发展的局限性。但是，在实际工作中，环境保护规划仅仅是其补充性内容，也往往处于被动滞后的地位。实际工作中，环境退让却成为各规划相互协调的一种妥协选择，即便这样违背了规划限制土地蔓延、保护生态环境的美好初衷。

专栏 6-4　广州市环境总体规划 2030

广州市是全国第一批先行开展环境总规编制的 12 个试点城市之一。《广州市城市环境总体规划（2014 ～ 2030 年）》（以下简称《广州环规 2030》）编制工作于 2013 年 10 月全面启动，历经三年的编制研究，于 2016 年 8 月通过市政府常务会议审议，11 月经市人大常委会审议。

《广州环规 2030》系统分析了广州市环境与经济社会发展形势，制定了环境与发展总体战略和目标指标，划定了生态保护红线，提出了生态环境空间管控、资源环境承载调控、环境质量改善、环境风险防范战略，制定了产业环境政策，为广州市提高城市治理能力、提升城市环境质量、构筑生态环境安全格局提供了科学依据。正文包括规划总则、指导思想、原则与目标、实施环境资源承载力分区调控、划定严守生态保护红线、严格管控环境空间、系统开展环境治理、强化环境风险防范、提高环境公共服务、完善环境政策、规划实施机制等章节及包含生态保护红线清单、环境战略分区图、生态保护红线规划图等附件和图集。

《广州环规 2030》整合了国土、规划、林业、水利等领域的多元基础地理数据，建立环境空间基础数据库，并系统提出生态、大气、水环境空间管控要求，编制形成了广州首个环境空间规划。据悉，广州在划定生态保护红线，实施严格管控，禁止开发的基础上，进一步划分生态、大气、水环境空间管控区，限制开发。其中，生态环境空间管控区面积约为 3055 平方公里，约占全市域面积的 41%。在全市域范围内划分三类大气环境管控区，包括环境空气质量功能区一类区、大气污染物存量重点减排和大气污染物增量严控区，总面积为 1628.9 平方公里，约占全市域土地面积的 22%。在全市范围内划分四类水环境管控区，涉及饮用水源保护、重要水源涵养、珍稀水生生物保护、环境容量超载相对严重的管控区，总面积 2183.8 平方公里，占全市陆域面积的 29.4%。生态保护红线区名单包括 3 个自然保护区、25 个水源保护区、7 个森林公园、1 个湿地公园、4 个风景名胜区、1 个地质公园。

2. 生态功能区划

生态功能区划根据区域生态系统格局、生态环境敏感性与生态系统服务功能空间分异规律，将区域划分成不同生态功能的地区。全国生态功能区划是以全国生态调查评估为基础，综合分析确定不同地域单元的主导生态功能，制定全国生态功能分区方案。全国生态功能区划是实施区域生态分区管理、构建国家和区域生态安全格局的基础，为全国生态保护与建设规划、维护区域生态安全、促进社会经济可持续发展与生态文明建设提供科学依据。生态功能区划是近几年新出现的规划类型，依据国务院行政规章制定的规划，理论上法律地位较低（表 6-5）。

从表 6-5 可以看出，生态功能区划只有国家级和省级两个层次，故内容侧重于对国土空间客观特征的总体认识和功能性划分，为区域发展方略的制定提供生态环境本底的专业技术型支持，突出其政策引导职能以及不

中国特色空间规划的基础分析与转型逻辑

生态功能区划基本情况　　　　　　　　　表6-5

规划名称	规划层级	规划目标	规划内容	实施方法	侧重点	作用和特点
生态功能区划	全国省级	通过划定各类生态功能区明确国土空间对人类的生态服务功能和生态敏感性大小，有针对性地进行区域生态建设政策的制订和合理地进行环境整治	区域生态环境现状、生态环境敏感性与生态服务功能空间分异规律评价；生态系统服务功能重要性评价；将区域划分成不同生态功能区，并配套相应的管制措施	为制定有关规划提供依据，为环境管理和决策提供信息，引导性	根据生态评价划分生态功能区	为地面物质环境提供其生态基础的"底图"，强调保持空间生态功能的可持续性

拥泥于中微观层面的用地划分细节。2008年，环境保护部印发了《全国生态功能区划》，此后又在《环境保护法》《中共中央关于全面深化改革若干重大问题的决定》《中共中央 国务院关于加快推进生态文明建设的意见》的要求下，联合中国科学院开展修编工作，形成《全国生态功能区划（修编版）》。由于生态功能区划主要针对全国层面的空间安排，具有明显的跨行政区特征，必然会出现与各类全国空间类规划的重叠。

3. 生态示范区规划

生态建设示范区是生态省（市、县）、生态工业园区、生态乡镇（即原环境优美乡镇）、生态村的统称，生态示范区规划的主要内容包括示范区的基本情况与趋势分析、建设目标与指标、生态功能区划、生态产业、资源与生态环境、建设重点项目等（表6-6）。

自2000年原国家环保总局在全国组织开展这项工作以来，已有海南、吉林、黑龙江、福建、浙江、山东、安徽、江苏、河北、广西、四川、辽宁、天津、山西等14个省（区、市）开展了省域范围的建设，500多个市县开展了市县范围的建设。其中，江苏省张家港市、常熟市、昆山市、江阴市、太仓市，浙江省安吉县，上海市闵行区，北京市密云区、延庆区、山东省荣成市，深圳市盐田区等11个县（市、区）达到国家生态县建设标准，1027个乡镇达到全国环境优美乡镇标准。

在此基础上，2013年环境保护部制定发布了《国家生态文明建设试点示范区指标（试行）》，设立生态经济、生态环境、生态人居、生态制度、生态文化五大方面及 30 项具体指标。其最大特点是，它对三级指标的目标值做了依据重点开发区、优化开发区、限制开发区或禁止开发区，以及约束性指标或参考性指标而有所不同的类型划分。以《指标（试行）》为指导，各地陆续开展了形式多样、内容丰富的生态文明建设工作。

生态示范区规划基本情况

表 6-6

规划名称	规划层级	规划目标	规划内容	实施方法	侧重点	作用和特点
生态示范区规划	省级、地市县级、镇级、村级	按照可持续发展的要求、生态经济学原理，合理组织、积极推进区域社会经济和环境保护的协调发展，建立良性循环的经济、社会和自然复合生态系统，确保在经济、社会发展，满足广大人民群众不断提高的物质文化生活需要的同时，实现自然资源的合理开发和生态环境的改善	包括"生态省—生态市—生态县—生态乡镇（原环境优美乡镇）—生态村—生态工业区"示范建设规划，内容主要是：基本情况与趋势分析、建设目标与指标、生态功能区划、生态产业、资源与生态环境、建设重点项目等	示范区建设依据，引导性	以生态良性循环为基础，实现经济社会全面健康的持续发展	非国家法定规划，环保部大力推动，许多地区参与创建；其中生态省建设要求突出宏观性、战略性和指导性，生态市、生态县建设要求突出实践性、重在过程

4．地质灾害防治规划

地质灾害防治规划是预防和治理地质灾害的长远计划，分为国家级、省级、地市级、县级等四个层级。国务院国土资源行政主管部门组织编制全国地质灾害防治规划。县级以上地方人民政府国土资源行政主管部门，根据上一级地质灾害防治规划，组织编制本行政区域内的地质灾害防治规划。跨行政区域的规划，由其共同的上一级人民政府国土资源行政主管部门编制。

《地质灾害防治条例》规定地质灾害防治规划应当包括下列内容：地质灾害现状、防治目标、防治原则、易发区和危险区的划定、总体部署和主要任务、基本措施、预期效果。规划分为两个部分：地质灾害评价和地质灾害防治规划。其中，地质灾害评价部分论述了环境地质条件，地质灾害类型及特征，以及地质灾害稳定性及危害程度评价；地质灾害防治规划是防治规划编制工作的最终成果，在全面阐明本区域内地质灾害发育特征、分布规律、形成原因和进行稳定性、危害性评价的基础上，提出防治对策和做出科学的防治规划。

编制和实施土地利用总体规划、矿产资源规划以及水利、铁路、交通、能源等重大建设工程项目规划，应当充分考虑地质灾害防治要求，避免和减轻地质灾害造成的损失。编制城市总体规划、村庄和集镇规划，应当将地质灾害防治规划作为其组成部分。

5．水土保持规划

水土保持规划是为了防止水土流失，做好国土整治，合理开发和利用水土及生物资源，改善生态环境，促进农林牧及经济发展，根据土壤侵蚀状况，自然社会经济条件，应用水土保持原理，生态学原理及经济规律，制定的水土保持综合治理开发的总体部署和实施安排的工作计划。水土保持规划的内容应当包括水土流失状况、水土流失类型划分、水土流失防治目标、任务和措施等。水土保持规划包括对流域或者区域预防和治理水土流失、保护和合理利用水土资源作出的整体部署，以及根据整体部署对水土保持专项工作或者特定区域预防和治理水土流失作出的专项部署。水土保持规划应当与土地利用总体规划、水资源规划、城乡规划和环境保护规划等相协调。编制水土保持规划，应当征求专家和公众的意见。

2011 年新修订的《中华人民共和国水土保持法》正式施行后，对水土保持工作做出了更加全面和细致的规定，进一步明确了规划的法律地位，编制并严格实施水土保持规划成为各级政府的一项法定职责。经国务院批复同意，水利部、国家发展改革委、财政部、国土资源部、环境保护部、农业部、国家林业局于 2015 年 12 月 15 日联合印发了《全国水土保持规划（2015～2030 年）》。该规划在系统总结全国水土保持经验和成效、深入分析水土流失现状的基础上，以国家主体功能区规划为重要依据，综合分析水土流失防治现状和趋势、水土保持功能的维护和提高需求，将全国划分为 8 个一级区（东北黑土区、北方风沙区、北方土石山区、西北黄土高原区、南方红壤区、西南紫色土区、西南岩溶区、青藏高原区）、41 个二级区、117 个三级区（含港、澳、台地区）。

6. 湿地保护规划

近年来，中央对我国湿地保护提出了非常明确的要求。《中共中央 国务院关于加快推进生态文明建设的意见》把"湿地面积不低于 8 亿亩"列为到 2020 年生态文明建设的主要目标之一。中共中央、国务院印发的《生态文明体制改革总体方案》要求建立湿地保护制度，把所有湿地纳入保护范围。习近平总书记等中央领导就湿地保护做出了一系列明确指示，要采取强硬措施，制止继续围垦占用湖泊湿地的行为，对有条件恢复的湖泊湿地要退耕还湖还湿；有关部门要形成合力，完善湿地保护制度体系，依靠科技多措并举，遏制湿地面积减少、功能退化势头。

湿地保护规划是依据《湿地保护管理规定》编制的专项规划，分为全国级、区域级和市县级，由各级林业局会同有关部门编制。全国和区域性湿地保护规划报国务院或者其授权的部门批准；县级以上地方人民政府林业主管部门会同同级人民政府有关部门，按照有关规定编制本行政区域内的湿地保护规划，报同级人民政府或者其授权的部门批准。县级以上人民政府或者林业主管部门可以采取建立湿地自然保护区、湿地公园、湿地保护小区、湿地多用途管理区等方式，健全湿地保护体系，完善湿地保护管理机构，加强湿地保护。申请建立国家湿地公园的，应当编制国家湿地公园总体规划。

湿地保护规划包括下列内容：湿地资源分布情况、类型及特点、水资源、野生生物资源状况；保护和合理利用的指导思想、原则、目标和任务；湿地生态保护重点建设项目与建设布局；投资估算和效益分析；保障措施等。未来的国土空间规划中，应当将湿地保护区范围作为"资源利用底线"，予以明确的控制边界和管制指标。

7. 海洋生态环境保护规划

与海洋功能区划不同，海洋生态环境保护规划强调海洋环境治理修复，在空间规划层面，则体现在对滨海海域、近海海域、远海海域三个领域的环境质量、污染控制、生态系统保护等内容的规定。对于滨海海域，应重点防治陆源和海域污染，有效控制城镇、港口、渔港、临港工业、养殖污染物排放，修复受损的岸线生态系统，遏制近岸海域水体环境恶化趋势。对于近海海域，重点强化海洋综合管理，严格控制船舶污染物排放，保护和恢复近海渔业资源，有效保护海岛生态环境。对于远海海域，重点监控主要污染物，遏制主要污染物扩散，对污染海域做好环境改善工作。

2018年2月，国家海洋局印发《全国海洋生态环境保护规划（2017～2020年）》，目标是建成人民期盼的"水清、岸绿、滩净、湾美、物丰"的美丽海洋，要求各有关部门和单位深入推进海洋生态文明建设的重要举措，细化任务分工，分解责任目标，明确实施路径，确保各项工作取得实际成效。《规划》确立了海洋生态文明制度体系基本完善、海洋生态环境质量稳中向好、海洋经济绿色发展水平有效提升、海洋环境监测和风险防范处置能力显著提升四个方面的目标，提出了近岸海域优良水质面积比例、大陆自然岸线保有率等八项指标。《规划》明确了"治（修复治理）、用（开发利用）、保（生态保护）、测（监测评价）、控（污染控制）、防（风险防范）"六个方面的工作，既有源头上的严控、保护和防范，又有过程中的严管、治理和控制，体现了全方位、多角度、立体化推进海洋生态环境保护工作的布局。

专栏6-5　全国海洋生态环境保护规划(2017～2020年)工作布局

"构建海洋绿色发展格局"部分，突出"加快推进绿色发展"，以推动海洋开发方式向循环利用型转变，加快形成节约资源和保护环境的空间格局、产业结构和生产生活方式为目标，提出了"科学制定实施海洋空间规划""推进海洋产业绿色化发展""提高涉海产业环境准入门槛"三项重点任务，以此促进沿海地区加快建立健全绿色低碳循环发展的现代化经济体系。

"加强海洋生态保护"部分，突出"保护优先、从严从紧"的导向，推进重点区域、重要生态系统从现有的分散分片保护转向集中成片的面上整体保护，严守海洋生态保护红线，提出了"划定守好海洋生态红线""健全完善海洋保护区网络""保护海洋生物多样性""保护自然岸线、重要岛礁等重要生境"四个章节，以此全面维护海洋生态系统稳定性，筑牢海洋生态安全屏障。

"推进海洋环境治理修复"部分，着力重点区域系统修复和综合治理，以"蓝色海湾""南红北柳""生态岛礁"等重大生态修复工程为抓手，提出了加强海湾综合治理、推进滨海湿地修复、加快岸线整治修复、持续建设"生态岛礁"四项重点任务，以有效遏制海洋生态环境恶化趋势。

"强化陆海污染联防联控"部分，注重实施流域环境和近岸海域污染综合治理，以近岸海域水质考核、总量控制等制度建设为抓手，强化环境质量要求、质量考核、质量追责，研究提出了加快推进总量控制制度、加强入海河流和入海排污口监管、加强海上污染防控、推进近岸海域水质考核四个方面工作。

"防控海洋生态环境风险"部分，针对我国海洋环境风险的区域性、结构性的特点，构建事前防范、事中管控、事后处置的全过程、多层级风险防范体系，明确开展生态环境风险排查与评估、提升监测预警能力、完善灾害应急响应体系等三项重点工作，切实做到在重点区域、重点行业集中布控，守牢守好安全底线。

"推动海洋生态环境监测提能增效"部分，以近岸海域为主战场，以海洋实时在线监控、一站多能等重大工程为抓手，注重优化整体布局、强化运行管理、提升整体能力，研究提出了打造海洋生态环境监测"一张网"、提升环境监测能力和质量、提升监测评价服务效能三方面工作，推动海洋环境监测提能提效。

8. 小结

至此，我们基本分析了我国目前所有主要的空间类规划，可以做一个不够严谨的归纳：发展规划及主体功能区规划"定政策"，城乡规划"定需求"，国土及资源规划"定供给"，生态环境规划"供底图"。未来，各类空间规划将统一在战略目标的引导下，综合平衡国土空间的需求和供给，通过相关的政策引导有限的资源配置到"底图"上。

生态环境规划是人类为使生态环境与经济社会协调发展而对自身活动和环境所做的时间和空间的合理安排，实质上是一种克服人类经济社会活动和环境保护活动盲目性和主观随意性的科学决策活动。生态环境规划编制过程中需要有两方面的考虑，一是以资源环境承载力为前提，强调区域与城市的发展应立足于当地资源环境的承载力，充分了解生态系统内自然资源与自然环境的性能与环境容量，以及自然生态过程特征与人类活动的关系；二是以人为本，从人的生活、生产活动与自然环境和生态过程的关系出发，追求城市发展与自然生态关系的和谐。

生态环境规划是实施生态建设与环境保护战略的重要手段，是改善环境质量、防止生态破坏的重要措施。生态建设与环境保护战略只是提出了方向性、指导性的原则、方针、政策、目标、任务等方面的内容，而要把生态建设与环境保护战略落到实处，则需要通过生态环境规划来实现，通过生态环境规划来具体贯彻生态建设与环境保护的战略方针和政策，完成生态环境保护的任务。

（五）基础设施规划

1. 公路网规划

公路网规划是《中华人民共和国公路法》规定的法定规划，包括国道、省道、县道、乡道四个层级。国道规划由国务院交通主管部门会同国务院有关部门并商国道沿线省、自治区、直辖市人民政府编制，报国务院批准。省道规划由省、自治区、直辖市人民政府交通主管部门会同同级有关部门并商省道沿线下一级人民政府编制，报省、自治区、直辖市人民政府批准，并报国务院交通主管部门备案。县道规划由县级人民政府交通主管部门会同同级有关部门编制，经本级人民政府审定后，报上一级人民政府批准。乡道规划由县级人民政府交通主管部门协助乡、民族乡、镇人民政府编制，报县级人民政府批准。公路网规划应当根据国民经济和社会发展以及国防建设的需要编制，与城市建设发展规划和其他方式的交通运输发展规划相协调。公路建设用地规划应当符合土地利用总体规划，当年建设用地应当纳入年度建设用地计划。依据《公路网规划编制办法》，公路网规划的主要内容应当包括：评价公路网现状，研究未来经济社会和交通发展需求，明确公路发展目标，确定路网规模、布局和技术标准，提出公路网建设总体安排以及保障规划实施的政策与措施。

2．港口规划

港口规划是《中华人民共和国港口法》赋予法律地位的法定规划，依据《港口规划管理规定》，包括港口布局规划和港口总体规划。港口布局规划是指港口的分布规划，港口布局规划主要确定港口的总体发展方向，明确各港口的地位、作用、主要功能与布局等，合理规划港口岸线资源，促进区域内港口健康、有序、协调发展，并指导区域内港口总体规划的编制，港口布局规划包括全国港口布局规划和省、自治区、直辖市港口布局规划，对港口资源丰富、港口分布密集的区域，可以根据需要编制跨省、自治区、直辖市或者省、自治区行政区内跨市的港口布局规划。港口总体规划主要确定港口性质、功能和港区划分，根据港口资源条件、吞吐量预测和到港船型分析，重点对港口岸线利用、水陆域布置、港界、港口建设用地配置等进行规划。港口规划应当根据国民经济和社会发展的要求以及国防建设的需要编制，体现合理利用岸线资源的原则，符合城镇体系规划，并与土地利用总体规划、城市总体规划、江河流域规划、防洪规划、海洋功能区划、水路运输发展规划和其他运输方式发展规划以及法律、行政法规规定的其他有关规划相衔接、协调。

3. 铁路发展规划

铁路发展规划是《中华人民共和国铁路法》规定的法定规划，主要以国家层面和各地方层面的《中长期铁路发展规划》为主，规划的主要内容包括高速铁路网的规划方案、普速铁路网的建设方案、综合交通枢纽的规划建设方案等。国家层面的《中长期铁路网规划》是国家宏观战略指导下形成的一种铁路规划，规划需经国务院批准，国家发展改革委、交通运输部、中国铁路总公司印发。依据《中华人民共和国铁路法》规定，铁路发展规划应当依据国民经济和社会发展以及国防建设的需要制定，并与其他方式的交通运输发展规划相协调。地方铁路、专用铁路、铁路专用线的建设计划必须符合全国铁路发展规划，并征得国务院铁路主管部门或者国务院铁路主管部门授权的机构的同意。在城市规划区范围内，铁路的线路、车站、枢纽以及其他有关设施的规划，应当纳入所在城市的总体规划。铁路建设用地规划，应当纳入土地利用总体规划，为远期扩建、新建铁路需要的土地，由县级以上人民政府在土地利用总体规划中安排。

4. 管道规划

管道规划是由《中华人民共和国石油天然气管道保护法》规定的法定规划，是具体针对石油、天然气输送管道建设的统筹安排，主要分为全国和地方两个层级。管道规划的设施包括：输送石油、天然气管道；管道防腐保护设施；管道水工防护构筑物、抗震设施、管堤、管桥及管道专用涵洞和隧道；加压站、加热站、计量站、集油（气）站、输气站、配气站、处理场（站）、清管站、各类阀室（井）及放空设施、油库、装卸栈桥及装卸场；管道标志、标识和穿越公（铁）路检漏装置。管道的规划、建设应当符合管道保护的要求，遵循安全、环保、节约用地和经济合理的原则。依据《中华人民共和国石油天然气管道保护法》的规定，国务院能源主管部门根据国民经济和社会发展规划的需要组织编制全国管道发展规划，全国管道发展规划应当符合国家能源规划，并与土地利用总体规划、城乡规划以及矿产资源、环境保护、水利、铁路、公路、航道、港口、电信等规划相协调。管道企业应当根据全国管道发展规划编制管道建设规划，并将管道建设规划确定的管道建设选线方案报送拟建管道所在地县级以上地方人民政府城乡规划主管部门审核；经审核符合城乡规划的，应当依法纳入当地城乡规划。纳入城乡规划的管道建设用地，不得擅自改变用途。

5．小结

基础设施是城乡社会经济发展、人居环境改善、公共服务提升和安全稳定运转的基本保障。构建布局合理、设施配套、功能完备、安全高效的市政基础设施体系，对于扎实推进新型城镇化具有重要意义。近年来，财政刺激经济政策多次出台，各地掀起了多轮基础设施补短板的建设热潮。为提高基础设施项目建设的效率，避免基建项目盲目上马，在区域空间规划和城市总体规划的指导下，编制科学有效的基础设施专项规划显得尤为重要。

在市政基础设施规划的各个阶段，必须结合城市的生活水平质量、经济发展以及人口增长等方面的重要指标，确定市政基础设施建设的技术水平和具体模式，市政基础设施规划要充分体现引导和支持城市经济、环境、文化等多方面的增长，推动城市的可持续发展。

市政基础设施的形态、结构以及数量要逐渐成为城市的功能性和服务性的导向因素，确保市政基础设施规划和城市的发展相协调。同时，市政基础设施中的能源、交通、环卫、通信以及很多其他基础设施项目在很多方面都存在着不同程度的相互依存和相互制约关系，为了推动现代化城市的可持续发展，编制规划时需要各项市政基础设施平衡发展、相互协调、相互补充，并且各种基础设施之间的比例关系要能够满足广大市民生活和城市发展需求，推动城市快速发展。

三、当前空间规划体系问题及原因分析

　　空间规划是对国家治理范围和内容认定的基础，但目前规划体系缺乏统筹，分头推进，难以协调，尚没有形成科学系统的规划协调与整合的平台和机制。现有的空间规划体系，存在行政体制、内容体系、分类标准、法律保障、审批程序等不协调之处，各个规划内容都在不断扩展和综合，重叠和交叉的内容越来越多，使规划之间产生冲突，阻碍了国土空间的科学高效可持续发展。

（一）现行空间规划体系存在的问题

1．规划编制自成体系

　　我国的规划体系从无到有逐步形成，经历了较长时间的调整和完善过程，期间不少类型空间性规划照搬国外的规划模式。长期以来，基于不同法律规定和政策要求，我国逐步制定并形成了种类繁多、体系庞杂的空间规划体系。这些规划基础不同、期限不一、技术标准不统一、数据和口径各有差异，在执行这些规划时相互影响，造成诸多更深层次的问题。

　　横向看，因政府管理的需要，各个部门均有某一领域的专业或专项规划，其中涉及空间的规划主要有：主体功能区划、城乡规划、土地利用总体规划、区域规划、环境保护规划、流域综合规划、海洋功能区划、交通规划、林业规划等，据不完全统计，我国经法律授权编制的规划至少有 83 种。[1]纵向看，规划则包括国家级、省级、地市级、县级、乡镇级等多个层级。

1．王向东, 刘卫东.中国空间规划体系现状、问题与重构 [J]. 经济地理,2012,32(5)7-15,29。

同类规划在纵向上基本衔接，但尚未形成统一有序的格局，个别规划体系仍存在上下级衔接不够紧密问题。

造成我国空间规划体系庞杂，一方面是由于历史原因，原有计划经济时代形成的很多规划类型保留发展至今，出现新的问题时，各部门也习惯于通过编制规划的方式进行管控；另一方面是由于条块分割管理体制的原因，地方政府的各类事权均被各类部门掌握，地方的发展权也被分割到各类政府部门，每个部门为了发展都要编制各自的规划。

总的来说，不同空间类型的规划充斥了目前的规划体系，诸多规划间的数据不联通、信息存在孤岛、编制的标准和要求各不相同，造成了空间发展失控等现象以及社会经济环境不相协调等问题（表6-7）。

原有空间规划类型与管理概况　　　　　　　　　　表 6-7

		发展规划	城乡规划	国土资源规划	生态环境规划
管理	主管部门	发改委	城乡规划部门	国土资源部门	环境保护部门
	规划类别	综合规划	空间综合规划	空间专项规划	空间专项规划
	规划特性	综合性	综合性	专项性	专项性
审批	审批机关	本级人大	上级政府（一般情况）	上级政府（一般情况）	本级人大
	审批重点	发展速度和指标体系	人口与用地规模	耕地保护和用地指标	生态环境功能分区
	法律地位	宪法	城乡规划法	土地管理法	环境保护法
实施	实施力度	指导性	约束性	强制性	约束性
	实施计划	年度政府工作报告	近期建设规划	年度用地指标	年度环境质量公报
	规划年限	五年	一般为 20 年	10～15 年	10～15 年
监督	评估机构	本级人大	上级政府、本级人大	上级政府	本级人大
	实施评估	中期评估	实施评估报告	中期评估	—
	监测手段	统计数据	现状更新调查	卫星、遥感	现状调查

2. 规划事权层级失衡

我国空间规划的编制绝大多数采取的是"自上而下"的层级管理模式，上级规划侧重战略性、政策性，是下级规划编制的依据；下级规划侧重操作性、适应性，是对上级规划目标的分解和具体落实。虽然在我国的规划管理体制中政府行政组织已经建立了非常明确的层级结构，但在事权划分和工作实务中仍存在诸多问题。当前不同部门分头编制的空间规划互不协调、各不认账，各级政府在规划实施与管理上的"缺位""越位""错位""补位"现象较为突出。

目前，国内规划编制仍然沿用计划经济体制下的管控思维，以行政计划作为主导空间资源配置的主要方式，在规划目标设定上"贪多求全"，追求全方位和全覆盖，在规划要求上将宏观规划内容微观化和具体化，在规划管控方式上片面追求"指标化"，忽视空间自身规律。例如，宏观的城镇体系规划对城市总体规划和详细规划的指导性不够；土地利用规划较为强调指标管控，却带来了权力寻租、耕地占优补劣、过度开荒围垦等问题。以上诸多问题，往往导致空间规划在层级关系上上下脱节，脱离实际，甚至相互冲突。

规划层级关系不合理，一方面是受政府层级关系不合理的影响，上级政府相对拥有更多的职权（包括财权）而下级政府需要处理更多面向公众的事务，由此造成上级政府过多参与地方事务而对于战略性和政策性问题的研究不足，地方规划更多面向上级而非公众需求；另一方面是由于规划科学性不够，实践中对于规划层级差异的认识和把握仍十分不足。规划为了争夺对资源的配置权利，在编制内容上存在重复交叉、另起炉灶的情况，使得矛盾时有发生（表 6-8）。

我国现行行政部门架构与各类规划组织编制关系[1]　　　　表 6-8

行政部门	下辖部门	对应规划
国务院	国家发展和改革委员会	国家国民经济与社会发展规划
		国家主体功能区规划
	国土资源部	全国土地利用总体规划大纲
	环境保护部	全国环境保护规划
	住房和城乡建设部	全国城镇体系规划
	国家林业局	全国林业发展规划

---

1. 朱江，邓木林，潘安. "三规合一"：探索空间规划的秩序和调控合力.

行政部门	下辖部门	对应规划
省级 人民政府	省级发展和改革委员会	省级国民经济与社会发展规划
		省级主体功能区规划
	省级国土资源管理部门	省级土地利用总体规划
	省级环境保护管理部门	省级环境保护规划
	省级城乡建设管理部门	省域城镇体系规划
	省级林业管理部门	省级林业发展规划
市县级 人民政府	市、县级发展和改革委员会	市、县级国民经济与社会发展规划
	市、县级国土资源管理部门	市、县级土地利用总体规划
	市、县级环境保护管理部门	市、县级环境保护规划
	市、县级城乡建设管理部门	市、县域总体规划
	市、县级林业管理部门	市、县级林业发展规划
镇、乡级 人民政府	镇、乡级党政办	
	镇、乡级国土管理所	土地利用总体规划
	镇、乡级规划管理所	镇、乡级总体规划
	镇、乡级农林渔办公室	

3. 规划实施缺少协调

多年来，我国空间规划存在的规划协调性问题一直未能得到有效解决，其背后是各职能部门间职能的冲突，对于同样的空间要素，不同部门基于各自的管理职能，进行相应的空间属性规定和空间管控行为，就可能导致规划冲突的产生。空间规划秩序紊乱的根源在于空间规划管理体制的不顺。首先表现为各类空间规划的法律关系尚未真正明确，各级各类规划之间以及规划编制过程中的各个环节、各方面关系难以有效理顺。其次，缺乏统一有效的规划管理机构，规划管理权限过于分散，权责边界不清晰，产生分权和争利的"内耗"，影响了城市整体发展目标的实现。另外，空间规划的"多头管理"，导致在实际管理中执法主体模糊不清，很难适应市场经济管理的需要。规划协调机制的缺失，使各类规划间的协调缺乏有效途径和必要的制度保障，城市空间政策丧失了整体性、统一性。

受行政管理职能的影响，各类规划争做"龙头"，强调"以我为本"，规划间的横向协调难度不小，尤其是在省级和市级两个层面，规划内容重叠，冲突时有发生，主要表现在如下几个方面：一是各规划有各自的法律依据，缺乏主导性规划加以协调；二是由于规划编制所依据的基础资料不一致、规划编制的基础统计口径不一致、规划编制采用的用地分类体系和标准不一致，导致规划编制基础缺乏协调和统一；三是规划编制的技术方法和路线不一致；规划编制时间和期限不一致；四是规划编制过程各自为政，内容重复，缺乏协调。

尽管不同部门对同一个空间的一些管理职能是可以整合的，但有许多职能却是无法简单合并的。例如，对农田空间的管理，国土部门可基于农田保护、环保部门可基于农田污染、农业部门可基于农田生产、住建部门可基于城乡协调，都对同一块农田空间有着相关的管理职能和权限，也可在相应的规划中做出安排。因此，虽然空间是唯一的，但相关的管理职能却是多元的，如此多的职能并不能简单合并到一个部门（表6-9）。

4．规划体系问题造成的后果

既有空间规划体系存在的以上问题，导致了全国城乡建成区空间拓展速度过快，过分重视空间规模而忽略空间品质，规划目标倚重单一经济维度等不良现象。

（1）增长的代价

建设用地急剧扩张，造成资源、环境及基础设施的支持能力不足，重复分散建设导致投资的分散与低效，也带来了开发过热的"泡沫隐患"。这种用地急剧扩张有城镇化和工业化发展阶段的原因，也有对高速经济增长追求中对固定资产投资拉动的过度依赖。特别是当投资不足时以土地资源换取资金的做法，在一些地区十分普遍，实际上形成了土地的"通货膨胀"。随着产业结构和城镇化发展阶段的变化，扩张时代面临终结，不少城市甚至要面临收缩时代，这也必然对空间规划提出了新的要求。

空间类型	耕地	森林	草原	荒漠	湿地	水域	海洋
主管部门	国土	林业	农业	林业	林业	水利、农业、交通、能源	海洋
规划依据	土地利用规划	林地保护利用规划	草原保护建设利用规划	无	湿地保护工程规划	水资源规划、水功能区划、防洪规划	海洋功能区划
管制手段 审批 + 督察	建设用地预审、农用地转用审批、基本农田保护管理	建设占林审批、生态公益林管理、天然林保护、森林公园，森林和野生动植物栖息地类自然保护区管理	草蓄平衡、草原禁牧和休牧	沙地封禁保护区、沙漠公园管理	湿地公园、沙地类自然保护区管理	饮用水源地保护区、水产种植资源保护区管理，禁渔区和禁渔期管理，水利风景名胜区管理、河道管理	海域审批（海域使用确权发证）
	土地督察、土地利用动态监管	森林资源监督检查、林业调查和动态监测		—		涉河建设项目审批、河湖日常巡查责任制、河湖管理动态监管	海域使用监督检查
经济手段 付费 + 补偿	土地有偿使用	国有林场森林资源有偿使用	国有草原有偿使用	—	未建立	水费、水权交易	海域使用金
	耕地开垦费、征地补偿安置	森林植被恢复费、林地征收补偿安置、森林生态效益补偿基金	非耕地农用地的土地补偿费和安置补助费	—	占用湿地相关补偿办法	占用水域补偿	海域征收补偿安置

（2）功能的压力

经过一轮"以土地为纲"的增长后，大量城市的产业化进程和城镇化发展缺乏互动，出现了错位，城市的功能发育滞后，空间结构和用地组成出现不平衡。投入产出效益好的地区不断吸引投资，导致城市建设的过高容量、过高密度，进而引发城市交通和生态环境的一系列问题，降低了城市的运行效率，影响了城市功能的发挥。城市功能的问题还表现在用地结构的不平衡。城市用地在改造与扩展中结构比例不平衡，市区居住用地增长较快。城市用地结构的不合理，会对居住、就业、公共设施及环境带来长远的负面影响，不利于城市今后的可持续发展。

（3）文化的出路

历史文化保护面临困境，新区建设缺少特色。在过去十年城市建设最快的时期，我们走了一条以"拆旧建新"为主的城市现代化道路。但是当城市日益"现代化"以后，我们又发现这个城市的特色也慢慢褪去：以开发为导向的危旧房改造方式割断了城市的肌理与文脉；建筑高度的失控威胁到旧城传统的空间形态和尺度；零敲碎打的文物建筑和历史文化保护区不再具备承载城市文化风貌的能力；传统的非物质文化面临失传。可能某些规划是让地方"挣到钱了"，但是如果提高到"文明""文化"这样的高度，这些规划是否有资格？回答不了这个问题，可能没法给历史一个交代。

（4）生态的危机

城市建设的高度密集和蔓延方式扩张，加剧了与资源、环境的矛盾，造成了城市生态的一系列问题，城市防灾及应对突发事件能力脆弱。在强大的利益驱动下，空间规划的调节功能未能全面发挥，一些本应发挥生态功能、组团间缓冲功能的用地被迫向市场力量妥协。频发的环境破坏、污染等问题，对国家的形象也产生了不良的影响。

（二）空间规划问题的原因分析

1. 基础：法制建设较为滞后使得规划设想落空

法律是规划的基石，尤其当空间规划将成为治理体系和治理能力现代化的主要抓手，同时公共政策属性愈加明晰的现阶段，更是如此。空间规划体系的法制化，是各国城市规划发展的共同特点（表6-10），也是我国依法治国的客观要求。

经过几十年的发展，我国形成了主体功能区规划、城乡规划、土地利用总体规划、环境保护规划等多种空间类规划形式，其中城乡规划体系依据《城乡规划法》，土地利用总体规划依据《土地管理法》，有着较高的法律地位（表6-11）。两部主要律法，通过"规划区划定"将国土空间一分为二，规划区内适用《城乡规划法》，

规划区外适用《土地管理法》，多年来各司其职。但是这种二分法，一方面
人为割裂了本应协同一体的城乡空间单元，另一方面在应对自下而上的市
场发展、空间野蛮生长等方面显得十分乏力，难以遏制城乡的无序建设。

世界各国空间类规划法律基础对比　　　　　　　　　　　表 6-10

	国家级	区域级	地方级	
德国	联邦宪法（GG）	联邦空间秩序规划法（ROG）	州： 州国土空间规划法（LPG） 州建设条例	市县： 联邦建设法典（BauGB） 建设利用条例（BauNVO）
美国	州分区规划 授权法案标准	城市规划授权法案标准 城市规划立法指南	州： 各州自行设立专项法规， 内容和侧重点有所不同	市县： 规划实施后成为 地方法规
澳大利亚	环境保护法 文物古迹保护法	州： 综合规划法案 1997（昆士兰） 规划与环境法案 1987（维多利亚） 开发法案（南澳大利亚） 土地利用规划与审批法案 1993（塔斯马尼亚）		市县： 各地方建设法典
日本	国土形成规划法 国土利用规划法 土地基本法	区域开发关系法	都道府县： 城市规划法 农业振兴区域开发 建设法 森林法 自然公园法 自然环境保护法	市町村： 城市规划法 建筑基准法
韩国	国土基本法（2002） 国土利用规划（2002） 首都圈整备规划法	在国家层面法律指导下的相关地域开发法律	国家法律指导下相关地域开发法律	

我国空间性规划适用的法律法规　　　　　　　　　　　表 6-11

类型 级别		法律 名称	涉及 规划	相关 表述
宪法		《宪法》	国民经济和社会发展规划纲要	《宪法》"第八十九条：国务院行使下列职权：（五）编制和执行国民经济和社会发展计划和国家预算"
法律	专门法	《中华人民共和国城乡规划法》	城镇体系规划、城镇总体规划、控制性详细规划、修建性详细规划、城镇近期建设规划、城镇专项规划	《中华人民共和国城乡规划法》"第二条：本法所称城乡规划，包括城镇体系规划、城市规划、镇规划、乡规划和村庄规划。城市规划、镇规划分为总体规划和详细规划。详细规划分为控制性详细规划和修建性详细规划"

类型 级别		法律 名称	涉及 规划	相关 表述
法律	相关法	《中华人民共和国土地管理法》《中华人民共和国森林法》《中华人民共和国草原法》《中华人民共和国矿产资源法》《中华人民共和国水法》《中华人民共和国环境保护法》《中华人民共和国水土保持法》《中华人民共和国公路法》《中华人民共和国港口法》《中华人民共和国铁路法》《中华人民共和国石油天然气管道保护法》《中华人民共和国电力法》	土地利用总体规划、林地保护利用规划、草原保护建设利用规划、矿产资源规划、水资源规划、水土保持规划、公路网规划、港口规划、铁路发展规划、管道规划、电力规划	《中华人民共和国森林法》"第十六条：各级人民政府应当制定林业长远规划" 《中华人民共和国电力法》"第十条：电力发展规划应当根据国民经济和社会发展的需要制定，并纳入国民经济和社会发展计划"
行政法规		《国家级区域规划管理暂行办法》《国家级专项规划管理暂行办法》《城市规划编制办法》《中华人民共和国农业法基本农田保护条例》《中华人民共和国森林法实施条例》《地质灾害防治条例》《湿地保护管理规定》	国民经济和社会发展区域规划、国民经济和社会发展专项规划、城镇总体规划、分区规划、详细规划、近期建设规划、土地利用专项规划、林地保护利用规划、湿地保护规划	《基本农田保护条例》"第九条：国务院土地管理部门和国务院农业行政主管部门应当会同其他有关部门编制全国基本农田保护区规划，报国务院批准" 《湿地保护管理规定》"第七条：国家林业局会同国务院有关部门编制全国和区域性湿地保护规划，报国务院或者其授权的部门批准"
其他文件		《国务院关于加强国民经济和社会发展规划编制工作的若干意见》（国发〔2005〕33号）、《国务院办公厅关于开展全国主体功能区划规划编制工作的通知》（国办发〔2006〕85号）、《国家生态文明建设试点示范区指标（试行）》	国民经济和社会发展区域规划、国民经济和社会发展专项规划、主体功能区规划、生态示范区规划	《国务院关于加强国民经济和社会发展规划编制工作的若干意见》（国发〔2005〕33号）规划编制工作的主要任务是：提出全国主体功能区划基本思路，制定编制全国主体功能区划规划的指导意见，编制完成《全国主体功能区划规划》

统一的空间规划体系建设，关键是协同部门职能，解决规划互相冲突，说到底是政府改革、是简政放权的问题。通过制定科学合理的规划，并配合权威的规划体制和制度，让市场主体按照科学规划开展市场活动，政府逐渐退出不再层层审批，提高市场活力。因此，建设空间规划体系，最终目标是实现"治理体系和治理能力现代化"的全面深化改革。如果空间规划体系的成果没有法律地位，则无法在简政放权这项重大改革中发挥应有的作用。具体而言，现行空间规划体系在法律层面存在的问题有：

一是空间规划有关的机构设置、权责划分、运作机制等缺乏法律支撑，将导致规划管理体制无法融合。规划管理体制的不融合，也是统一的空间规划无法形成，不同类型空间规划目标不同、内容重叠，一个政府多个规划等局面的直接原因。在自然资源部成立之前，各地通过合并规划和国土两个部门合署办公，但依旧缺乏法律支撑，仅能算是过渡性安排。

二是空间规划体系还未法定化、法制化，将严重影响规划的严肃性。在我国长期计划经济体制影响下，行政干预的传统思维及人治代替法治的思想根深蒂固，无论是规划编制还是实施，政府都可以"通过合理途径"修改，缺乏严肃性，这使得空间规划体系的法制化显得尤为急迫。非法定的空间规划仅是一种协调性工作，起到的也仅有协调各类空间类规划的作用，多规的问题依旧会存在，空间治理的期望将再次落空。

三是空间规划的管控要素缺乏法律认定，将不利于规划的严格实施。法定化空间规划管控主要要素，是为了更好平衡发展与保护的关系，划清政府与市场的界限，对于如何实现总量锁定、增量递减、存量优化、流量增效、质量提高等问题，主控要素清单内要有回应。在城镇化依旧快速增长的发展阶段，空间要素的管控实质上更是对不同地区发展权的配置问题。需要充分考虑不同区域城市之间的发展阶段差异，确定灵活性的法定管控要素。

2. 阶段：城镇化发展阶段带来的空间畸形需求

改革开放后，我国工业化进程、城镇化步伐不断加快，2017年我国城镇化率达58.52%，城镇人口达8.13亿人，成为世界上最庞大的"城镇化国家"。我国快速城镇化的阶段性特征与一般城镇化发展规律既相印证又有其特殊性，最显著的区别就在于中国的城镇化起步较晚，但是速度更快，速度与质量的矛盾将会较早地凸显出来。

从发达国家的经验来看，环境污染问题似乎是国家经济发展中不能逃避的阶段，著名的库兹涅兹曲线表达了这样的过程：在经济发展的进程中，环境先是遭受工业污染，而后在付出了沉重的生态代价之后才得到治理。这是由于人们的认识具有滞后性，而环境有一定的自洁能力，在环境污染的前期影响并不明显，只有环境破坏到一定的程度才会引起注意。在我国经济飞速发展的阶段，也面临着由空间野蛮生长带来的生态环境问题。

空间规划成为了上一个时期发展的双刃剑。土地资源的高效开发以及空间的有效拓展是撬动我国城镇化发展的关键，但是长期土地城镇化速度远快于人口城镇化，一定程度上减低了城镇化质量，也带来了一系列城市和乡村问题。改革开放以来，特别是进入20世纪90年代以来，城市通过低价征用农村的耕地或者集体建设用地资源，获取了大量的资金，解决了城市的基础设施建设。但土地征用过程，一些城市土地粗放型使用，甚至不惜大量占用耕地换取城市的扩张，由此带来一系列复杂的社会经济问题。

3．制度：土地制度是规划层级失衡的根本原因

土地制度的核心是土地产权制度，我国《宪法》明确规定，"城市的土地属于国家所有。农村和城市郊区的土地，除由法律规定属于国家所有的以外，属于集体所有"。以《宪法》为核心的法律条文，为我国城乡二元土地制度奠定了法律基础。我国《土地管理法》及相关法律法规规定的土地产权体系包括占有权、使用权、收益权、处分权等，也被概括为土地发展权——即在土地上进行开发的权利。虽然在国内法律法规中未明确提及"土地发展权"，但中国的土地发展权是隐性存在的。

关于土地发展权的问题，有两种视角。其一，是全国一盘棋的视角，将土地发展权分为城和乡两大板块。在我国城乡二元土地制度体制下，城市的土地依照法律属于国家所有，土地使用权可以在市场上自由流通，农

323

第六章 中国空间规划的现状和问题

村的土地在法律上属于集体所有，土地使用权可以在一定条件下进行转让，但受《土地管理法》限制，农村的土地不能用于非农用途，农民宅基地的市场流转受到严格的禁止。长期以来，城乡二元结构土地制度虽推动了我国工业化和城市化进程，但也造成了土地资源的浪费、拉大的城乡差距、使耕地保护面临着巨大的压力。过去的各类空间规划对乡村发展权关注较少，快速城镇化侵占了不少农村的生活、生产空间，乡村地区面临人口资源与环境压力不断加大的问题。

第二种看土地发展权的视角，是从央地关系的视角看。我国现有的具体空间类规划的实质即是对土地资源配置的规划。中央希望地方谋求可持续发展，因此通过规划控制地方建设规模和稳定发展速度；而地方希望发展经济，因此通过规划批准项目落地、管理地块开发强度等。因此，基于我国土地制度，我国存在着央地两级土地发展权，不同层级的空间性规划则是基于不同层级土地发展权的空间管制。围绕各类、各层级的空间规划目标的差异，各规划的关注对象、参照标准、规划技术等都存在差异，造成横向不协调，纵向不衔接。

4. 模式：地方政府 GDP 竞赛造成空间规划失控

空间规划体系的问题，看似横向上出现了错乱，实际上是纵向上的失控。横向体系的问题是表征，而上下层级理念的错位才是本质。

自改革开放以来，中央向地方放权，形成各地间激烈竞争的格局。在各地方的 GDP 竞赛中，"土地财政"成为地方经济增长的动力，由于二元结构土地制度，农村集体土地制度不能进入市场，只能通过政府征收将集体土地"城市化"，而征地的过程为政府带来了巨大的牟利空间，造成我国城市边缘区大量的所谓开发区、工业区、新城的建设，甚至出现城市吞并农村的乱象。我国空间规划体系目前存在的"规划打架""事权不清""规划失效"等突出问题，与当前在中央与地方的关系中所采取的"上级决策、下级执行""财权层层上收、事权层层下放"等模式有关，而"集权放权"的困境很大程度上缘于"地方竞争"的区域发展模式。

中央政府侧重考虑全国层面的国土、生态环境和粮食安全，地方政府则更注重本地的经济发展，越到基层，这种现象越普遍。因此，围绕着土地使用的空间规划就成为各级政府博弈的重要工具。过去，有关部门也希望通过土地利用规划，发挥用途管制的作用。但多部门规划的相互干扰、牵制，以及各地方 GDP 竞赛的压力，使土地利用规划很难切实落地。为了保护耕地，只好更多地使用行政手段甚至计划管理手段。出发点虽好，但建设用地指标计划管理不仅达不到保护耕地的目的，反而引发了更多的问题。各层部门围绕着指标展开博弈，使指标管理成了工作重心，结果是进一步架空了空间规划对土地管制。

在十八大"五位一体"提出之前，"先污染后治理"的发展观念也影响着我国的空间规划编制，主要表现为城乡建设类规划与环境保护类规划在编制过程中缺乏有效的沟通，在实施过程中缺乏有效的协调，环境规划在城市规划过程中存在着一些体系缺陷，从而导致环境规划受到一定的影响，也不利于经济建设的持续发展，使得环境体系失衡。并且所有规划都是以空间物质资源开发利用为核心，空间物质性资源保护等规划受到巨大的干扰。这样的发展型空间规划，导致国民经济发展项目规划与自然资源、城乡空间、土地资源的物质资源规划难以匹配；也导致短期的急速利用与未来的可持续利用之间的不匹配。

总之，当前我国空间规划体系的一系列问题给国土空间管理带来了诸多困惑。庞大的各类规划自成体系，在同一空间上提出了不同的管控要求，使规划管理者无从下手，降低了管理效率，增加了管理成本，不利于国土资源的合理利用和生态环境的保护。构建中国特色社会主义空间规划体系，需要在认真分析现行空间规划体系存在问题的基础上，总结经验教训，落实高质量发展要求，理顺规划关系，完善规划管理，提高规划质量，强化政策协同，健全实施机制，加快建立制度健全、科学规范、运行有效的规划体制，加快统一规划体系建设。

第
七
章

中国特色
空间规划
的转型逻
辑

VII

前文所述，空间规划体系的内部矛盾引发了一系列问题，这些问题发生的原因是综合的，规划也并非最主要的因素，但是这些问题是全局性的，需要空间规划体系直接面对并提出解决方案。从当前情况看，空间规划体系需要通过转型完成这一使命。梳理转型的逻辑，我们可以按照规划思想、规划制度、规划学科、规划价值的体系框架进行剖析。

一、思想的流变

空间规划的本质是协调人与空间的关系、优化资源配置的一项公共政策，是把系统、复杂、多维的技术理论和规划方法应用于政策科学的过程。联合国于 2015 年通过了《城市与区域规划的国际准则》，从另一个侧面阐述了规划本质[1]，笔者的观点与之不谋而合的。该《准则》提出：规划的本质属性是一个决策过程，不是传统理解的设计、编制；规划的目标是实现经济、社会、文化和环境目标的综合，而不局限于土地和空间资源的使用，具有目标综合性；规划的手段是制定空间愿景、制定各类发展战略、编制规划方案，具有层次性；对一系列政策原则、工具、组织机构和参与机制以及监管程序进行灵活运用，具有复杂性。

我国未来空间规划体系将更加强调：治理的思想（空间规划即政策过程）、协同的思想（空间规划的综合统筹）、规划的思想（空间规划的层次与程序）。

（一） 从规划管理到空间治理

改革开放 40 年来，机械的计划经济思维、空间管理思想深刻影响了我国国土空间开发过

---

1. 石楠，韩柯子.包容性语境下的规划价值重塑及学科转型 [J]. 城市规划学刊，2016，1：12。

程。实用主义特色的"唯GDP论",导致了我国国土开发与生态环境保护间的尖锐矛盾,形成了生态环境污染迅速加重的态势,如果处理不好,将直接威胁我国社会经济发展的根本和基础。

近年来,空间规划工作的不适应愈发明显,实践中出现了诸多的问题与矛盾,极大地影响了空间规划引导和调控国土资源和空间发展作用的有效发挥。而现行的空间规划编制与管理制度已难以十分有效地应对和担负这一艰巨而复杂的任务。面对新的挑战和机遇,为加快经济增长方式转变、顺利实现我国发展模式转型,空间管理的模式必须做出调整和改进,逐步走向治理,才有可能适应城市发展的要求。在城乡全面转型发展的背景下,空间规划应当深刻把握治理的思想,凸显在宏观调控、统筹兼顾、协调引导的治理作用。

新时代背景下,我国社会主义市场化改革进入深水区,需要在思想层面形成"从空间管理向空间治理"的转变。"治理能力和治理体系现代化"是我国新时期第五个现代化目标。空间规划是国家治理在空间资源领域的具体体现,推进空间治理体系和治理能力的现代化是实现国家治理体系和治理能力现代化的重要内容之一。

空间治理是指多元主体通过空间规划的平台,协同管理社会的过程。空间治理思想与空间管理的思想相比有三大本质差别:第一,主体不同,管理是政府作为单一主体,运用权力形成的权威和主动力对社会进行组织、协调和管控;治理是多元主体,政府与市场、社会通过对话协商来达成一致,然后共同行动。第二,方式不同,管理是城市政府通过制定和实施政策,对公共事务进行自上而下的管理和控制;治理则是多元主体上下互动的过程,通过协商形成共同目标和行动规则。第三,手段不同,治理是信息时代政府借助信息技术重构社会关系的过程,数字技术是多元主体在信息对称的前提下沟通协商、达成共识并形成共同行动的平台，是治理的必要手段；管理由于其治理特性所决定，不要求信息对称，信息手段通常运用的不充分，导致管理高成本低效率。

（二） 从工程技术到协同平台

前一时期，空间类规划为迎合快速建设的需要，大多体现出"见地不见人""以土地为纲"的思想，规划的成果也更多呈现为一种"技术方案"。未来，优化国土空间资源配置依旧是空间规划的目标，但是规划制定者应该从"工程思维"向"工作思维"转变，在技术方案的背后，要融入更多协同治理的工作过程。这是因为空间既有经济属性，也有社会属性。当我们仅看到空间的经济属性，我们采用的方法就是工程的、物质的，如果我们考虑到空间的社会属性，我们就要学会谈判、协商。

国土空间系统的整体功能，并非是各专类空间子系统功能的简单相加，而是在相互作用、相互制约、互为条件的耦合作用下体现出来的综合功能。这就要求有一种工作机制，使这种耦合作用在人的控制之下有秩序地发生。具体到国土空间规划工作层面，就应该存在一种权威组织（一般由政府领导或者总规划师负责）综合各部门的情况，协调社会各方面的关系，科学地分解城市发展的总目标为子目标，按照子目标安排各类空间，并对各子目标进行确定、实施、监督、检查、反馈，最终保证与总目标的一致关系。

优化国土空间资源配置的总目标是综合

的，不仅要保障经济发展，也要保证社会发展、经济发展与资源环境相协调。这种综合性首先体现在与经济、社会、文化、生态不可割裂的特性上。正是由于是综合系统，空间规划必须贯彻协同的思想，扮演好平台的角色。在统一的战略总目标指引下，通过对区域内的重要政策资源、自然资源、社会资源进行梳理、识别和重组，形成一套优化空间资源配置的规则，各部门以此为依托分工协作，将战略定位转化为空间发展的整体部署，全面提升政府的行政效能。

一直以来，各类规划在既有的技术路径上不断优化，试图与其他规划相协调，发挥平台作用。但是可以看到，技术方面的统一和协调已经很难使问题得到有效解决，化解矛盾的根本在于思想的转变和体制的创新。全新的空间规划将从整体到局部、从宏观到微观、从空间规划底图到各类要素配置，采取科学的逻辑方法，从技术路径上改变过去各层级、各类规划条块分割、各自为政的局面。通过空间规划建立一个整合机制，强化空间资源保护、优化空间资源配给、提升空间利用效率。

（三） 从以地为纲到以人为本

习近平总书记多次强调："必须坚持以人民为中心，不断实现人民对美好生活的向往"；"前进道路上，我们必须始终把人民对美好生活的向往作为我们的奋斗目标"。人民的美好生活离不开美好的国土空间，国土空间的质量直接关系人民群众的满意度与获得感、幸福感和安全感。国土空间规划是系统优化国土空间的直接手段，应首先强调人在其中的地位和作用。

脱离了"人"这个主体，客观世界即使存在也无意义，同时，人也是城市功能最终的服务对象。过去，我们习惯以 GDP 为衡量标准、以政府批文为通过标准、以甲方意见为衡量尺度，未来就只有一个衡量标准——人民满意度。

无论在任何时代，国土空间发展的最终目标都是"人"，应当建立"人本主义"的生态文明思想，在国土空间"坚持新发展理念，坚持以人民为中心，坚持一切从实际出发，按照高质量发展要求，做好国土空间规划顶层设计"，实现基于人类可持续发展的"人与自然和谐共生"。因此，空间规划的思想要彻底转变，扭转"以地为纲"的思维、树立"人文主义"的世界观，明确人是系统中最重要的主体要素。

二、学科的重构

（一） 规划目标扩容， 浅谈宏微观知识体系悖论

在城镇化、工业化早期，城乡土地与空间资源的利用，主要体现为各式各样的建设行为，修马路、盖房子、铺管子、建公园，"建造"是最主要的活动。在哪儿建？建多大？各种建设之间怎样保持合理关系？这些知识集合在一起，形成城市规划这门学科。这门学科属于广义的"建造"的范畴，所以，规划类学科"城市规划"过去一直属于建筑学下的二级学科。

伴随着城镇化进入快速增长时期，城镇化带来的经济、社会、文化等诸多领域的挑战，给规划学科带来很大压力。比如，区域发展、区域均衡等话题显然超越了"建造"的范畴，于是，地理学知识被引进来；环境污染、交通拥堵等问题的加剧，已经不只是"建"的问题，"管"的需求、生态的视角、系统的概念成为基本要素，于是，生态学、交通工程学、系统科学知识被引进来；为解释城镇发展的动力机制，经济学知识被引进来；为回答土地与空间背后的利益关系，社会学知识被引进来；为实现城乡协同发展，有关乡村的知识被引进来。知识体系的不断膨胀，以及这些知识点的合理组合，使得传统的城市规划学科逐步壮大为城乡规划学科。显然，规划的内容与需求是紧密相关的，时代呼唤什么，就产生什么样的空间规划，本质是人民群众的需要。

因此，未来的国土空间规划要求多学科、多领域的博采众长、融会贯通，对各类空间要素的规律性把握是科学编制规划的基础。但是，空间规

划由于尺度不同，面对的人与空间的矛盾和问题迥异：空间规划越是宏观方面的，越需要考虑国家体系方面的诉求；越是微观的层面，越是面向市场的需求，越要考虑普通的公众、投资人等的需求。政府和市场不应该是对立的，管理也好，管制也好，是一项政府的职能权力，是基于主权的管理。在宏观层面上，上级政府对下级政府的约束和任务性的要求，必须清晰。在微观层面，要根据市场的需求，做好相互的供需协调、供需平衡，让市场更加活跃。

由此也带来了关于空间规划知识体系的建构悖论问题：

宏观层面的空间规划，需要对自然地理学、宏观经济学、政治学、法学等专业进行学习，把地区的定位、空间布局模式、生态保护建设、交通组织等重大问题，放到知识经济、经济全球化和大区域发展的时代背景中去研究分析，寻求发展思路上的突破，从经济、社会、生态、环境、资源等方面，贯彻可持续发展原则，确定发展目标、发展模式、发展道路、发展速度、发展水平和产业政策、增长方式转变等。

微观层面的空间规划，则更加强调对建筑学、规划设计、社会学、微观经济学等专业知识的学习，把局部空间的营造、设计、建设等问题，放在一定区域考察，产出的不仅是提供标准化规划产品，而是满足不同对象的个性化需求。换句话说，就是要由"人民满意度"具体到"人的满意度"。当微观尺度的空间规划影响到具体的"人"时，要强调为更大部分的人的共同需求服务。

总体而言，在生态文明建设和城乡社会治理的语境下，城乡规划学面临着进一步向区域乃至国土空间延伸；还是向城乡实体空间或建成环境收缩的战略选择，前者面临着地理科学既有优势的挤压，后者则存在与建筑学，尤其是其二级学科城市设计的交叉。[1]

（二） 规划手段更新， 简析 "为人着想" 与 "以人为本"

近年来，信息技术日新月异，智能化逐步渗透到经济社会发展的方

---

1. 石楠.城乡规划学不能只属于工学门类 [J]. 城市规划学刊，2018（2）。

方面面。随着城市发展转型和互联网、物联网、大数据技术的快速发展，城乡信息化内外部环境出现了一系列新变化。规划行业外，摩拜单车、滴滴出行、阿里巴巴的城市大脑计划等深度介入城市创新领域，城市数据媒体也大量涌现。规划行业内，除了技术发展，城市发展和规划业务自身也在转型的关键时期，城市大数据话题近几年持续保持了高热度[1]。

具体而言，在城乡建成范围内，信息技术与智能化发展逐渐成为促进实体空间单元时空格局演变与重构的重要力量，虽然未能消除地理距离的作用，但至少具备了"缩小距离（致使距离重要性降低）"的能力，它彻底改变了人类的时空观念和思维方式，尤其是建立在时空连续和物质性空间基础上的传统认知。大数据和智能化手段将城市客观物理部分与人的行为、经济发展、人文社会等结合了起来，[2]为空间规划、建设、管理提供了强大的技术支撑。这将是规划的一种新趋势，也为空间发展中的问题解决提供一条可行之道。

而在城乡建成范围之外，土地资源信息、地质信息、矿产资源信息、基础地理信息、经济社会信息等国土空间大数据日益完善，到现在已经覆盖到部、省、市、县四级，为国土空间精细化管理提供了基础。

大数据、云计算等规划技术手段的运用，除了对全域空间物理实体进行数字化，创新规划编制手段外，更重要的是提高社会参与度，推动规划从管理向治理转型。一方面规划师能掌握公众的社会经济活动特征，健全公众参与机制，坚持问需于民、问计于民，广开言路，结合公众提出的意见，制定更适宜的城市规划方案并付诸实践；另一方面管理者可以及时发现当前规划和管理过程中存在的问题，依托数字化＋国土空间规划平台，强化城市发展评估诊断、监测预警、绩效督察等核心职能，同时依靠信息化调查手段，降低全面听取公众意见的调研成本，提高问题反馈的时效性和准确性。

1. 茅明睿，王腾. 裂变：城市规划信息化发展历程及趋势分析 [J]. 北京规划建设，2017（6）。
2. 杜青峰等. 智慧城市背景下的"多规合一"标准探究 [J]. 智能建筑与智慧城市，2017（12）。

三、制度的转型

空间规划作为人类有组织、有目标、系统改变自然和居住环境的活动，牵涉政府管理者、技术人员、各个相关行业人员和人民群众等多方主体。规划的决策过程，既有政府管理者的政治抱负，也有规划师的技术理想，同时也包括利益相关行业的利益诉求，还有人民群众对美好生活的普遍期待。因此，规划的决策过程往往是一项集体行为，相关方相互协作，共同保证规划执行。长期以来，我国各类空间规划基本按照"政府主导、专家领衔、部门合作、公众参与"的原则开展工作。表面上看是"一个都不能少"，但是实际操作中，"政府主导"的色彩非常明显，有时候"专家领衔"成了为"政府主导"的帮手，"部门合作、公众参与"基本流于形式。

这种更加突出"政府主导"的决策模式，为城镇化的快速发展、城市空间的高速拓展提供了可能，但是由于过分注重效率，对公平兼顾不够，也造成了诸多问题。例如这些年爆发的棚户区地下室火灾问题、城中村三不管问题、污染项目选址问题、垃圾场邻避等等，都是由于没有兼顾更多群体诉求导致的社会冲突。随着城市公民意识的进一步提高，越来越多的维权事件上演，规划决策过程将发生较大改变。

（一）产权制度系统改革——重识空间价值

长期以来，我国自然资源资产管理存在产权主体虚置、产权管理不到位、资产化管理与资源化管理边界模糊、收入性质定义不明晰和收益分配格局失衡等问题。[1] 其中影响最深远的是产权主体不明确的问题。由于主体不明，受经济利益驱动，自然资源管理中普遍存在"重开发、轻保护"、资源保护制度落实不到位、资源利用较为粗放等现象，导致我国自然资源资产滥用、配置低效，自然生态环境严重破坏。此外，由于缺乏明确人格化

---

1 李松森，夏慧琳.自然资源资产管理体制：理论引申与路径实现 [J].东北财经大学学报，2017(4)：47-54。

的所有者，致使所有者权益无法落实，自然资源市场化配置比例偏低，市场配置资源的决定性作用尚未充分发挥。

为应对上述问题，应构建归属清晰、责权明确、监管有效的自然资源资产产权制度，着力解决自然资源所有者不到位、所有权边界模糊等问题。以产权制度改革为基础，配套开展自然资源资产定价制度构建。

构建较为完备的自然资源资产产权制度、定价制度，有以下几个关键环节：第一，从法律上落实全民所有自然资源资产所有权；第二，建立权责统一的委托代理制度，实现所有权和使用权分离，明确自然资源所有权、使用权等产权归属关系和权责；第三，将公权和私权的权能进行分离，对于公益性自然资源配套行政管理权能体系，对于可经营性自然资源资产配套相应使用权和经营权权能，并探索适度扩大使用权的出让、转让、出租、担保、入股等权能；第四，增设公益性私权，加强公权对环境容量、环境质量等权能的监督管理，约束生产者开发自然资源的行为，强化其保护自然资源的法律责任；最后，建立健全市场化交易机制，通过合理定价反映自然资源的真实成本，通过许可证交易等市场手段将产权明晰的自然资源资产放权市场，实现产权在市场中的高效配置和使用（表7-1）。

国土空间权限划分   表7-1

产权结构	公权	公益性私权		私权		
权能体系	行政管理权	环境容量管理权 + 环境质量管理权	使用权 经营权 收益权	使用权	经营权	收益权
权益	公共利益	公共利益 + 个人利益		个人利益		
主体行为	用途管制 生态补偿	生态保护 环境治理	耕作、开发、建设 出租、出让、转让、出租、担保、入股			

（二） 空间利用制度改革——再造规划流程

与以往空间类规划不同，新时期的空间规划不再是对固定范围、特定要素的管理，而是实现国家治理体系和治理能力现代化的重要抓手。这里，笔者用四句递进关系的话来表达对新时期空间利用制度以及国土空间规划的理解。[1]

（1）国土空间是国家对治理范围的认定；

（2）国土空间开发保护是国家的一种治理行为；

（3）国土空间开发保护制度是国家治理体系的一部分；

（4）国土空间规划是国土空间开发保护制度的基础，是空间治理体系的首要内容。

建立国土空间开发保护制度是生态文明体制改革的重要目标，具体包括国土空间用途管制制度、国家公园制度和自然资源监管体制三部分主要内容，与空间规划体系最为密切的是用途管制和监管体制两部分内容。

国土空间用途管制制度是新时期空间利用制度的核心，指的是国土空间管理部门依法代表所有权人行使管理权，对占有者、使用者的权利和义务进行规范管理。也即指政府规定领土空间的法定用途、用途可否改变、如何变更以及予以监督管理。例如，主体功能区规划里将某些地区划定为生态功能区，则该区域内的草地、林地等必须按照国家的要求予以利用，林地只能种植国家要求的林木品种，草原放牧数量不能超过一定的标准，有些草场不能放牧，只能进行草类种植，牲畜只能围栏饲养等。而拥有承包经营权的牧民在利用自己所有的草原时要依法受到载畜量、利用方式等各种限制。

建立健全自然资源监管体制的目的，是为了扭转长期以来我国片面追求经济增长，掠夺式开发资源，忽视生态环境恶化的传统路径，对于全面提升我国治理能力和治理体系现代化具有十分重要的意义。自然资源监管是依托行政权对各类自然资源所有权、使用权的运行情况进行监管。[2] 以国土空间规划编制、实施、评估为三个不同阶段，自然资源监管也可相应分为规划编制期监管（行政决策）、规划实施期监管（行政许可）、规划评估期监管（监督预警）。自然资源资产监督者与自然资源资产使用者目标不同，前者是为了保障自然资源资产的可持续发展，解决发展不平衡的问题；后者是为了保证自然资源资产的保值增值，解决发展不充分的问题。

可以看到，以用途管制和监管体制为核心的空间利用制度改革，将系统改造当下的空间规划流程，特别是针对城乡建成区域中的国土空间规划。

---

1. 此内容参考了林坚老师的报告。
2. 北京大学城市与环境学院课题组. 完善自然资源监管体制的若干问题探讨 [M]。

从各类空间规划实践看，传统的"综合情景发展型规划"，通过预测"人口规模"确定"空间规模"，进而开展"空间规划"的流程将步入历史；取而代之的将是"多要素紧约束型"规划，通过系统评价资源环境承载能力和国土空间开发适宜性，明确用途功能、开发强度和监督指标，将成为构成规划的闭环。

（三） 实施保障制度改革——重塑央地关系

中国特色体制最大特征是：实行的中央统一领导、地方分级管理体制。新时期的国土空间规划将是层级传导、事权对应的规划。空间规划将通过用途管制等政策工具强化高层调控能力，自上而下管理全民所有的自然资源资产；而地方通过项目行政许可等手段培育地方发展能力。

大体上，从中央到地方的垂直管理关系将围绕"定位、定性、定界、定量、定项"五个定来展开。定位方面，通过建立统一协调的国土空间规划体系，对处于不同发展阶段、具有不同发展潜力的地方予以明确国家战略分工，做好战略定位；定性方面，通过划定主体功能区，对不同主体功能区配以不同发展政策，推动区域平衡发展；定界方面，通过对三区三线的敲定，保证地方三生（生活、生产、生态）空间协调发展；定量方面，以主控空间要素为抓手，着力推动地方向高质量发展；定项方面，通过负面清单和准入门槛等抓手，把握地方的国土空间有序、健康、可持续发展。后文将详细述之。

四、价值的革新

（一） 价值观语境：多元与包容

价值观是主体对客体的总看法和总评价。价值观与空间发展演变有千丝万缕的联系，空间结构和形态是一定价值观下的产物，而空间的演变也影响价值观的走向。价值观是有一定历史和文化范畴的，并且会随着时代的发展而演变。这种影响价值观的时代背景和文化体系，就可以称为价值观的语境。

新中国成立的前三十年，价值观语境可以概括为较为单一的文化背景、高度统一的"以阶级斗争为纲"的意识形态，由此形成了"一切以服务大局"为根本出发点的价值观。在这个阶段，资源投放在国家尺度上的空间分布高度集中，以重点服务几个工业城市为主要内容，全国国土空间呈现出总体低水平均匀化发展、同时伴随数个高极化发展城市的空间特征。

改革开放后，意识形态由"以阶级斗争为纲"演变为"以经济建设为中心"。从某种意义上说，这种解放思想的运动，让中国的价值观经历了一场彻底的革命。这一时期举国上下开始调整工作重点，一切围绕经济建设开展。在这样的历史背景下，形成了以服务经济建设为基本出发点的价值观。在这种价值观的指引下，空间规划主要以服务生产、服务增长为目标。以空间拓展为核心的"土地财政"模式大行其道，大量关乎生态安全、粮食安全的土地被征收，带动了高速城镇化和大规模的城市开发，也引发了一系列群体冲突、贫富差距拉大、生态恶化等尖锐的矛盾。

在新的历史发展时期，我国社会经济发展的对立面已经不再是落后的生产力，而是一系列发展不平衡、不充分的矛盾。这些矛盾既存在于经济领域，如区域发展不均衡问题；也存在于社会领域，如教育、医疗等资源均等化问题；还存在于生态领域，如生态宜居空间供给的公平普及问题。因此，多元是客观的现实，包容是解决的方案，两者共同构成了新时期价值观语境。

多元与包容的价值观正视多元的现实诉求，强调起点机会公正、过程规范公开、成果公平共享等构成的包容性解决方法，是对发展不平衡不充分问题的直接回应。这种价值观语境的革新，显然将对空间规划产生重大的影响。概括起来有三个方面：

一是在发展权层面。规划不仅仅考虑单一行政单元的发展权，更要考虑行政单元之间的发展权均衡问题；不仅要考虑单一的经济发展权问题，更要纳入生态、社会发展权的问题；不仅要考虑先富起来那部分人的发展权问题，更要考虑还未富裕的阶层以及边缘阶层的发展权问题。

二是在发展量层面。规划主控要素不再是单一的与经济直接挂钩的城乡建设用地指标，而是在人使用空间的视角下，生活、生产、生态三类空间的复合要素。

三是在发展点层面。规划不仅要考虑对经济贡献有益的正面项目清单，更要考虑对社会公共利益有害的负面项目清单，坚持尊重自然和遵循生态环境规律，尊重历史和遵循文化发展规律，重新审视规划的对象。

（二）价值观路径：效率与公平

价值观的革新与转变，并非每次都代表着价值观目标的彻底变化，而可能是价值观目标不变的情况下，价值观路径的改变。

笔者在定义改革开放初期的空间规划时，曾用"促进经济发展的技术工具""服务市场繁荣的公共政策"等短语进行描述。这是因为，这一时期的空间规划更加具备"效率优先""发展为本"等价值观特征。这与高度集中的管理体制、还未完全转变的计划经济思维密切相关。随着改革开放的不断深化，城镇化、信息化、工业化等进程的推进，政府、市场、社会开始逐渐表现出不同的价值取向：政府是公共利益的代表、强调公平；市场是私人利益的代表、强调效率；而社会是两种利益皆有、兼顾效率公平。

正如习近平总书记的"两山理论"认识递进的过程：从"既要金山银山，也要绿水青山"，到"宁可要绿水青山，不要金山银山"，再到"绿水青山就是金山银山"，所体现的就是兼顾效率与公平，以辩证统一的理论看待问题的价值观取向。因此，当下的主流价值观，既不是保持"效率优先"不变，也不是抛弃"效率"只求"公平"，而是兼顾效率与公平。

无论是过去追求效率为主，还是现在更加兼顾效率与公平，"坚持解放和发展生产力""实现人与国土空间和谐共处"等价值观目标并没有改变，而是实现价值观的路径产生了变化。前一阶段，我国面临的主要矛盾是落后物质生产和人类日益提高的物质需求之间的矛盾，因此，各类规划积极构建产业体系、拉大城市空间框架、建设大型市政基础设施，为城市发展描绘宏伟的蓝图。但随着城市建成环境的日益成熟，生活质量成为决定未来发展的关键，发展不充分和发展不平衡成为了我国的主要矛盾，空间规划的立足点将转向以人为中心的空间品质提升和城市高质量发展。简单的

中国特色空间规划的基础分析与转型逻辑

说，过去单一片面追求经济增长，如今追求综合协调可持续发展，强调权利平等和分配公平。

在兼顾效率与公平的价值观路径影响下，空间规划内部产生了自然资源资产产权制度、使用权制度、收益权制度的一系列基础性改革诉求，空间规划的转型也因此在所难免。从"公平"和"效率"两个维度考察，公平方面，既要保证具有公共利益的空间合理分配，也要注意通过损失补偿机会不均等的成本。效率方面，既要节约空间投入、杜绝空间利用浪费，也要提高空间产出、推动空间的高质量发展。

（三）价值观目标：平衡与充分

特定的价值语境，一定的价值取向和价值追求，最终将凝聚成相应的价值目标。价值目标的变化，既能作用于宏观制度，也能作用于微观实践。在空间规划领域同样如此。随着解决发展不充分、不平衡的问题成为空间规划的价值目标，空间规划相关的制度和实践都将深受影响。

在宏观制度层面，空间规划的系列法规、制度、体制、机制、政策均是新时期价值目标的抽象体现。规划法规和制度等的确立，作用于规划编制、规划实施和规划监督评估的全过程，直接左右了空间资源的调配规则和手段。例如，若在空间规划制度中，明确"以群众的满意度为标尺"的相关规定，一方面将完善空间规划过程，另一方面将极大提高公众参与的有效性，对保障平衡发展起到基础性作用。

在微观实践层面，空间规划的设计方案、说明书和文本均是新时期价值目标的具体落影。规划方案和文本等的明确，产生于规划理念、规划方法、规划实操的全流程，直接投影在各类空间载体的具体利用和建设行为上。例如，上海市在前几年按照"以人为本"的价值观建设"15分钟生活圈"，有效打造了社会治理和社区公共资源配置的基本单元，并且实现了规划过程的嬗变，促使广大市民和规划专家为促进城市发展而主动参与集体行动。

第八章　中国特色空间规划体系的基本框架

VIII

我国社会的主要矛盾已经转化为人民日益增长的美好生活需求和不平衡不充分的发展之间的矛盾。空间规划工作必须主动适应时代要求，把握改革大势，切实发挥规划的导向和引领作用。

新时期空间规划体系的逻辑架构，受到规划思想转变、规划学科重构、规划制度转型、规划价值革新等多重影响，要站在新的历史起点上，实现经济社会发展规划、主体功能区规划、城乡规划、土地利用规划、专项规划等空间类规划有机融合，吸收经济社会发展规划的战略思维、主体功能区规划的均衡思想、城乡规划的统筹思想、土地利用规划的底线思维，强化空间规划的平台型治理功能。在此基础上，笔者尝试对新时期空间规划的体系构建提供一套基本框架。具体分为目标层（途径层）、理念层、路径层（结构层）、实施层、保障层共 5 个层级。总体逻辑架构图如图 8-1 所示。

一、目标层：以"四化同步"全方位汇聚人民幸福感

党的十九大报告强调，更好发挥政府作用，推动新型工业化、信息化、城镇化、农业现代化同步发展，主动参与和推动经济全球化进程，发展更高层次的开放型经济。新时期空间规划编制要紧紧围绕建设社会主义现代化强国的宏伟目标，坚持以人为中心的发展思想，把新发展理念贯穿经济社会发展各领域全过程，按照高质量发展要求，紧紧围绕统筹推动"四化同步"的要求，使规划更好体现时代特色、更好贯彻国家发展战略要求。

在"以四化同步全方位汇聚人民幸福感"的总目标下，空间规划的具体目标或者说着力点又可以分为四个具体目标：

第一，推动新型工业化，增强产业发展质量和效益。新时代的新型工业化不再强调数量指标，更不是指工业比重继续增大，而是更加强调质量和效益，更加注重优化升级，实现质量变革、效率变革、动力变革。在空间规划视角，可以通过过剩、过旧产业空间腾退，创新空间供给两大途径保障产业转型升级，促进工业在新领域培育新增长点，形成新动能。

第二，推动新型城镇化，提高社会治理能力和治理体系现代化。新时

代的城镇化不是简单地把农村人口向城市转移，而是要坚持以人民为中心的发展思想，切实提高城镇化的质量，增强城镇对农业转移人口的吸引力和承载力。需要着力实现三个方面的提升：一是通过构建城镇群为主体形态的国家空间格局，形成山水林田湖草生命共同体，构建集约高效的三生空间结构等国家级、省级、市县级规划途径，科学合理布局空间；二是通过国有土地与集体土地流转、人口的空间转移和社会流动，以及由土地作为媒介推动公共资本与社会资本有序流转，实现城乡要素有序流动；三是提升通过空间合理布局，以经济承载力、社会承载力、生态承载力的提升保障综合承载力提高。

第三，推动农业现代化，助力乡村振兴与美丽中国建设。构建与居民消费快速升级相适应的高质高效的现代农业产业体系、生产体系、经营体系，在发展绿色农业、生态农业基础上建设美丽农村，具体的空间规划途径包括：空间确权与土地综合整治、耕地与生态用地保护、空间格局优化与农村人居环境改善、乡村产业发展用地供给、乡村公共服务规划建设等。

第四，推动空间规划信息化，提升党和政府决策的效率、质量与水平。从顺应大部门制改革潮流、服务城市发展大局、服务领导者迫切需求入手，依托数字化国土空间规划平台，强化城市发展评估诊断、监测预警、绩效督察等核心职能，打造面向领导者科学决策的信息化智库，成为反映民心的前哨，决策支撑的高参，决策传播的渠道和决策反馈的窗口。

二、理念层：树立"底线、战略、统筹、平台、协同"思维

政府是推进空间规划体系建设的第一主体和核心动力，要尊重大势、顺应规律，树立"底线、战略、统筹、平台、协同"五大思维，以"五位一体"的思想和"五大发展"的理念统领空间规划全局。

一是树立底线思维。全面贯彻落实国家生态文明建设战略，按照资源

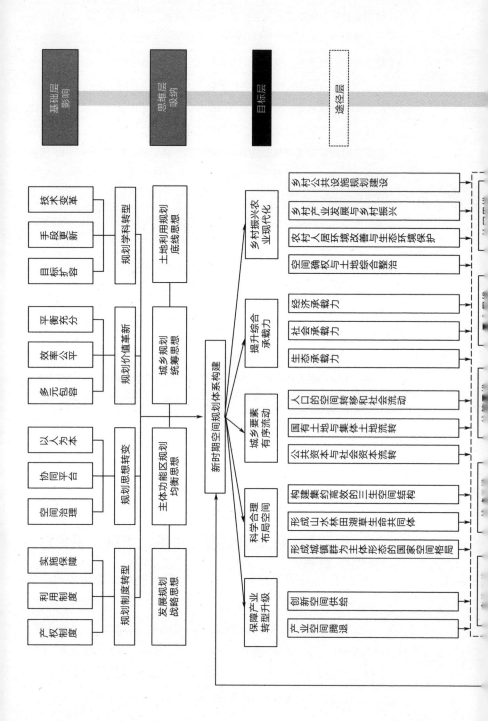

基础层
影响

思维层
吸纳

目标层

途径层

技术变革 ─┐
手段更新 ─┼─ 规划学科转型 ── 土地利用规划底线思想
目标扩容 ─┘

平衡充分 ─┐
效率公平 ─┼─ 规划价值革新 ── 城乡规划统筹思想
多元包容 ─┘

以人为本 ─┐
协同平台 ─┼─ 规划思想转变 ── 主体功能区规划均衡思想 ── 新时期空间规划体系构建
空间治理 ─┘

实施保障 ─┐
利用制度 ─┼─ 规划制度转型 ── 发展规划战略思想
产权制度 ─┘

乡村振兴农业现代化
乡村公共设施规划建设
乡村产业发展与乡村振兴
农村人居环境改善与生态环境保护
空间确权与土地综合整治

提升综合承载力
经济承载力
社会承载力
生态承载力

城乡要素有序流动
人口的空间转移和社会流动
国有土地与集体土地流转
公共资本与社会资本流转

科学合理布局空间
构建集约高效的三生空间结构
形成山水林田湖草生命共同体
形成城镇群为主体形态的国家空间格局

保障产业转型升级
创新空间供给
产业空间腾退

346

中国特色空间规划的基础分析与转型逻辑

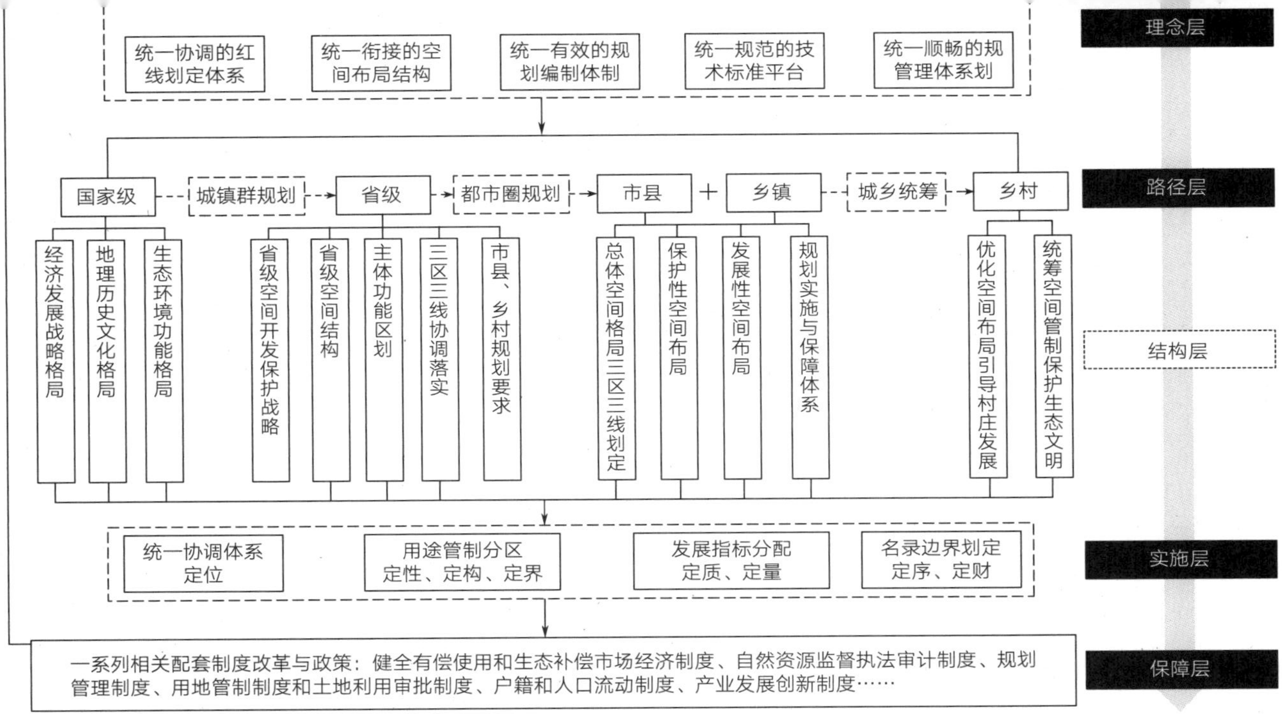

图 8-1 空间规划
体系的逻辑架构

第八章　中国特色空间规划体系的基本框架

环境承载力要求，合理确定空间规划的底线与红线，促进国土空间集约高效开发。空间规划应贯彻底线思维"先布棋盘，再落棋子"，这是国家践行生态文明建设的重要举措。

二是树立战略思维。树立"向未来"的大局观和"大视野"的规划观，明确省域内部国土空间开发的战略格局，通过高效合理的开发格局架构以实现更好的发展模式。空间规划的重点并不是单纯的划定底线，而是在一定底线的约束下，如何实现更高质量的发展。

三是树立统筹思维。深入落实陆海统筹与区域统筹的规划理念，从根本上改变各个片区、组团和城市单打独斗的发展格局，形成全国统一、互相衔接、分级管理的空间规划体系，形成国土空间开发的合力，构建分工明确、协作发展的国土空间开发格局。

四是树立平台思维。整合各类空间规划，搭建国土空间规划编制的"一张图"管理平台，将其作为各类空间规划的基础。

五是树立协同思维。构建部门共同编制的工作机制与协同落实的实施机制，提升空间规划的编制质量和实施效率，改革创新规划体制机制，降低规划领域的制度性交易成本。保证空间规划能够真正落到实处。

三、路径层：五层级空间规划体系

按照人类聚落建设用地占全域空间的比例以及公共政策的行政主体，可以大致将空间规划体系分为国家级、省级、市县级、乡镇级、乡村级五个层级，五个层级之间可以通过城镇群规划、都市圈规划、城乡统筹规划等进行连接。

我国空间规划的编制绝大多数采取的是"自上而下"的层级管理模式，上级空间规划是下级规划编制的依据，下级空间规划对上级规划目标的分解和具体落实。规划层级越向下，则越注重政策可实施、可操作性，逐渐弱化指令性指标而强化资金资助、政策导引、法律规范、技术支持等手段。这就要求我们必须在纵向结构上合理划分事权，协调好国家一省一市县一乡镇—乡村各级规划部门的关系。

但是上下位规划的关系也不是简单的自上而下分解执行，或是自下而上、自上而下拼合的关系，应该是各有分工、各有侧重的统一整体。空间规划体系需要实实在在的上下联动，把国家宏观战略布局、省级的宏观管理与市县的微观管控紧密地连接在一起；同时把国家统一政策规则制定，省级的统筹协调与市县的具体要求有机结合起来。

（一） 全国国土空间规划层面

空间规划是协调人与空间的关系、优化资源配置的一项公共政策。在全国空间尺度占有较大比例的空间是海洋、山地、农田、森林、草原、沙漠、湖泊等，而人类聚落所处的城乡建设用地比例不足 2%。人与空间的关系更直观地呈现为"人地关系"或者称为"人与自然的关系"。

因此，在国家尺度上，全国国土空间规划作为国家空间治理的基本框架和基本依据，其功能定位更强调全域性、综合性、约束性、基础性：一方面，要通过对空间资源配置的制度建设实现国家宏观调控的意图；另一方面，为国土空间结构优化、推动高质量发展提供支撑。目标是守住生态、安全、发展等底线，落实国家意志、体现国家战略，塑造更有竞争力的发展格局。

所有类型的国土空间构成了自然资源和资产，对于构建永续的生态安全格局具有同等重要的价值，不能顾此失彼。这就需要合理分析城镇化和城镇体系的现状与趋势、国土整治和资源环境保护要求、国家综合基础设施体系情况，以生态安全、社会稳定、经济持续、环境友好为规划目标体系，合理规划全国国土发展格局。

（二） 省级空间规划层面

与全国空间尺度不同，在省级空间层面，特别是胡焕庸线以东的省市区，城乡建设用地比例提高到了 10% 左右，城乡开发建设与自然资源保护的矛盾加剧，应提高对城乡建设空间的关注。

按照"一级政府、一级事权、一级规划"的思路，省级空间规划是对接省级政府事权的宏观战略性规划。省级空间规划扮演着两种角色：一是承上启下落实国家政策的工具，二是指导各类具体建设实操的公共政策。各省在编制省级空间规划时，首先是要贯彻中央指示精神，落实国家部署和要求；第二，由于省级空间地域范围很广、空间要素非常庞杂，要从全局视角和长远眼光把握省域空间发展总体趋势，明确省域空间发展的战略性、方向性问题。

省级空间规划的客体是基于"山水林田湖草"所有空间类型的生态共同体，考察人的生活、生产、生态需求，主要内容是划定城镇、农业、生态空间以及生态保护红线、永久基本农田、城镇开发边界。以海南省空间规划为例，其成果以《海南省总体规划》为纲，重点深化量化省级空间规划管控内容，突出对市县规划的"管控、约束和指导"。纲举目张的编制部门专篇包括：《主体功能区专篇》《生态保护红线专篇》《城镇体系专篇》《土地利用专篇》《林地保护专篇》和《海洋功能区划专篇》作为省级空间规划的"管控抓手"。[1]

省级空间规划的目标并非仅为划定边界，其可贵之处在于将国家战略落实与省情实际结合，最终在空间规划实现落地。因此，省级空间规划要特别强调：正确处理保护与发展、建设与管控的关系，充分发挥空间规划的管控作用，促进生态建设保护，推动产业优化布局。要统筹考虑，合理安排，建立统一、协调、管控有力的空间规划，为经济社会发展提供坚实保障。此外，要强化对市县、乡村等下位规划的指引作用。

（三） 市县、 乡镇空间规划层面

市县及乡镇是人类社会经济活动最活跃的地区，到了这个层面，城乡建设用地比例进一步提高，一般达到 30% 左右，一些特大城市甚至超过了 40%，其国土空间规划面对的挑战发生剧变，应聚焦在城乡建设用地的管控上。

1　胡耀文，尹强 . 海南省空间规划的探索与实践——以《海南省总体规划（2015～2030 年）》为例 [J]. 城市规划学刊，2016，（3）。

这一级的空间规划不但要体现地方发展的差异化内容，还要体现地方产业的发展需求、城镇化的发展进程、国土利用和环境保护等内容，要建立面向实操的空间规划，强化政策引导和差别化实施管理，作为城乡建设和土地运用开发的直接依据。

市县空间规划是省级空间规划的重要基础，乡镇空间规划是市县空间规划的进一步细化落实。与全国、省级空间规划相比，市县级、乡镇级空间规划扮演着三重角色：第一，进一步深化落实国家和区域战略，发挥纵向传导作用；第二，着眼长远、兼顾当下，指导城乡空间发展和品质提升，发挥实操效用；第三，同时面对政府、市场、社会公众乃至城乡地域内无数利益相关个体的诉求，将成为社会各利益群体展开竞争博弈、谈判协调的平台，必须平衡长远与眼前、效益与公平、局部与综合、个体与群体等诸多矛盾，要统筹政治、经济、社会、生态、技术等要素之间的关系，发挥横向协调平台作用。

市县、乡镇级空间规划是构建空间规划体系的关键环节，其目标是承担起"国家空间发展的指南、可持续发展的空间蓝图"和"各类开发建设活动的基本依据"的重任。理念优化、平台统一、流程精简，都只是表面文章，并未触及多规合一的内涵灵魂；而部门整合、图斑统一、土地盘活，或为不少城市带来短期益处，但绝非空间规划的真实目的。

具体来看，该层级空间规划的内容可以分为总体空间布局、保护性空间布局、发展性空间布局、规划实施保障等四大板块（其中，规划实施层内容在本章第四节论述）。

（1）总体空间布局的核心任务是，以全国和省级空间规划、发展规划等上层次相关规划为依据，以"双评价"为基础全面摸清并分析国土空间本底条件，因地制宜对市辖区（或县域）全域国土空间用途进行分区分类分级的统一管制和综合协调，科学合理地确定国土空间保护和开发的总体格局，促进区域可持续发展。

（2）保护性空间布局包括对三区三线的管制、自然资源和文化遗产保护、环境污染治理与生态系统修复等；通过科学划定"三区三线"及各种控制线，将用途管制扩大到所有国土空间。通过空间用途管制和地类用途分层管制，确保各类空间用地性质、功能和用途不变。合理确定各类空间规模边界、开发强度，实施总量和强度"双管控"，从而避免经济建设、重大项目布局等与用地之间的矛盾，进而防止以破坏牺牲自然资源或生态环境为代价换取局部的甚至是微小的经济发展。

（3）发展性空间布局包括产业发展布局、对外开放格局、城市风貌设计等内容。发展性空间侧重对存量空间的优化和引导新空间的高质量发展。合理确定各类空间的准入门槛和退出机制，避免再步入传统路径依赖，实现发展模式优化和升级。

（四） 村庄规划层面

村庄规划首先要明确以下三个问题。第一，编制的目标——实现农业农村现代化。第二，编制的内容包括两类——引导发展的产业类规划和强调保护的管控类规划。第三，编制规划的主体——原来是由政府编，现在应该是合作式规划，就是多元主体共同编制。

与前四类空间规划不同，村庄规划是对人的思想的整合和物质财产各方面资源重新分配的过程，其中关系到每个人的利益，农村土地与农民生存有直接关系，重新规划空间就会牵扯个人利益。

在村庄规划中，农民既是受益者，也可能是利益调整的受损者，所以规划中就关系到村庄的经营、家庭的经营和个人的经营，所以村民都会踊跃参加，提出各种要求。因此，老百姓不是一般的参与者，而是作为主体。因此要倡导合作式的规划，创建中国的乡村规划师制度，村民满意作为规划通过的标尺。

新时代乡村规划要注重城乡共生、社会公平、空间共享，不仅仅是村庄的整体规划，还应该配套出台建设用地规划、住宅建设规划、道路交通规划、生态景观规划等，实现多规协调、相互融合。乡村规划与设计要注重以民为本，因地制宜，注重特色，不能一刀切，更不能千村一面。规划与设计应符合当地自然条件、经济社会发展水平、产业特点、历史文化传统等，房屋建设要与公共设施、基础设施实现有机衔接，正确处理好生态空间、生产空间和生活空间的关系，实现产业经济、社会文化、空间环境"三位一体"可持续发展，营造既符合现代人生活需求，又具有地方风貌特色的物质空间建构和乡村人居环境。

四、实施层：理顺"三横四纵"的规划实施机制

　　新时期的空间规划体系是层级传导的、对应事权的、公共政策属性极强的规划体系，与过去"强编制、弱实施"为特征的规划有较大差别。基于对空间规划体系的理解，可以将规划实施机制分为"定位、定性、定构、定界、定质、定量、定序、定财"八个传导原则，按照规划体系传导、用途分区管制传导、发展指标分配传导、名录边界划定传导四种类型予以说明（图8-2）。

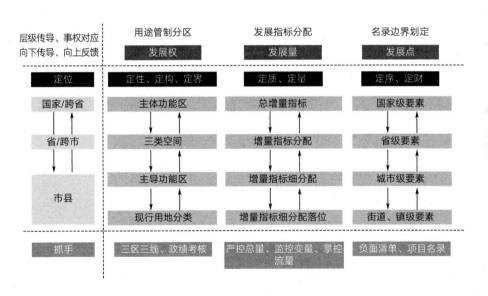

图 8-2 空间规划实施体系

（一） 定位：以规划体系落实国家战略

规划实施的起点是"定位"，指的是通过统一协调的空间规划体系，将国家战略意志层层落实，谋划不同空间地域的"战略定位"，并实现信息的沟通与反馈，保障国家战略在具体空间地域的修正与优化，最终实现国家战略目标。可以说，空间规划的第一要务就是理解上位规划的战略部署，研究空间单元内全面落实各类战略的具体任务和内容。

不同时期、不同阶段，国家所面临的主要挑战不同，社会经济发展的主要矛盾不同，由此带来的国家层面发展理念的变化，这对各级空间规划的战略提出了新的要求和标准。如，党的十九大报告中强调，中国特色社会主义进入新时代，我国社会主要矛盾已经转化为人民日益增长的美好生活需要和不平衡不充分的发展之间的矛盾。社会主要矛盾的变化是关系全局的历史性变化，对党和国家的发展战略、发展理念提出了许多新要求。"创新、协调、绿色、开放、共享"的新发展理念蕴含解决发展不平衡问题的取向和功能。制定空间规划，必须深刻领会国家主要矛盾变化的内涵，对标查找自身发展问题，剖析空间地域的宏观环境和发展态势，并依照新的发展理念做好定位研究，梳理空间发展思路。

（二） 定性、定构、定界：以用途管制分区配置发展权

规划实施的关键环节是"定性、定构、定界"，指的是在明确战略定位的基础上，对功能片区性质、整体空间结构、各类空间边界进行划定，并通过制定统一的用途管制规则，深化落实上位空间规划管控内容，统筹用地管理和指导具体地块的详细规划编制。

"四级三域"定性：所谓定性，是明确空间的开发或者保护的特性，具体是指在全国一盘棋的理念下，针对宏观空间范畴（包括跨行政区域

范围），通过确定主体功能区指导未来国土空间开发或者保护的原则、方向、强度、时序和管制规则等，依据资源禀赋实现差异化协调发展，促进发展与保护的内在统一。定性是一种面向政策的分区，根据开发优先级依次划分为优化开发、重点开发、限制开发、禁止开发等 4 个级别；根据保护优先级依次划分为保护域、维护域和修复域等 3 类区域。

"三区两带"定构：所谓定构，是明确空间的总体结构，具体是指在"多规融合"的基础上，划定"三区"（即城镇化地区、生态功能区与农业生产区），作为国土空间的基本架构；同时，按照海陆统筹和规划全覆盖的要求，划定"两带"（矿产资源开发带、海洋海岸开发保护带）。其中，城镇化地区发展重点优化用地结构、质量，地尽其利、地尽其用；生态功能区以保护、维护、修复为主，增强生态系统功能；农业生产区以农村美化、农业振兴为主，引导农用地高质量发展；矿产资源带以合理开发为导向，实现绿色发展；海洋海岸开发保护带重点在海洋产业规划和生态价值提升。

"三线五类"定界：所谓定界，就是按照"三类空间、总量约束，三线控制、空间锁定"的原则，重点对城镇空间、生态空间和农业空间进行量线约束，划定城镇开发边界、生态与资源保护红线、基本农田保护红线。其中，城镇开发边界是城镇建设与二、三产业发展空间的管制边界，是规划期内允许城镇建设用地的最大边界；生态与资源保护红线是为维护生态健康与生态安全，以重要生态功能区、生态敏感区和生态脆弱区为保护重点而划定的实施严格管控、强制性保护的空间边界；基本农田保护红线是基本农田进行特殊保护和管理的管制边界（表 8-1）。

大类	中类	小类	简要评述
城镇开发边界	生活空间边界	城镇开发边界 乡村开发边界	城乡开发边界不是卖地边界,不能沦为圈地工具
	生产空间边界	产业园区开发边界 旅游度假区开发边界 基础设施边界	既要数量,也要质量
生态与资源保护红线	资源保护红线	山地资源 水系资源 林地资源 草原资源 湿地资源	强化"山水林田湖草"的系统思维
	生态保护红线	陆域:陆地生物多样性维护生态红线 陆域:土地沙化、石漠化、盐渍化区域红线 水域:水源涵养红线生态保护红线 水域:水土保持区域红线 海域:海岸防护生态保护红线 海域:海洋生物多样性维护生态红线	既要有"边界",更要有"规矩"
基本农田保护红线	—	—	"管得住"比"划得准"重要

经过"定性、定构、定界",最终确定一张蓝图控制体系,将各类用地控制线空间落位,为详细规划、土地用途管制,以及自然资源资产产权制度、资源有偿使用制度和生态补偿制度等的实施建立基础。

(三) 定质、定量:以发展指标分配安排发展量

2015 年中央城市工作会议指出,要坚持集约发展,框定总量、限定容量、盘活存量、做优增量、提高质量,立足国情,尊重自然、顺应自然,改善城市生态环境,在统筹上下功夫,在重点上求突破,着力提高城市发展持续性、宜居性。相应的,空间规划要从增量扩张型向增量扩增与存量优化并重型转变,发展目标要体现持续和宜居两个要点。

框定总量与限定容量:总量和容量是一个事物的一体两面,没有脱离容

量的总量，离开总量单纯探讨的容量也不存在意义。总量指的是在一定的生态承载力、社会承载力、经济承载力条件下，一定空间区域所能持续承载的具有一定生活水平的人口数量和社会经济的空间要素总额。总量是在容量计算的基础上确定的，容量是指在一定社会经济发展压力水平下，区域自然生态资源禀赋、生活基础设施资源和生态环境所能支撑的城乡规模总量。

盘活存量与做优增量：在全面实施建设用地总量控制和减量化管理的时代，存量和增量存在一定的互动关系，总体方向是从数量扩张转向盘活存量与做优增量并举，具体路径是探索低效存量建设用地退出与新增建设用地挂钩的政策，通过收储、置换、转型、提容、增值分享等方式，引导闲置和低效建设用地逐步腾退和转型，促进存量建设用地盘活利用。在增量与存量的管控事权上，调控新增建设用地总量的权力和责任在中央，盘活存量建设用地的权力和利益在地方，因此，当中央强调严控发展用地指标时，盘活存量空间成为地方重要的发展手段。

保障数量与提高质量：数量和质量是向人民提交的"答卷"，各类空间保障是否到位、空间发展品质是否提高、能否让人民满意，都大体能直观地从数量与质量指标中体现出来。数量和质量的指标涵盖了生活、生产、生态三类空间的数量和质量。其中，数量中包括自然增长和人为培育的增量，也包括自然减少和人为损失的减量，同时还包括反映现状的存量和反映变化的流量；质量是反映自然资源质量变化的情况，主要指的是水环境质量、大气环境质量和土壤环境质量。无论是质量还是数量，都应与地方政府绩效考核体系挂钩，确保任务落实。

（四）定序、定财：以名录边界划定确定发展单元

要实现空间规划实施的最终效果，就必须把规划和项目紧密挂钩。通过项目名录和负面清单——"一正一反两只手"——管控空间开发建设，并配合科学合理的财政、税收、产业等政策配套，以此保障建设活动有序开展。

我国规划与项目衔接的相应制度源于1984年《城市规划条例》提出的"城市规划区建设用地许可证和建设许可证制度"，后续1990年《城市规划法》明确了建设项目选址意见书、建设用地规划许可证、建设工程规划

许可证"一书两证"制度，1998 年修订后的《土地管理法》确立了对耕地实行特殊保护和严格控制农用地转为建设用地的土地用途管制制度，2007 年颁布的《城乡规划法》增加了乡村建设规划许可证的"一书三证"制度。这套制度基本框定了项目选址、项目用地预审、土地供应、规划许可、建设许可的全流程。

但是，值得指出的是，我国宏观经济背景、城乡建成环境发生了根本性的变化，在传统的用地管理方式中必须增加"项目名录和负面清单"的管理手段。

随着中国经济持续数十年的高速增长，各类建设项目已经不再是稀缺资源，大部分地方并不缺少建设项目，尤其是地产类项目。只要地方政府大规模招商引资，必然会吸引很多的建设资本，甚至还会有很多投资者不请自来，自带项目和规划来圈地建设。由于土地变得稀缺，很多"投资者"的动机也不再单纯：有以发展产业之名行开发房产之实的、有的圈了地以后搁置到土地升值后再开发的、有的则准备转手当"二地主"……当然也有真想干实业办实事的，总之是鱼龙混杂，让地方主管部门眼花缭乱。如果不加鉴别地将土地填满，空间一旦被占用将可能长达几十年，地方经济发展后续的动力必将受到极大的制约。

此外，还有一些地区，经过前一阶段的粗放式发展，可建设用地已经基本用完，但是由于前期缺乏对空间规划的严肃落实，各类功能布局杂乱无章，城市运行效率低下，于是不得不花大力气重新规划、腾笼换鸟，以重新激发城市的活力。这种情况下，建立一套科学的正负面项目清单的价值尤为突出。要建立项目准入和条件退出制度，实行准入名录管理，依据效益、创新、生态保护等指标进行筛选。

五、保障层："两大体系"构成的规划保障

通过理论研究和实证分析，针对我国规划实施中普遍存在的一些具体问题，笔者尝试建立一套规划有效实施的保障机制的理论框架体系，分为

实施体系和维护体系两类，具体包括规划实施的编制机制、行政决策机制、公众参与机制、公共财政机制、规划监督机制、规划评价机制和规划法规保障机制等七个方面的内容（图 8-3）。

比较理想的状态下，规划实施保障的机制和配套政策应该满足以下三点要求：一是"收放自如"，以关键事权统一集中、其他事权分散配置为导向，关键事权纵向传导、其他事权点上开花；二是"刚柔并济"，以强化政府服务职能为导向，合理划分政府和市场边界，政府刚性管控与弹性放活市场相结合；三是"从善如流"，以现代治理思维替代传统管理思维，强调多元主体参与、完善意见表达机制，形成多元共治。

这些机制又由一系列具体的相关配套制度改革与政策组成，包括：健全有偿使用和生态补偿市场经济制度、自然资源监督执法审计制度、规划管理制度、土地管制和土地利用审批制度、户籍和人口流动制度、人才聚集制度、农业高质量发展制度、区域合作制度等等，这些制度是更好实现城乡和区域间自然资源要素的自由流动和平等交换的关键，对空间规划的实施起到重要的保障作用。具体的内容，笔者计划在本丛书第二册中详细阐述。

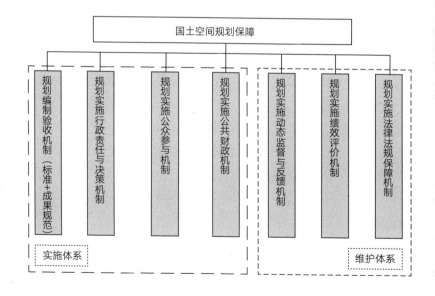

图 8-3 国土空间规划保障体系示意图

参考文献

REFERENCES

[1] 张京祥, 林怀策, 陈浩. 中国空间规划体系 40 年的变迁与改革 [J]. 经济地理,2018,38(07): 1-6.

[2] 赵宝静, 夏丽萍, 刘根发, 骆悰, 周文娜, 王全, 宋歌, 宋伟. 大数据时代的上海城市总体规划编制探索 [J].《规划师》论丛,2018(00): 3-11.

[3] 朱旭峰, 吴冠生. 中国特色的央地关系: 演变与特点 [J]. 治理研究,2018,34(02): 50-57.

[4] 张璋. 基于央地关系分析大国治理的制度逻辑 [J]. 中国人民大学学报,2017,31(04): 89-98.

[5] 庄少勤, 徐毅松, 熊健, 刘晨. 超大城市总体规划的转型与变革——上海市新一轮城市总体规划的实践探索 [J]. 城市规划学刊,2017(S1): 1-10.

[6] 王世营, 程大鸣, 孔卫峰, 王颖. 基于公共政策运行的上海市新一轮城市总体规划实施保障体系研究 [J]. 城市规划学刊,2017(S1): 119-126.

[7] 郑国. 地方政府行为变迁与城市战略规划演进 [J]. 城市规划,2017,41(04): 16-21.

[8] 王志浩. 理解中国央地关系的流行理论及其缺陷 [J]. 江苏社会科学,2016(04): 94-100.

[9] 侯书和. "治理型政府" 初探 [J]. 社会科学战线,2016(03): 233-244.

[10] 周金晶. 政策系统对杭州城市总体规划实施的影响研究 [D]. 浙江大学,2015.

[11] 张汉. "地方发展型政府" 抑或 "地方企业家型政府"?——对中国地方政企关系与地方政府行为模式的研究述评 [J]. 公共行政评论,2014,7(03): 157-175+180.

[12] 董娟. 多学科视角下央地关系研究述评 [J]. 北京行政学院学报,2013(01): 34-38.

[13] 张京祥, 赵丹, 陈浩. 增长主义的终结与中国城市规划的转型 [J]. 城市规划,2013,37(01): 45-50+55.

[14] 崔远强. 我国公共政策执行的制度分析 [D]. 山东大学,2006.

[15] 吴胜. 我国公共政策执行监督机制研究 [D]. 电子科技大学,2005.

[16] 李静芳. 我国地方公共政策评估现状与对策 [J]. 行政论坛,2001(6): 13-15.

[17] 付建光. "公共政策" 若干问题研究 (综述)[J]. 云南行政学院学报,2003(1): 125-126.

[18] 陈雪锐. 我国重大公共政策制定的过程分析——以十八届五中全会为例 [J]. 智富时代,2016(4): 153-154.

[19] 蔡克光. 城市规划的公共政策属性及其在编制中的体现 [J]. 城市问题, 2010 (12): 5-20.

[20] 丁俊萍 党的领导是中国特色社会主义最本质的特征和最大优势 [N]. 红旗文稿: 2017 (1) http://

theory.people.com.cn/n1/2017/0111/c143844-29015507.html,2017.

[21] 《国家新型城镇化规划 (2014 ～ 2020 年)》

[22] 高鉴国. 城市规划的社会政治功能——西方马克思主义城市规划理论研究 [J]. 国外城市规划,2003(2): 31-33.

[23] 顾朝林. 论我国空间规划的过程和趋势 [J]. 城市与区域规划研究,2018(3): 12-16.

[24] 国防大学中国特色社会主义理论体系研究中心. 统筹联动 相互促进 全面发展——如何更好推进 "五位一体" 总体布局和 "四个全面" 战略布局. 经济日报.http://theory.people.com.cn/n1/2017/0205/c40531-29058854.html,2017.

[25] 光明日报评论员: 坚持全面依法治国. http://theory.people.com.cn/n1/2017/1102/c40531-29622454.html.

[26] 韩震. 运用科学方法论推进伟大事业 [N]. 人民网人民日报.http://theory.people.com.cn/n1/2017/1012/c40531-29582185.html,2017.

[27] 何毅亭. 四十年改革开放与中国特色社会主义 [N]. 学习时报.http://theory.people.com.cn/n1/2018/1207/c40531-30448320.html，2018.

[28] 黄征学. 空间规划体系相关概念辨析, 今日国土 [J]，2018 (7) 33-40.

[29] 林雄斌. 转型时期城市规划的公共政策属性与问题思考 [R]. 城市时代, 协同规划——2013 中国城市规划年会论文集,2013.

[30] 马怀德. 坚持全面依法治国 [N]. 求是. http://theory.people.com.cn/n1/2018/0416/c40531-29928750.html，2018

[31] 乔艺波. 演进的价值观: 城市规划实践中公共利益的流变——基于历史比较的视野 [J]. 城市规划,2018 (1): 67-73.

[32] 孙施文. 现代城市规划理论 [M]. 北京: 中国建筑工业出版社, 2007: 421.

[33] 孙业礼, 观大势, 谋全局——习近平总书记系列重要讲话蕴含的一个重要思想和工作方法 [N]. 北京日报.http://theory.people.com.cn/n1/2017/0227/c40531-29109972.html,2017.

[34] 石楠. 试论城市规划中的公共利益 [J]. 城市规划,2004(6): 20-31.

[35] 王国恩. 城市规划中公共利益的表现形式 [R]. 转型与重构——2011 中国城市规划年会论文集,2011.

[36] 王树声. 中国城市规划智慧的现代传承 [R]. http://www.jupchina.com/webpage/more.jsp?id=44724a8617bfd11507b1ef103e3721363132bac07a4dba6259b8019decb42387,2018.

中国特色空间规划的基础分析与转型逻辑

[37] 王晓东. 对当前空间规划治理体系和治理能力建设的若干思考 [EB]. http://gh.xm.gov.cn/dtxx/zjsj/zjlt/201812/t20181228_2198025.htm，2018.

[38] 王再新，王智. 形成实施创新驱动发展的合力 [N]. 光明日报. http://theory.people.com.cn/n1/2018/0808/c40531-30215523.html ,2018.

[39] 习近平: 高举中国特色社会主义伟大旗帜 为决胜全面小康社会实现中国梦而奋斗 [N]. 人民网·人民日报. http://cpc.people.com.cn/n1/2017/0728/c64094-29433645.html，2017.

[40] 徐浩然 唐爱军. 解放和发展社会生产力 [N]. 人民网·中国共产党新闻网. http://dangjian.people.com.cn/n1/2016/1026/c117092-28809612.html,2016.

[41] 许景权. 基于空间规划体系构建对我国空间治理变革的认识与思考 [J]. 城乡规划, 2018（5）: 14-20.

[42] 严金明，陈昊，夏方舟. "多规合一" 与空间规划: 认知、导向与路径 [J]. 中国土地科学,2017（1）, 21-27.

[43] 俞滨洋，曹传新. 论国家空间规划体系的构建 [J]. 城市与区域规划研究, 2017（4）: 11-16.

[44] 浙江省中国特色社会主义理论研究中心浙江大学基地. 从生产力与生产关系视角深刻理解新时代我国社会主要矛盾 [EB]. http://www.ce.cn/xwzx/gnsz/gdxw/201801/27/t20180127_27932569.shtml ,2018.

[45] 赵民，雷诚. 论城市规划的公共政策导向与依法行政 [J]. 城市规划, 2007(6): 21-27.

[46] 《中共中央 国务院关于建立更加有效的区域协调发展新机制的意见》.

[47] 《中共中央 国务院关于加快推进生态文明建设的意见》.

[48] 《中共中央关于全面推进依法治国若干重大问题的决定》.

[49] 《中共中央国务院: 关于统一规划体系更好发挥国家发展规划战略导向作用的意见》

[50] 吴志强,李德华. 城市规划原理 [M].（第四版）. 北京: 中国建筑工业出版社. 2010.

[51] 顾春光, 王少永. 我国国民经济和社会发展规划评价研究综述 [J]. 内蒙古财经大学学报, 2014(05): 1-4.

[52] 王亚华，鄢一龙. 十个五年计划的制定过程与决策机制 [J]. 宏观经济管理, 2007(05): 67-70.

[53] 胡鞍钢. 中国特色的公共决策民主化——以制定 "十二五" 规划为例 [J]. 清华大学学报,（哲学社会科学版）, 2011, 26(2).

[54] 鄢一龙,王亚华. 中国 11 个五年计划绩效定量评估 [J]. 经济管理, 2012(10): 10-20.

[55] 胡鞍钢. 中国有望实现 " 十二五 " 规划圆满收官. 清华大学国情报告第 18 卷, 2015.

[56] 胡鞍钢, 唐啸, 鄢一龙. 中国发展规划体系: 发展现状与改革创新 [J]. 新疆师范大学学报（哲学社会科学版）, 2017(03)7-14.

[57] 张可云, 刘琼. 主体功能区规划实施面临的挑战与政策问题探讨 [J]. 现代城市研究, 2012(06): 8-11.

[58] 赵民，郝晋伟. 城市总体规划实践中的悖论及对策探讨 [J]. 城市规划学刊, 2012(3).

[59] 张菁姝，王勇. 基于编制层面的城市总体规划时效性问题思考 [J]. 中国名城, 2013(08): 38-42.

[60] 费潇. 城市总体规划实施评价研究 [D]. 浙江大学, 2006.

[61] 总报告课题组城市总体规划编制改革与创新. 城市总体规划编制的改革创新思路研究 [J]. 城市规划, 2014,S2(38): 84-89.

[62] 李素雅, 宋菊芳. 城市总体规划转型与变革——北京和上海新一轮城市总体规划对比 [J]. 绿色科技. 2017(18): 206-208.

[63] 王飞, 石晓冬, 郑皓, 等. 回答一个核心问题, 把握十个关系——《北京城市总体规划 (2016—2035 年)》的转型探索 [J]. 城市规划, 2017,41(11): 9-16,32.

[64] 章岩. 中国城市分区规划研究的回顾与展望 [J]. 规划师, 1998(04): 99-102.

[65] 吴骏莲.《城乡规划法》背景下城市分区规划的思考 [J]. 生态文明视角下的城乡规划——2008 年中国城市规划年会论文集, 2008.

[66] 孙久文, 彭薇. 塑造多目的分区规划——优化城市分区规划和土地规划 [J]. 广东社会科学, 2010(03): 31-37.

[67] 夏南凯, 田宝江. 控制性详细规划 [M]. 上海: 同济大学出版社, 2005.

[68] 张泉. 权威从何而来——控制性详细规划制定问题探讨 [J]. 城市规划, 2008(02): 34-37.

[69] 余伟斌, 张强. 对城市近期建设规划编制的一些思考 [J]. 广西城镇建设, 2009(11): 113-115.

[70] 莫干安. 城市近期建设规划目标与策略研究 [J]. 科技创新导报, 2010(13): 252.

[71] 黄国达. 国民经济和社会发展规划指导下的城镇近期建设规划编制初探——以昭平县城为例 [J]. 广西城镇建设, 2015(11): 122-125.

[72] 陈有川, 李健. 城市专项规划中的几个问题 [J]. 大连理工大学学报（社会科学版）, 2000,21(1).

[73] 崔博. 城市专项规划编制、管理与实施问题研究——以厦门市海沧区环卫专项规划为例 [J]. 城市发展研究, 2013(08): 12-14+20.

[74] 陈书荣, 陈宇. 土地利用总体规划的改革思路: 双层规划 [J]. 中国土地, 2016(04): 18-19.

[75] 刘耀龙, 王亮亮, 张书娟, 等. 20 世纪 90 年代以来我国国土规划研究进展. 资源环境与发展, 2008(02): 5-8+39.

[76] 祁帆, 刘康, 赵雲泰, 等. 土地规划政策进展评述 [J]. 国土资源情报, 2016(04): 39-45.

[77] 彭补拙. 土地利用规划学 [M]. 南京: 东南大学出版社, 2010.

[78] 罗俊璇, 黎荣彬. 林地保护利用规划研究进展综述 [J]. 防护林科技, 2014(08): 76-78.

[79] 《全国草原保护建设利用总体规划》解读 [J]. 中国牧业通讯, 2007(13): 34-35.

[80] 国家环境保护局. 环境规划指南. 北京: 清华大学出版社, 1994.

[81] 董伟, 张勇, 张令等. 我国环境保护规划的分析与展望 [J]. 环境科学研究, 2010(23).

[82] 中国科学院自然区划工作委员会. 中国综合自然区划（初稿）. 北京: 科学技术出版社, 1959.

[83] 侯学煜. 中国自然生态区划与大农业发展战略. 北京: 科学技术出版社, 1988.

[84] 傅伯杰, 刘国华, 陈利顶, 等. 中国生态区划方案 [J]. 生态学报, 2001(1).

[85] 蔡佳亮, 殷贺, 黄艺. 生态功能区划理论研究进展 [J]. 生态学报, 2010(11): 3018-3027.

[86] 汤小华. 福建省生态功能区划研究 [D]. 福建师范大学, 2005.

[87] 赵宏, 张乃明. 生态文明示范区建设评价指标体系研究 [J]. 湖州师范学院学报, 2017(01): 10-16.

[88] 陈伟, 王治国, 纪强. 全国水土保持规划编制思路及技术路线 [J]. 中国水土保持, 2015(12): 10-11+27.

[89] 卢斯煜. 低碳经济下电力系统规划相关问题研究 [D]. 华中科技大学, 2014: 129.

[90] 孙忆敏, 赵民. 从《城市规划法》到《城乡规划法》的历时性解读——经济社会背景与规划法制 [J]. 上海城市规划, 2008(02): 55-60.

[91] 何明俊. 改革开放 40 年空间型规划法制的演进与展望 [J]. 规划师, 2018,34(10): 13-18.

[92] 顾朝林. 论中国"多规"分立及其演化与融合问题 [J]. 地理研究, 2015,34(04): 601-613.

[93] 谢英挺. 基于治理能力提升的空间规划体系构建 [J]. 规划师, 2017,33(02): 24-27.

[94] 叶强, 栗梦悦. 应然与实然:《城乡规划法》立法的改进和完善 [J]. 规划师, 2017,33(03): 43-48.

[95] Jin, H.H., Qian, Y.Y. and Weingast, "Regional Decentralization and Fiscal Incentives: Federalism, Chinese Style", Journal of Public Economics, 2005, 89(9-10), 1719-1742.

[96] 林坚, 陈霄, 魏筱. 我国空间规划协调问题探讨——空间规划的国际经验借鉴与启示 [J]. 现代城市研究, 2011,26(12): 15-21.

[97] 王世磊, 张军. 中国地方官员为什么要改善基础设施?——一个关于官员激励机制的模型 [J]. 经济学（季刊）, 2008(02): 383-398.

[98] 王向东, 刘卫东. 中国空间规划体系: 现状、问题与重构 [J]. 经济地理, 2012,32(05): 7-15+29.

[99] 朱江, 邓木林, 潘安. "三规合一": 探索空间规划的秩序和调控合力 [J]. 城市规划, 2015(1).

[100] 宣晓伟. 我国空间规划体系存在的问题、原因及建议——基于中央与地方关系视角 [J]. 经济纵横, 2018(12): 42-50+2.

[101] 周建军. 转型期中国城市规划管理职能研究 [D]. 同济大学, 2008: 277.

[102] 林坚, 许超诣. 土地发展权、空间管制与规划协同 [J]. 小城镇建设, 2013,12(38).

[103] 胡兰玲. 土地发展权论 [J]. 河北法学, 2002(02): 143-146.

[104] 贾艳慧. 城乡二元土地制度存在的问题及对策研究 [J]. 中国城市经济, 2010(07): 248+239.

[105] 宣晓伟. 我国空间规划体系存在的问题、原因及建议——基于中央与地方关系视角 [J]. 经济纵横, 2018(12): 42-50+2.

[106] 侯亮. 浅谈现代城市规划与环境规划不协调的主要原因 [J]. 产业观察, 2019(2).

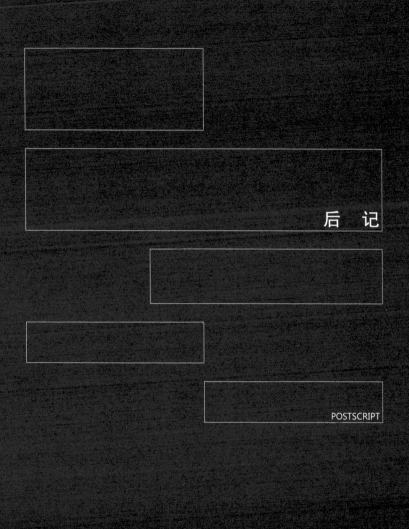

后　记

POSTSCRIPT

世界正在缓慢地被资本碾平，各国优质的空间资源吸引着来自全球的投资，不少关乎粮食安全、生态安全和人居质量的空间正遭受侵占；我国新型城镇化、老龄化社会、青年群体膨胀的程度进一步加深，在发展需求的层面增加了空间拓展的现实压力；同时，发展不充分不均衡的问题已经暴露在区域、城乡、社区等多个层面，如何让大多数人共享发展成果已成时代命题。多维度的需求同时迸发，多维度的问题也同时存在——这就是当下我国空间规划转型和重构面临的最大现实。

2018年是改革开放40周年，经过近半个世纪的发展，中国市场经济体制逐步完善，资本与社会、政府与市场的关系呈现出新的动态。各方面制度也朝着更加市场化的方向演进。但是，这并不意味着我们正在走入一个忽略公共产品供给的私有化世界。相反，这恰恰是政府部门转变思维、以新的发展模式尽可能提供优质公共品的时代。公认的，全球最重要的公共品就是安全和稳定，中国应该成为世界安全稳定公共品的提供者。

有秩序的空间是满足人们温饱需求、安全需求、交往需求、发展需求、尊重需求的基础，是安全和稳定的直接载体。为此，我们要通过科学合理的空间规划体系构建"安全、和谐、富有竞争力和可持续发展的国土空间格局"。科学合理的空间规划也应该成为政府提供的最大公共品！中国的空间规划从何而来？又将向什么方向演进？带着这样的问题，笔者尝试做了一些梳理和论述。当然，这肯定是初步的、尝试性的，甚至有诸多漏洞的，希望抛砖引玉，与同行一起探讨。

最后要说的是感谢，本书的成稿离不开有着不同专业背景的好友。中宣部办公厅的刘辉同志为"什么是中国特色社会主义"破题提供了重要帮助，刘辉同志有较强的思辨能力，对国家发展的顶层设计有全面深刻的理解，他全程参与了本书的编写，对本书的完成起到至关重要的作用；北京市发改委的赵汉卿同志长期在规划实施一线，在原有空间规划体系的内部关系和问题判断上有着准确的把握，参与撰写了多处重要内容；国研智库产业研究部主任、中兴大城首席经济学家李晓鹏博士是著作颇丰的产业规划专家，长期参与各类空间规划的产业发展专题研究和规划实践，对全书的修改完善提出了宝贵的意见。此外，参加本书研究讨论的同仁还有马慧佳、韩洪兴、黄翔、韩巍等，大家有着不同的专业背景，却都愿意参与到这个话题的讨论中来，在此表示衷心的感谢。

张国彪

2019年夏于美国硅谷

图书在版编目（CIP）数据

中国特色空间规划的基础分析与转型逻辑 / 张国彪
著.—北京：中国建筑工业出版社，2020.2

ISBN 978-7-112-24688-5

Ⅰ.①中…　Ⅱ.①张…　Ⅲ.①空间规划–研究–中国
Ⅳ.①TU948.2

中国版本图书馆 CIP 数据核字 (2020) 第 022149 号

责任编辑：付　娇　石枫华　兰丽婷
书籍设计：韩蒙恩
责任校对：张　颖

中国特色空间规划的基础分析与转型逻辑

张国彪　著

＊

中国建筑工业出版社出版、发行（北京海淀三里河路9号）

各地新华书店、建筑书店经销

北京光大印艺文化发展有限公司制版

北京中科印刷有限公司印刷

＊

开本：880×1230 毫米　1/32　印张：12　字数：413 千字

2020年7月第一版　2020年7月第一次印刷

定价：66.00 元

ISBN 978-7-112-24688-5

（35352）